JN210099

［ビジュアル版］

元素から見た

The Story of The Periodic Table

化学と人類の歴史

――周期表の物語

原書房

もくじ

はじめに
組織化の原理 006

第1章
物質とは何か? 011

- まず大事なことから――012
- 元素を着想した古代ギリシア人――014
- 物質と無――018
- 四元素説の興隆――021
- 時代を先送りして――023
- 錬金術の元素――025

第2章
中世までに利用されていた元素 033

- 使えるものを確認――034
- 歴史を作る元素――034
- 水道の配管から毒殺まで――037
- 宝物の数々――039
- 鉄器時代の鉄人――041
- 不死をもたらす魔法の金属?――042
- 隠れた元素――047
- 火との関連が深い元素――052

第3章
空気を調べてわかった物質の本性 057

- 虚空のなかから――058
- 「空気のばね」――064
- 入り乱れる多数の気体――069
- さまざまな気体――075
- 熱い議論を呼ぶ問題――076

◎生命と炎が解明される――081

第4章
新しい元素
087

◎ボイルとさまざまな元素――088
◎化学革命とラヴォアジエの元素――089
◎新たに登場してきた元素――091
◎ボイルとラヴォアジエのあいだに――099
◎水を飲まない牛とマグネシウム――101
◎トロール、グレムリン、新しい金属――102
◎鉱山業と金属――104
◎化合物をばらばらにする――108

第5章
微粒子から元素へ
117

◎原子のルネッサンス――118
◎真の原子――120
◎イタリアの化学者の洞察――125
◎ベルセリウス――128
◎化学が体系化される――132

第6章
秩序を求めて
137

◎メンデレーエフによる解決――140
◎光を調べる――148
◎未発見の大気成分――154
◎錯綜する重さと数――160

第7章
原子の謎、解明される
165

◎「線」から粒子へ――166
◎電子に向かって――168

ラザフォードの発見——170
プディング・モデルからボーアの原子モデルへ——170
原子は実在する——173
電荷、数、原子——174
ギャップと幽霊——177
反応性に説明がつく——181
満員になることを切望する——184
モーズリーの研究が説明される——185

第8章
元素を変化させる 189

新しい見方——190
X線、U線、そしてパリのとある暗い引き出し——191
ラジウムの恐怖——193
ついに元素を変化させる——197
今日ここにあっても、明日はなくなってしまう——198
同位体——201
ある元素をどうやって作るか——204
原子に手を加えるさらなる手段——210
なかなか越えられないウラン——210
生命への発展——219

第9章
天上の元素工場 225

神々と恒星たち——226
ヘリウムと水素——227
恒星内元素合成——230
自然界に存在する元素と、人間が合成した元素——236

おわりに
全と無 238

索引——242

はじめに

組織化の原理

> ひとつの普遍的な化学が……宇宙の隅々まで行き渡っている。――ウィリアム・ハギンズ(天文学者、天体分光学のパイオニア、1909年)

私たちを取り巻く世界は、さまざまなものに満ち溢れている。生物にせよ無生物にせよ、「もの」は数百万種類の化学物質から作られている。だが、これらの化学物質はどれも、「化学元素」と呼ばれるごく少数の原料でできている。今日私たちは、118種類の元素がすべての物質を作っているというモデルを使っている。このモデルでは、各元素には固有の原子があり、元素の性質は原子の構造によって決まっている。さまざまな元素がありとあらゆるかたちで結びついて、自然界に存在する、あるいは、工場や実験室で生み出される、すべての化合物を形作る。

天文学者ウィリアム・ハギンズは、元素は地球にとどまらず、宇宙の全域に行き渡っている根本的なものであることを認識していた。彼が言う「普遍的な化学」は、この200年の間に人類があげた卓越した成果のひとつである、元素周期表に表されている。人間を取り巻く混沌とした物質世界に、周期表がどれほど秩序をもたらしたかは、科学の最大の物語のひとつだ。私たちが、化学元素がいかに振舞い、いかに結合するかを理解でき、元素が関与する化学過程がどのように進行するか予測できるのも周期表のおかげだ。この理解を私たちが真に自分のものにできれば、化学の力を利用してまったく新しい物質を作り出し、病気の治療から原子力の実用化まで、私たちの必要を満たす目的に利用することができる。

カオスから化学へ

私たちが現在使っている周期表は、これまでに作られた科学文書のなかで、最も濃密に情報が詰まったもののひとつだ。そこにはすべての元素が、対応する原子の構造で決まる順序に並べられている。この原子の構造が、元素の性質と振舞いを決定している。だが、周期表が生まれたとき、誰も原子の構造など知らなかった。じつのところ、原子が存在するかどうかすら、誰にもわからなかったのだ。

花火では、化学反応を利用して華々しい効果が生み出される。周期表に関する知識を活用することにより、化学者たちは、さまざまな化学成分がどのような色を発するかを予測することができる。

あなたを作っているもの

元素には118種類が存在するが、大きな役割を果たすものと、そうではないものがある。たとえば、あなたの体内には、酸素、炭素、水素、窒素と、多少のリンとカルシウムのほかには、元素はあまり存在しない。酸素が最も多く、61パーセントだ（重量比）。続いて、炭素（23パーセント）、水素（10パーセント）、窒素（3パーセント）、リン（1パーセント）、そしてカルシウム（1パーセント）の順である。そのほかの元素もわずかながら存在するが、0.1パーセントを超えるのはカリウム、硫黄、ナトリウム、塩素、マグネシウムだけだ。あなたの血液のなかで酸素を運んでいる鉄にしても、たった0.006パーセント、すなわち60ppmでしかない。人体は極めて絶妙なバランスが取れた化学マシンと言えるが、その化学部品、すなわちそこに関与する元素の数は、かなり限られている。

世界の海は、ほぼ完全に水素、酸素、ナトリウム、塩素だけでできており、そのほかに微量の（いずれも0.1パーセント以下）マグネシウム、カルシウム、カリウム、硫黄、臭素が含まれている。地殻にはもう少し多様性があるが、それでも98.8パーセントは8つの元素だけからなる。それらは、酸素、ケイ素、アルミニウム、鉄、カルシウム、ナトリウム、マグネシウム、カリウムである。

化学者たちが周期表の作成に取り組み始めたのは19世紀のことだが、物語ははるか以前に始まっていた。古代ギリシアの哲学者たちは、物質の性質について考察し、素朴な原子論と、私たちを取り巻くすべてのものは、ごく限られた数の、物質の「根」がさまざまな比で結合することによって形成されるという考え方を提唱した。古代から始まって近代の周期表に至る道は、楽でもなければ真っ直ぐでもなかった。それは2000年以上にわたり正しい道から大きくはずれ、ようやく1660年ごろになってしかるべき軌道に戻ったのだった。

本書では、「物質は限られた数の基本的な化学物質からできている」、「化学元素というものが存在する」、「物質は原子でできている」という、3つの重要な発見に注目して物語をたどっていく。化学者、哲学者、熱心な錬金術師、そして原子核物理学者の取り組みを紹介するほか、恐ろしい事故に遭った人や、配慮が足りずに苦難を強いられた人、そして科学の進歩に身を捧げた人についても触れる。つまり本書は、私たちの宇宙がこのように成り立っているのはなぜかを理解するという、ひとつの目標を押し進めるために、時空を超えて共に努力する人々の物語なのである。

Creatura
IGNIS
Acutus. Tenuis.
ac Mobilis
AQVA
Crassa. Mobi=
lis. et Obtusa.
TERRA
Crassa. Ob=
tusa. et Immobilis
Rationem
geometricam

第1章

物質とは何か？

> **なぜ、火、空気、土、水のほかに元素が存在しないのだ？ 存在の育ての親たる元素が、4つ、たったの4つだけだと！ なんと情けない！ なぜ元素は、40や400、いや、4000ではないのか？ すべてはなんとつまらぬことか。なんたるみじめさ、哀れさ！ けちくさい、貧弱な発想の、野暮ったい作り物め！**——ギ・ド・モーパッサン（フランスの作家、1887年）

物質は何でできているのか？　この問いは数千年にわたって人間を引き付けてきた。私たちの周りに存在するさまざまな種類の物質は、限られた数の要素の組み合わせでできているという考え方は古くから存在した。この問いに答えようと最初に試みた人々は、基本的な構成要素はごくわずかしかないと考えた。

本図の、1472年に出版されたルクレティウスの『物の本質について』の図版からもはっきりわかるように、古代ギリシアの哲学者エンペドクレスが提唱した四元素は、中世になってもなお世界観の基盤として西洋で支持されていた。

まず大事なことから

古代の文化の多くは、すべての物質は虚空から生み出されたとする創造神話をもっていた。そのほとんどが、何らかの神がカオスから秩序をもたらしたとしていた。秩序が生まれた世界では次に、水や火など、最初のひとつの物質(構成要素)からさまざまな物質が形作られたか、あるいは、数種類の基本要素が混じりあって、私たちが出会う多種多様な物質となった。バビロニアの宇宙論には、地、水、空、風を神格化したような神々が登場した。これがやがて、土、水、空気、火を物質の四元素とするエジプトやギリシアの思想へとつながったようだ。地と水、昼と夜、光と闇の分離は、アブラハムの宗教[ユダヤ教、キリスト教、イスラム教。預言者アブラハムの伝統を受け継ぐとされる]をはじめ、多くの創造神話に共通して見られる。

土、水、空が古代の物質観において主役を務めていたことは、当然とも言える。この3つは生き物が見つかる3つの領域を代表しているし、固体、液体、気体という物質の三態の例でもある。物質の三態というのは近代科学によるとらえ方だが、たとえば堅固な岩、液体の水、そして私たちが呼吸する空気の違いは、科学的な枠組みを使わずとも明らかだ。

人気の四元素(もしくは五元素)

古代世界ではほぼ一貫して、土、水、空、火が基本元素と考えられていた。古代ギリシア人は、エジプトからこの考え方を受け継いだと思われ、古代エジプト人はこれをメソポタミア文明か

紀元前3000年代から2000年代にかけてのエジプトの神話は、創世を一連の誕生によって説明する。本図では、大気の神シュー(中央でひざまずいている神)が、空の女神ヌー(星の模様に覆われた青い体の神)を持ち上げ、大地の神ゲブ(画面の一番下の、葉の模様で覆われた茶色の体の神)から引き離そうとしている。小舟には太陽の神ラーが乗っており、毎日東から西へと進んでいる。

神は言われた。「天の下の水は一つ所に集まれ。乾いた所が現れよ」。そのようになった。

——創世記、1章9節

ら取り込んだのだろう。中国とインドの古代の文献にも同じ四元素が登場する。多くの仏典は四元素に言及し、ヒンズー教の聖典ヴェーダには、地、水、火、風、そして、虚空、空間、あるいは「エーテル」(23ページ参照)と解釈できるものという、五元素が列挙されている。中国には伝統的な自然哲学がもうひとつあり、五行と呼ばれるそちらの思想では、木、火、土、金(金属全般というより黄金)、水を五元素とする(この思想では、これらの5つは物質にとどまらず社会その他あらゆることを支配しているとするので、元素と呼ぶべきではないかもしれない)。

元素はもともと、物理的構成要素というよりむしろ性質や特徴のようなものと見なされていた。中国の五行思想の五元素は、存在状態もしくはエネルギーと考えたほうがいいようだ。東洋の伝統では、「元素」(これが最も適切な言葉と思われるので)は漢方医学、宗教、そして存在論のモデルとなったが、経験科学としての化学に発展することはなかった。そのような展開が実際に起こったのは古代ギリシアでのことだった。

元素を着想した古代ギリシア人

古代ギリシア人は、超自然的なもの——神——に頼ることなく、一連の物

地中海に浮かぶギリシアの群島では、あらゆる場所に陸、水、空がみられる。

理的な原因によって物質的な自然界を説明しようとした最初の人々だ。今では科学的モデルと呼ばれるこのような世界観は、ミレトス（現在はトルコ領内にある地域にかつて存在した町）のタレスに始まったようだ。ソクラテスが生まれる以前、紀元前624年ごろに生まれ紀元前546年ごろに没したというタレスは、ミレトスに住んでいた、哲学者、天文学者、数学者だ。残念なことに、タレスの著作は一切残っていない。彼の一種超科学的とも言える思想を、後世の人々が解説したものに頼らざるをえない。ギリシア哲学者のアリストテレス（紀元前384～322年）が、彼の大著『形而上学』（邦訳は、岩崎勉訳、講談社、1994年など）のなかにタレスの宇宙論を記載し、検討している。

水だらけの世界

タレスは、水がすべての物質の根源だと主張した。この説を理解するには、古代ギリシア人は「質料（ヒュレー）」と呼ばれる本質と、それが帯びる「形相（エイドス）」と呼ばれる質とを区別したことを踏まえなければならない。万物の本質は水なのに、私たちが世界のすべてを水として経験しないのは、私たちが知覚するのは物（物質）が帯びている質だからだ、というわけだ。これは、それほどなじみのない考え方ではない。今日私たちは、万物は原子からなり、原子はすべて、完全に同一の幾種類かの素粒子がさまざまに組み合わさってできているが、実際にそれらの素粒子自体を人間が経験することはないということを受け入れているのだから。たとえば私たちは、黄金の色と硬さや、水の流動性を経験する。これは、古代ギリシアのみならず、ほかの古代文明でも見られる概念だ。創世記は神が天と地を創り出すところから始まり、「地は形がなく、むなしかった」［英語圏で広まっている欽定訳聖書に基づく独自訳］とする。地

ギリシア哲学は、水が万物の第一の源であり子宮であるという、ばかげた命題から始まるようだ。このような命題に真剣に注目することが、私たちに本当に必要なのだろうか？ 必要だ。その理由は次の3つである。第一にそれは、万物の第一の源について私たちに何かを教えてくれる。第二に、それがイメージや寓話のない言葉で行われている。そして最後に、そのなかには、たとえ萌芽の形に過ぎないとしても、「万物は一なり」という思想が含まれているからである。――フリードリヒ・ニーチェ、『ギリシア人の悲劇時代における哲学』（1873年）

は本質を与えられたものの、まだ形を持たなかったのだ。

「唯一の根源」かもしれない他の候補

タレスの説に反論が出ないわけはなかった。アナクシメネス(紀元前585頃〜紀元前528年頃)は、万物の根源である元素、すなわち「アルケー」は空気だと考えた。ヘラクレイトス(紀元前535頃〜紀元前475年頃)は火こそがそれだとした。クセノパネス(紀元前570頃〜紀元前475年頃)は、万物は土と水から作られると主張した。タレスの弟子アナクシマンドロスは、不滅かつ無限を意味する「アペイロン」と呼ばれるものを提唱した。アペイロンは、存在するすべてのものと今後存在するであろうすべてのものを生み出す、無限の塊だとアナクシマンドロスは考えた。彼は、物理的宇宙の存在を、各種の元素(土、水、空気、火)がアペイロンから分離した結果生じたものと見なした。何かが完全に破壊されると、それは形のない状態であるアペイロンに戻るのだった。

1から4へ

アペイロン、火、水、あるいは空気のどれを基本元素として受け入れようが、そこからさまざまな物質がいかにして生まれるかを明らかにする仕事が残っている。一様性のなかからうまく差異を導き出さねばならない。

ソクラテス以前の哲学者エンペドクレス(紀元前490頃〜紀元前430年)は、すべての物質は4つの「根(リゾーマタ)」(元素と呼ばれるようになるのはのちのこと)に帰するとした。土、水、空気、火の4つだ。彼の説では、どんな形の物質も、これら4つの根がある比率で混ざりあったものだった。それぞれの根は、ふたつの質をもっている。土は冷たく乾燥しており、水は冷たく濡れてお

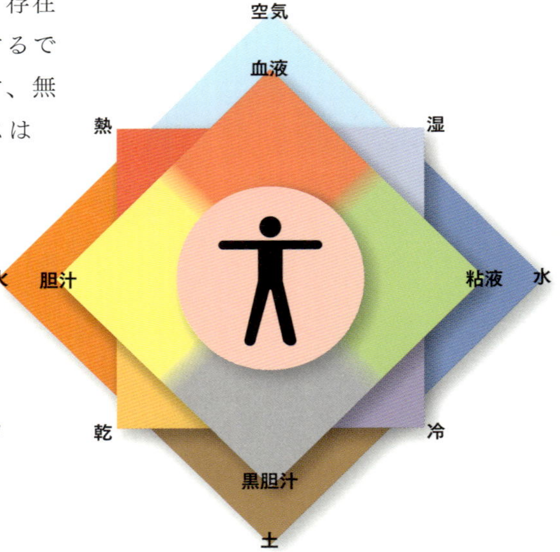

物質の4つの「根(リゾーマタ)」——土、水、空気、火——とそれらの性質はやがて、個々の人間の健康や寿命を決める4つの「気質」と関係していると考えられるようになった。

り、空気は熱くて濡れており、火は熱くて乾燥している、というように。すべての物理科学、医学、そして原初的な心理学までもが、2000年にわたりこれら4つの根とその性質を基盤とし続けることになった。

「無から無は生じない」

エンペドクレスは、物質は作り出すことも破壊することもできず、移動するだけだと断じた。成長、変化、破壊、再生の過程はすべて、4つの根の交換によって起こるのだった。彼のこの見解は、1774年、フランスの化学者アントワーヌ・ラヴォアジエが実験によって証明し、発表した質量保存の法則と一致する。だが、2200年前に生きたエンペドクレスは、実験科学者ではなかった。彼の説は、観察された物理的証拠を説明する検証可能なモデルを構築することではなく、自然界がいかに組織化されているかを考えることから導き出された。

完璧な球とふたつの力

エンペドクレスの四元素説は、全宇宙の性質と歴史を説明する彼の宇宙観の一環であった。彼は四元素(4つの根)に並んで、「愛」と「憎」というふたつの力を提案し、このふたつの力の働きかけによって物質が形を変えるのだとした。物質の根源的状態では、4つの根のすべてが、混ざりあっていない純粋状態でひとつの球のなかにあり、愛の引力によって一体に保たれている。球の外縁では憎の斥力が、物質が境界を越えて外に出ることが一切ないように見張っている。やがて憎の斥力が増大すると、物質が動き回れるようになり、根が混じりあって分離し、私たちが目にしているような形状を持つようになる。さらに時が経つと、再び愛が優勢になり、ついにはすべての物質が元の根源的状態に戻る。そしてまた一連の過程が繰り返される。引力と斥力が一対の力として働いているという考え方は、近代以降の物理学では馴染み深い。極性が同じ電荷どうしは反発しあい、極性が逆の電荷どうしは引き付けあう。重力は物質どうしを近づけ、ダークエネルギーは遠ざける。熱力学

アペイロン、今なお健在

20世紀、ドイツの理論物理学者ヴェルナー・ハイゼンベルクは、量子力学が記述するさまざまな素粒子は、同じ根源的物質の異なる量子状態と考えるべきだと提唱した。彼と同じ時代のドイツの物理学者マックス・ボルンは、その根源的物質を「アペイロン」と名付けてはどうかと提案した。

アナクシマンドロス(紀元前610ごろ～紀元前546年)

アナクシマンドロスの生涯については、ミレトスという、現在のトルコの海辺の町で生まれたという以外、ほとんどわかっていない。彼はタレスの弟子で、タレスの後継者としてミレトス学派を率いた。アナクシメネスとピタゴラスを教えたと推測される。

アナクシマンドロスは、最初の真の科学者と呼ばれることがあり、また、自らの考えを文書で残した最初の哲学者のひとりとも考えられている。とはいえ、彼の文書で現在残っているのは1か所の断片のみである。彼は、天文学、宇宙論、地理学、気象学、そしておそらく生物学までも含む、さまざまなテーマに関心を持っていた。彼は、地球は一切の支えなしに宇宙のなかで浮かんでいる、太陽は非常に大きい(したがって、私たちから遠く離れている)、さまざまな天体の地球からの距離はそれぞれ異なる、などの説を提唱した。また、化石を調べ、生命は海で最初に生まれたと結論した。雨は、太陽が地球に及ぼす影響で湿気が生じる結果だとし、さらに、雷と稲妻は元素の関わる過程であり、神によるものではないとした。

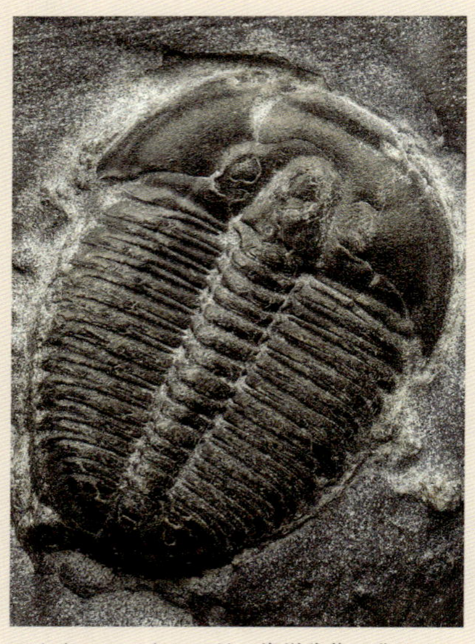

アナクシマンドロスは、海洋生物の化石から推察し、生命は海で誕生したという結論に至った。

では、物質を拡散させ、無秩序状態に移行させるエントロピーが憎の役割を担っている。

物質と無

宇宙の物質はどのようなものかについては、ふたつの考え方がありうるが、古代ギリシア人たちはその両方を提案している。それは、物質は連続的であるという考え方と、空っぽの空間のなかに存在する粒子が集まってできたものが物質だという考え方だ。後者は「原子論」と呼ばれ、それには何か(物質）が存在するだけでなく、物質を分離する無（空間、もしくは虚空）が存在することが前提になっている。空っぽの空間という概念は、歴史を通して思想家たちを悩ませてきた。

ロバート・フラッドが1617年に描いた、根源的混沌のなかで四元素が混ざりあっている様子。

まずは原子から

ギリシアの哲学者レウキッポス（生没年不明）とその弟子デモクリトス（紀元前460頃〜紀元前370年頃）は、紀元前5世紀に原子論的な考え方を提唱し、詳しく論じた。レウキッポスは、広大な虚空があり、そのなかに目に見えない小さな物質粒子が存在しているのだとし、その粒子を「不可分なもの」という意味でatomosと名付けた。今日私たちは、それを「原子」と呼ぶ。彼らが考えた初期の原子は、私たちが現在知っている原子とはあまり似ていないが、共通点もある。レウキッポスは、すべての原子は中身が詰まっていて（中空でないということ――この点、現代の原子理論とは完全に異なる）、分割できず（私たちは、元素を構成する素粒子が存在することを知っている）、すべての原子が同じ究極物質でできており（現代原子理論でも、すべての原子は、電子、中性子、陽子でできており、電子はどれもまったく同じで、互いに入れ替えても何ら問題なく、中性子と陽子もそうである）、形や大きさが異なる原子が存在し（異なる元素の原子は、実際に大きさが違う）、目に見えるものはすべて原子が結合してできたものであり、物質の性質はその中に含まれている原子がもたらすと考えていた。

レウキッポスやデモクリトスの考えが広く受け入れられていたなら、化学の歴史はいかに違っていたかと想像するのは興味深い。紀元前5世紀、レウキッポスは真の虚空を提唱した。空っぽだが空気は存在している空間ではなく、そのなかにはまったく何も存在し

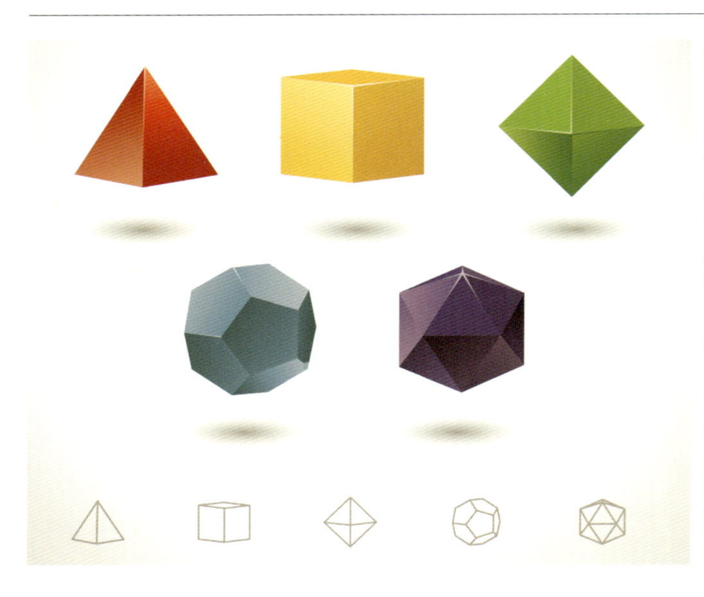

原子の概念を受け入れたギリシア人たちは、プラトンの立体のうち、最初に特定されていた4つの正多面体をひとつずつ、各元素に割り当てた。土の原子は、安定した形の正六面体、水の原子は、面が傾斜して滑りやすい印象の正二十面体、火の原子は、痛みを連想させる尖った正四面体、そして空気の原子は正八面体だとされた。新たに正十二面体が発見されると、エーテルに割り当てられた。

エネルギーとしての原子

ヒンズー教や仏教にも独自の原子論があった。7世紀、インド仏教のなかで一種の原子論が盛んになった。哲学者ダルマキールティが中心となり、原子は点としての大きさしかもたず、物質としての形状は一切なく、エネルギーでできていると主張した。物理的なものは、このエネルギーから生み出され、質に応じた形状を取るとした。1400年前のこの思想は、原子の構成要素の素粒子はエネルギーと力によって記述され、その大きさはほとんど無限に小さいという、今日の素粒子によって説明される原子のパラダイムに驚くほど近い。

ていない空間だ。残念ながら、強大な影響力を誇る哲学者アリストテレスがそんな説は受け入れられないと考えたので、アリストテレス自身の説のほうが優勢になってしまった。虚空がなければ、粒子が離散的に存在することはあり得なかった。なぜなら、そのような粒子が他の粒子から離れた状態で存続できる場所がなくなってしまうからだ。虚空を否定することは、宇宙はひとつの連続的な物質の塊だという説を受け入れることを意味する。

こうして運命は決まった。原子論と虚空はその後2000年にわたり、知のごみ箱に押し込まれたままになったのだ。

画家が赤、黄、青、白、黒の絵の具からすべての色を作ることができるように、すべての物質は4つの根から作り上げることができるとエンペドクレスは考えた。

四元素説の興隆

ギリシアでは、エンペドクレスの「4つの根」説が物質世界についての思想として主流を占めるようになった。これらの4つの根が異なる比率で混ざり合うと、経験的世界の多様性が生み出されるのだと彼は主張した。画家が3、4色の絵の具を異なる比率で混ぜ合わせることによってその多様性を描くことができるのと同じように。この原理は今日なお、「物質の変化は、原子を異なる形に並べ替え、結合しなおすことによって起こるが、原子そのも

画家は、彼らの芸術の営みのなかで英知によってよく教えられ、さまざまな色の絵の具を手に取って神殿への供物に装飾を施し、それら――そのうちいくつかはより多く、それ以外のものはより少なく――を密接に結びつけて、万物に似た形を生み出し、木、男女、動物、鳥、水に育まれた魚、そして最も尊敬すべき悠久の時を生きる神々をも作り出す。それゆえ、目に入る無数の滅びゆくものに、それ以外の源があるなどと、思い違えて確信することなく、このことをはっきりと知れ。なぜなら、今まさに汝が聞いた説明は、神によって明かされたのだから。――エンペドクレス、断章23

プトレマイオスの宇宙モデルでは、土、水、空気、火が、中心にある地球の領域にあり、それ以外の同心球はエーテルによって満たされている。

のが破壊されたり変化することは普通はない」という化学反応の原則に生き続けている(もちろんこれは一般的な原則で、例外もあるが、日常生活においては、ほとんどの物質がこの原則を守っている)。

上も下も

「4つの根」説は、宇宙は4つの領域に分割されているという宇宙観を反映していた。あるいは、その宇宙観に「4つの根」説が反映されていたとも言える。それら4領域とは、中心部に位置する地球(土)、地球の表面を流れる水、その上側にある空気、そしてさらにその外側にある火の領域だ。

アリストテレスは、地上の事柄に関しては四元素で満足していたが、天空の領域——月より上空の天に位置する球殻[アリストテレスは、宇宙は地球を中心にした多数の球殻がタマネギ状に入れ子になった構造をしていたと考えた]——にはもうひとつ元素を加えた。それが、非物質的で重さがなく、変化しない「エーテル」というもので、他の物質が存在していないすべての空間をエーテルが満たしているとした。こうして、エーテルが空っぽの空間を満たすことになり、虚空は必要なくなった。他の元素とは違い、エーテルは結合してさまざまな種類の物質を作ることはできず、また、一切属性を持たなかった。エーテルは、地球を取り巻き、月、太陽、惑星、そして恒星を保持している水晶の殻を作る元素だった。これらの球殻の完璧な円運動が、地球を中心とする宇宙のなかで地球を周回する軌道に沿って天体を運行させつづけた。これが当時主流の宇宙モデルであった(そして1543年までそうでありつづけた)。

文字通りにとらえる

初期の科学者の全員が4つの元素を完全に文字通りに理解したわけではなかった。形に関するプラトンの考え方を借用すると、私たちが身の回りで、これら4つの元素が現れたものとして見るもの——庭の土に現れた「土」や、川を流れる「水」など——は、すべて、それぞれの物の完璧な「形」を不完全に翻訳したものでしかない。完璧な、純化されたものが、すべての物質の根源だと考えられる。庭から土を一握り取って、それを川の水、燃える炎、周囲の空気と、注意深く正しい比率で混ぜ合わせても、水銀やアルコールなどの全く異なる元素に変化することはない。そもそも正しい比率などわからないし、もっと重要なのは、日常私たちが目にする現れのなかに純粋なものなどないということだ。土、水、空気、火の「本質(エッセンス)」を使わねばならないのである(ただし、時代が下って中世になると、このような純化と変容を目指すのは錬金術師の仕事になる。26〜30ページ参照)。

とはいえ、植物が土、水、空気、そして太陽光を取り込んで、これらの材料を果実、花、葉、そして木に変容できることを私たちは目の当たりにしているし、さらに私たちは木からいろいろと便利な物を作ることができる。そして、地球の内部に金属、鉱物、宝石の原石などが見つかるのだから、地球そのものもこれらのものを生み出しているようだ。したがって、変容という概念は、ばかばかしいと一蹴することもできなければ、完全に不合理でもない。

時代を先送りして

古代ギリシア人の知的遺産はローマ人に受け継がれ、さらにトルコ、エジプト、シリアを経由してイスラム文明に

したがって自然のすべては、それ自体で存在するのだから、ふたつの事柄の上に成り立っている。物体が存在することと、そして、物体がそのなかに置かれ、そのなかで動き回る虚空が存在することの。——ルクレティウス、紀元前1世紀

伝えられた。ローマ人は抽象的思考よりも実際的な進歩を重視したので、ローマ人が物質観に関するギリシア人の思想をさらに発展させることはなかった。イスラム文明の初期に当たる8世紀から9世紀にかけて、カリフ［イスラムの宗教指導者で国家の最高権威者］たちは、「知恵の館」と呼ばれる学問の中心拠点を作り、これに多大な労力と財力を注ぎ、学者たちに古代ギリシア人の著作の収集と翻訳を行わせた。ギリシアの哲学者と初期の科学者たちの研究がヨーロッパ文明に深く刻み込まれたのは、このようなイスラムの学者た

本図では、険しい山の山腹に記された巨大な文書として描かれている、名高いエメラルド・タブレットは、神が記した最初の錬金術の文書であるとされている。

ちとその庇護者たちが何世代も続いたおかげである。イスラムの科学者たちはギリシア人の研究を足場に、多くの分野でそれらをさらに専門的に発展させた。そのため、彼らの知的遺産が11世紀以降ヨーロッパに逆輸入される際、元のギリシアの文化は、多くのイスラムの天才たちによって増補され強化された形で戻ってきたのだ。元素に関して言えば、ギリシアの四元素説が変わらず維持された。しかしそれは、錬金術という新しい科学に取り込まれていた。イスラムの錬金術師は、実用的な化学を大きく前進させ、手に入るすべての物質を徹底的に研究し、また、後世の化学者たちに非常に役立つ装置、化合物、技法を開発した。その多くが今日なお使用されている。

錬金術の元素

ギリシア人たちは、物質の組成を研究したものの、実験科学者ではなかった。古代ギリシアでは、薬、染料、釉薬、金属、その他の化学物質を作った職人たちは、現象の背後にあるものを追究する哲学者的な科学者とはまったく違っていた。職人も科学者も、互いの専門領域に接点があるとはとても思わなかっただろう。実用的なものと理論的なものは完全に分離されていた。

実験を行うことによって、化学の世界に最初に一歩足を踏み入れたのは錬金術師たちだった。錬金術は、主に物質の変容に関する秘伝的な科学だ。最もよく知られているのは、彼らが「賢者の石」と呼ばれる、卑金属を金に変えることができるという伝説的な物質を1500年にわたって探し求めたことだ。

錬金術の起源

錬金術を意味する英語「alchemy」のアラビア語の起源は、古代エジプト人が自国を呼んだkhmiという言葉から派生したと推測される。エジプトは化学発祥の地と考えられているからだ。化学に関するエジプトの最古の文献は、3世紀のもので、金や銀に似せて金属を着色する方法や、染料や宝石原石の模造品の作り方を説明している。真の変容をもたらそうとする試みがあったと示唆する記述はなく、もっぱらそれらが模倣されるばかりだった。錬金術を巡る物語には、伝説の錬金術の始祖、ヘルメス・トリスメギトスも登場する。ギリシア神話の神ヘルメスとエジプト神話の神トートが融合したものである。彼は紀元前1900年ごろのエジプトの支配者で、錬金術の奥義を記した「知恵の書」である「エメラルド・タブレット」(Tabula Smaragdina)を著したとされる。この人物、あるいはこのタブレットが実在した証拠はまったくないが、このタブレットから引用したと称する文書が、3000年近く後に初めて登場している。

錬金術は、主にアレクサンドリア近辺においてエジプト人の下で発展した。これが確かなことだとわかるのは、292年にローマ皇帝ディオクレティアヌスが「エジプト人が書いた銀と金の錬金術(cheimeia)に関する書物」をすべて破壊するよう命じた事実があるからだ。だが、独裁者が時折弾圧を行っても錬金術を撲滅することはできず、その知識と実践はアラビア人と共に広まり、中世初期にはついにヨーロッパに到達した。教会や国王によって禁止されることもあったが、17世紀になっても熱狂的に取り組まれ、ついに18世紀に真の科学の進歩に屈するまで続いた。偉大な物理学者にして数学者でもあるアイザック・ニュートンさえもが錬金術を熱心に研究した。

「初期錬金術の父」と呼ばれることもある8世紀の科学者ジャービル・ブン・ハイヤーンは、水銀と硫黄を使って「純粋」な物質に新たな性質を付け加えようとしていた。

うまく組み合わせて作る

すべての物質は、いくつかの「質」(形相)がある正しい比率で混じりあったものからなるというギリシア人の思想からは、もしも「質」を操作することができるなら、ある種類の物質を別の種類の物質に変容させることができるという考え方が自然に出てくる。未分化の物質――一種の「原－物質」(遍在する原初物質)――を作り出し、そこに望む物質(通常は金)の「質」を加えるという、このプロセスこそ錬金術の中核である。

だが錬金術師たちは、火や空気などの「元素」よりもはるかに具体的なものを相手に研究しなければならなかった。水は彼らにとっては、そのような「元素」として扱うに十分だったが、何気なく見ているだけの人にとってさえ、地面の土が元素と呼べるような純粋な形ではないことは明らかだった。解決策は、8世紀イスラム圏の錬金術師だったとされるジャービル・ブン・ハイヤーンの著書にあった。ジャービ

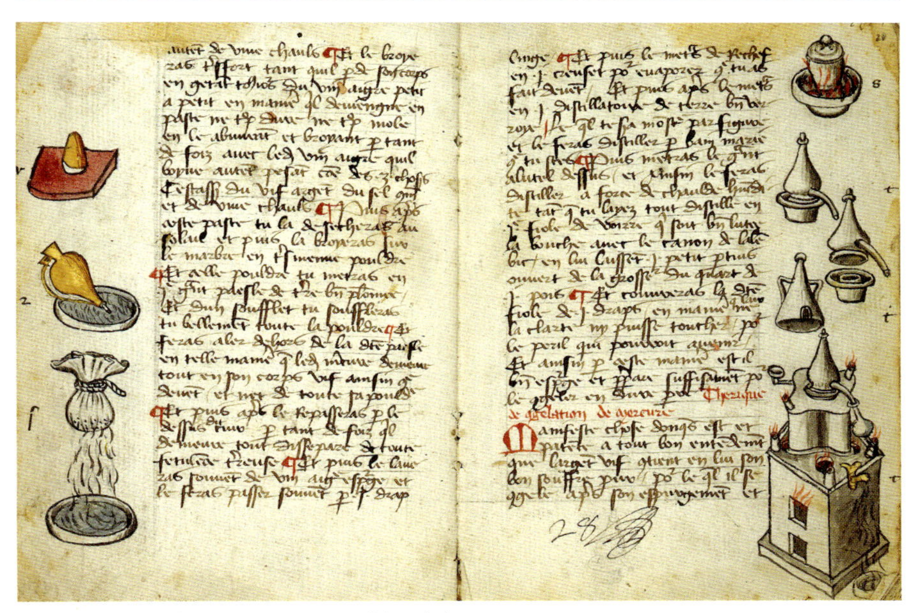

錬金術で使われる装置や過程を示した15世紀の文書

ルは、四元素に属すとされる4つの「質」を物質から取り去ることができるなら、一切特徴を持たない物質が残り、それを真っ白なキャンヴァスとして扱うことができるはずだと述べたのだ。これに望み通りの質を加え、別の物質——通常は銀か金——にすることができるだろうというわけだ。

実用性を重んじる科学者だったジャービルは、このような考えを、実験室で実施可能な形に表現しなおさねばならなかった。具体的には、乾いているとか、熱いなどの概念だけでなく、実際の化学物質を扱う必要があったのだ。彼は、すべての金属は、天然に存在するふたつの物質、硫黄と水銀が異なる比率で混合したものだと主張した。彼が考えた物質世界の体系においては、水銀が湿り気と冷たさを提供し、硫黄が熱さと乾燥を提供したのである。出発物質から4つの基本的性質を取り去ることができ、さらに、熱い、湿っている、乾燥している、冷たいの4つが正しい比になるのに必要な比率で水銀と硫黄を加えることができれば、その結果金が得られるはずだった。

実験で得られるちょっとした証拠が、ジャービルの説の少なくとも一部を支持しているようだった(そこにはいくつも問題点があることは、私たちには明らかだが)。化学者(錬金術師)が水を取っ

9世紀アラビアの錬金術師アル・ラーズィー

てきて、沸騰させて蒸発させたとすると、白い粉末状の物質が残るが、それが純粋な「冷たさ」に違いないというのだ（実のところ残留物は、最初に水に溶け込んでいた何らかの不純物で、多くの場合炭酸カルシウム。硬水から出る石灰カスである）。

ジャービルは、金を作るには純粋な水銀と硫黄しか使ってはならないとした——少しでも不純物が混入していたら他の金属ができてしまうという。希望に燃える錬金術師たちは、必要な純度を達成するために、原材料を精製し混合する方法を極めようとして何世紀もかけて努力した。いうまでもないが、彼らは成功しなかった。

イスラム圏の別の錬金術師ムハンマド・ザカリヤー・ラーズィー（アル・ラーズィー、854〜925年）は、多くの金属は何らかの種類の塩を含んでいるとの結論に達した。この説は、スイスの化学者で医者でもあったパラケルスス（テオフラストゥス・フォン・ホーエンハイム、1493〜1541年）の著書に再び現れている。パラケルススは、水銀、硫黄、塩という3つの「元素」の支配のもとで、土がすべての生物を生み出すと考えた。彼によれば、これらの元素とその混合物が、化学、医学、毒物学において非常に強い影響を及ぼすのだった。

錬金術の秘法

魔術に近いものとして描かれることが多い錬金術も、当時の知識体系のなかでは論理的だった。とはいえ、神秘主義に包まれていたのは確かで、ヨーロッパに伝わってからはその傾向が強まった。安全のため、そして商業的利益を守るためにも、錬金術師は用心深く、漏洩することのないよう奥義を守った。13世紀になるまで、宗教的権威集団は錬金術師の技術を神を冒瀆するものだと見なしがちで、法により禁じることもあった。そのため錬金術師は、逮捕されたり迫害を受けたりする危険に脅かされていた。

秘密主義のせいで、錬金術の文献は寓話にたとえた曖昧な文章で表現されるようになった。これは、現在もある種の分野で見られる、特殊な専門用語のおかげで一般市民が議論から排除されている状況と同じで、錬金術の専門用語によって一部の選良が錬金術の独占をほしいままにしていたのだ。

たとえば、材料を集め秘術を行うに最も都合のいい月齢はいつかと真剣に思案するなどの、錬金術の儀式の多くが、今では奇異に感じられ、まるでこじつけで効果がないと思える。これらの儀式が編み出されたのは、十分な知識のない者が錬金術に手を出せなくするためだけではない。中世から近代初期にかけての錬金術師は、占星術が大真面目に信じられていた世界に暮らしていた。天体の運行やその整列は地球上の出来事や人間の暮らしに影響を及ぼすと考えられていた。もちろん、理想的な条件ではないので、そもそも秘術の実施が不可能だったなら、根底にある理論を疑問視されることなく、中止あるいは失敗の釈明ができるのも都合がよかった。たとえば、下弦の月のあいだに、ヘビの王だという空想上の動物、バジリスクの足の指のあいだから必要な試料を収集することができなかった錬金術師は、秘術の方法自体が不適切だったと認める必要はない——彼は失敗の言い訳をすることができたわけだ。

寓話じみた挿絵と叙述は、錬金術の秘密が一般人に知られないように守っていた。

私は、(変容を)不可能だと考える。なぜなら、ひとつの金属的な結合体を分割して別の結合体にする方法が存在しないからだ。感覚によって知覚されるこれらの性質は、金属的結合体の種類を区別する差異ではなく、偶然や何かの影響である。最も重要な本質的な差異はわからないのだから。——イブン・スィーナー(11世紀の哲学者)

錬金術用のフラスコのなかに封じ込められた、頭が3つあるドラゴンは、錬金術の「賢者の石」の組成、塩、硫黄、水銀を表している。サロモン・トリスモジン、『太陽の輝き Splendor solis』、1530年代より掲載[『太陽の輝き』は、史上最も美麗で、錬金術に大きな影響を及ぼしたとされる錬金術解説書。版はいくつか存在する]。

ふたつの真の元素

今日理解されているのと同じ意味の元素という概念はまだ存在しなかったものの、錬金術師たちが辿り着いた水銀と硫黄というふたつの素材は、実際に元素だ。しかし、それらは他の金属の構成要素ではなかった。錬金術師が作り出そうとしていた銀と金も含め、多くの金属がやはり元素なのである。

だが、じつのところ、錬金術師が知っていた物質のなかには、水銀と硫黄以外にも真の元素が多数含まれていた。次の章では、当時も知られ、使われていながら、元素とはまだ認識されていなかった元素について詳しく見てみよう。

春の庭園を耕している人々は、樫の木の根元から流れ出る「白い水」(水銀)に気づかない。なぜなら、彼らは盲目だから——錬金術師たちが無知ゆえに探し求めるものを見つけ損ねていることを表した寓意的表現。

第2章

中世までに利用されていた元素

> **銅に続いて、鉄と呼ばれる、最も便利であると同時に、人類の手に落ちると最も破壊的になる金属について説明しなければならない。**——ガイウス・プリニウス・セクンドゥス（大プリニウス）、『プリニウスの博物誌』

私たちを取り巻くすべてのものは元素でできているが、だからといって元素がたやすく明確に理解できるわけではない。ほとんどの物質は化合物で、ふたつ以上の元素でできている。また、私たちが世界のなかで出会うほとんどの物体や物質は、ふたつ以上の化学物質が混ざり合ったものだ。とはいえ、私たちの遠い祖先はいくつかの元素をよく知っており、大いに活用していた。元素を利用することで、祖先たちはその性質を経験的に知り、そこから最初の化学知識の種を獲得した。

本図のフランスのショーヴェ洞窟で発見された例のような、ヨーロッパの洞窟壁画は、炭素を中心とする顔料によって盛んに描かれた。この壁画は約3万6000年前に描かれたもの。

使えるものを確認

私たちの遠い祖先が、身の回りにどのような種類の物質があるかを学んだのは、一番には、それらを実際に利用したい目的があったからだ。どの金属を使えばいい武器が作れるのか？　どの種類の鉱物が、つぼの美しさを引き立てる釉薬になるのか？　王冠や腕輪を作るのに型で成形しやすい素材は何だろう？　貯水タンクの内側に貼って、水が漏れないようにするには、どんな材料を使えばいいのだろう？　などなど。

深い赤橙色が珍重され、砕いた辰砂(硫化水銀)は紀元前3000年頃から中国の漆器に顔料として使われてきた。

歴史を作る元素

元素のなかには、ほぼ純粋な形で自然界に存在するものもあり、先史時代にもよく知られていた。7000年以上前、私たちの祖先は、銅、鉛、金、銀、鉄の5つの元素を知っていた。水銀が純粋な形で知られるようになるのは紀元前1500年ごろからだ。炭素は炭や煤として広く知られていた。

青銅器時代の花形、銅

銅が初めて使われたのは、約11,000年前の中東においてであったと推測される。銅は私たちの祖先が取り扱った最初の金属だった。自然銅の採掘が始まったのは、紀元前8000〜7000年頃に、トルコのアナトリア地方にあるチャタル・ヒュユクにおいてのこととされる。そのころ金属によって作られた物のうち、現存する最古のものは、アナトリアで出土した銅のビーズである。

銅は天然銅として重要だったのみならず、金属器が石器に取って代わった青銅器時代の主要材料物質としても価値が高かった。青銅は元素ではなく、銅にほかの元素——通常はスズまたは金属（半金属）ヒ素——を混ぜた合金だ。青銅器時代は、メソポタミアでは紀元前3500年ごろ、西ヨーロッパでは紀元前3000年から紀元前2500年ご

元素、化合物、混合物

現代の化学では、元素とは、物質を化学的手段によって分解して得られる最終的な要素で、ただ一種類の原子だけからなる物質である。化学元素は118種類で、酸素、金、ヨウ素、水銀、炭素など、まったく異なるさまざまな物質が存在する。

化合物とは、2種類以上の元素の原子が化学結合することによってできた分子物質である。原子を物理的な手段で分割するのは困難だが、原子の集合をばらばらにし、化学反応によって、ほかの種類の原子と結合させ、一種類もしくはそれ以上の化合物を作ることは可能だ。化合物にはそれ自体の性質や振舞いがあり、それらは化合物を構成する元素の性質とは無関係なことも多い。その一例が、食塩として親しまれている塩化ナトリウムだ。これは、ナトリウムと塩素という2種類の元素からなるが、いずれにも似ていない。

混合物とは、読んで字のごとく、2種類以上の異なる物質が混ざり合ったものである。それらの物質は、化学的には結合しておらず、物理的手段によって分離できる場合が多い。化学的手段によって容易に分離できる。混合物に含まれる物質は、元の性質を維持している。混合物は、化合物とは違い、それ自体の新しい性質を持たない。混合物の一例は、砂と砂糖を混ぜたものだ。これに水を加えれば、砂は水に溶けるので、濾過すれば砂を除去でき、元々の物質を容易に分離することができる。水を蒸発させれば、砂糖も回収できる。2種類の元の成分は、混合されたことによって何の変化も受けない。

ろ、東アジアでは紀元前2000年ごろと、世界各地で異なる時期に始まった。新時代と呼ぶにふさわしい青銅器時代には、さらに文字も発明されたほか、法律制度と行政機能を備えた官庁ができ、大規模建築事業、通年農業の開始、医療分野での発見、組織的宗教の成立があった。そして、天文学や数学などの分野で学問研究の種がまかれた。これらの成果は、文明の夜明けを告げていた。

青銅は、銅にスズやヒ素などの元素を添加した合金だ。ヒ素は、天然の銅の「鉱床」(鉱物を含む岩の塊)に不純物として混入していることが多いので、最初の青銅は作られたのではなく、発見されたのだろう。銅の製錬が最初に行われたのは、知られている限りではメソポタミアである。製錬した銅で作られた最古の製品がイランのテペ・ヤヒ

銅は、地面を直接掘る露天掘りという方法で採取できる鉱山も多く、数千年にわたって採掘されている。

製錬——鉱石から金属を取り出す

製錬の過程は極めて単純である。金属を含む鉱石を加熱すると、金属は大気中の酸素と反応し、「金属灰」(酸化物)を形成する。この酸化物を低酸素雰囲気で加熱すると一酸化炭素が発生する(直接二酸化炭素が発生するには酸素が足りないので)。酸素を欲しがる一酸化炭素は、金属灰から酸素を奪い取り、その結果純粋な金属が残る。閉鎖された環境で鉱石を加熱する作業は、初期の製錬職人にとって大変容易な過程だった。初めて製錬された金属は銅と鉛で、紀元前6000年紀のことだったと推定される。銅の製錬はセルビアのヴィンカ文明[バルカン半島で紀元前5500年ごろから1000年程度のあいだ続いた文明]で行われており、鉛の製錬はヤリム・テペ(現在のイラク)で行われていたようだ。

ヤで発見されている。それは人類の歴史の重要な瞬間であった。紀元前4000年から紀元前3001年に当たる紀元前4000年紀の人々が鉱床を見つけて天然銅を採掘し、それを熱して、欲しい中身を得ていたのである。

この地域の銅の鉱床にはヒ素が含まれており、このヒ素を含む銅鉱石から製造した青銅が天然銅より優れていたため、人々は意識的にヒ素が含まれる銅鉱床を探すようになった。重量比で0.5〜2パーセントというごくわずかなヒ素が含まれるだけで銅の引張強度と硬さは10〜30パーセント向上する。地表付近に存在する銅は、普通ヒ素の濃度が低い。この表層部の銅鉱石を掘りつくした採鉱者たちは、さらに深く掘って、ヒ素の濃度が高い銅鉱石を精錬して銅を得ると、それが以前のものより高品質なことに気づいた。ほぼその直後から、銅ではなく青銅を作る目的でヒ素を含む鉱石を意図的に添加するようになったのだろう。青銅の生産は人類の歴史における最大の進歩のひとつだ。

水道の配管から毒殺まで

人類が二番目に利用しはじめた金属元素は鉛で、それは9000年ほど前のことだったようだ。紀元前6500年のものと推定される鉛のビーズがトルコのチャタル・ヒュユクで発見されている。鉛の採掘は少なくとも6000年間続けられている。柔らかく高密度で融点が低い(327℃)鉛は、扱いやすい。空気中では表面がすぐに薄い酸化膜で覆われてしまう(したがって鉛には光沢がない)が、腐食が内部に進みにくく、水中でも腐食しにくい。このため鉛は長年配管に多用されているが、これが始まったのは古代エジプトだったと推測されている。古代ローマ人が鉛の配管や貯水槽を作るために大量の鉛を使用したことはよく知られているとおりだ。配管を意味する英語のplumbingは、鉛を意味するラテン語plumbumから来ている。鉛の元素記号Pbもこれにちなむ。

鉛は一般に、方鉛鉱という鉱物(硫化鉛〈II〉)を燃焼することによって製錬された。少なくとも4000年前、アッシリア人たちは鉛の通貨を使っていた。エジプトのアビドスでは、紀元前3800年ごろのものとされる鉛の小像が発見されている。鉛はまた、古代ギリシアでパチンコ(スリングショット)を作るのに使われ、色付きの釉薬や化粧品にも添加された。

命取りな甘さ

古代ローマ人が鉛の使用を配管だけにとどめていたら、ローマ帝国はもっと長く存続したかもしれない。だが残念なことに、彼らは食物にも鉛の化合物を混ぜた。鉛糖(えんとう)とも呼ばれる酢酸鉛は、甘味があり、古代ローマでは甘味料として流行し、食物のほかワインにも加えられた。ローマのワイン醸造業者は普通、未発酵のブドウ果汁を長時間沸騰させサパと呼ばれるシロップを作り、これを甘味料としてワインに添加していた。果汁を鉛の鍋で煮ると、銅鍋を使ったときよりも一層甘いシロップになることを彼らは知っていた。鉛の鍋で煮ると甘味が増すのは、ブドウ果汁の酢酸の作用で鍋の鉛が溶け出し、酢酸鉛という化合物ができるからだ。やがてローマ人は、酸化鉛を酢(酢酸)と混ぜれば直接甘味料ができることを発見した。サパを再現した現代の化学者たちは、ブドウ果汁1ℓ当たり1gの鉛が含まれていると特定した。茶さじ一杯のサパが慢性的な鉛中毒を引き起こした可能性がある。

サパの人気は高く、広く使われていた――古代ローマの料理集『アピシウス』の全450レシピの約5分の1で鉛糖が使われている。ローマの富裕層の多くが痛風を患い、痛風は自分に甘いふしだらな人間の病気だと風刺されたほどだった。古代ローマの痛風患者の少なくとも一部は、鉛中毒によって起こる、いわゆる鉛痛風だったようだ。鉛中毒はこのほか、精子数の低下ももたらした。後期のローマ皇帝の多くが、子をなそうと多大な努力を払ったにもかかわらず不妊に苦しんだ。西暦15～225年にかけて、ローマの支配者の多くは鈍重かつ残忍で、身体的もしくは

鉛は耐久性が非常に高く、ローマ時代の水道管が2000年近く経った今も利用できる。

ローマ時代にワインを飲むと、二日酔いだけではすまない長期的な健康被害の危険があったようだ。

精神的に障害を負っていた。医学史家のなかには、これを鉛中毒の表れと見る者もいる。

宝物の数々

金も鉛と同様、柔らかく加工しやすい。金は腐食もせず、空気中でも光沢を失わない(酸化物を形成しないため)。岩のなかの筋や、川底の小さな塊として天然に広く分布している。金が初めて使われたのは、紀元前5000年頃の古代エジプトで、自然に産出する金銀合金であるエレクトラムを使い工芸品を制作したときのことのようだ。純金の装飾品が作られるようになったのは、古代において紀元前3000年ごろからで、砂金、金箔、微小な金塊として自然界に発見されるものを溶融して使った。古代エジプトでは紀元前2000年ごろから金の採掘が行われていた。知られている最古の使用は中近

クロイソスほど金持ち

リュディア（現在のトルコ領内）を紀元前561年から紀元前547年まで治めたクロイソス王は、最初の純金製の硬貨の製造を管理した。エレクトラム（39ページ参照）製の硬貨は、やはりリュディアで紀元前640年ごろに製造された。

東においてだが、金は世界中で見つかり、あらゆる文化で昔から使われてきた。金の元素記号Auは、「輝く夜明け」を意味するラテン語、aurumから来ている。

銀もまた世界中で発見され、多くの古代社会で利用されていた。銀は鉱石のなかにほかの金属（多くの場合鉛）と共に存在しており、容易に抽出できる。古代の人々にとっては、わずかな量（1パーセント）の銀しか取れない鉱石でも、製錬して金属銀のかたちにできるなら――とりわけ、銅などの副産物も有用な場合は――、十分もうけることができた。銀も比較的加工しやすく、磨けば光沢が出て魅力的だったので、古代の銀山労働者には採掘しがいがあった。

銀の採掘が本格的に行われるようになったのは紀元前3000年ごろのことだ。銀は自然のなかで金属の状態で存在することは少なく、金よりも見つけにくいため、古代エジプトでは、一時期銀のほうが金よりも高価だったことがあった。紀元前2500年ごろに灰吹法（はいふきほう）という製錬法が発明され、銀の抽出が容易になった。灰吹法では、鉱石（銀をふくむ方鉛鉱など）を焼成し、ほかの物質との反応によってひとつの成分（鉛など）を吸収し、望みの貴金属を単離する。灰吹法が初めて使われたのは

紀元前4世紀のスキタイで作られた、牡鹿をかたどったバッジ。エレクトラムと呼ばれる、金と銀の合金で作られている。

紀元前4000年紀のシリアとトルコで、鉄と銀を含む方鉛鉱が使用された。銀の元素記号はAgで、「輝き」や「白」を意味するラテン語argentumから来ている。

1490年代に描かれた、ボヘミア(現在のチェコ共和国)のクトナー・ホラにおける銀採掘の様子。この地で銀が最初に発見されたのは10世紀のことだった。

鉄器時代の鉄人

鉄、あるいは、より正確には鋼は、人類にとって新たな時代の到来を意味した。純粋な鉄はさびやすく、ほかの多くの金属よりも耐久性に劣る。このため、古代の鉄の加工品が残存することはまれだ。

鉄を最初に使ったのは古代エジプト人で、鉄の製錬が行われるようになるはるか以前の、今から5000年以上前のことだった。彼らは鉄隕石(ニッケルの含有量が多いことで隕石由来と特定できる)を使ったのだ。鉄隕石は「天からの金属」とも呼ばれ、珍重された。ニッケルが含まれるため、ある程度容易に

銀とアテネの興隆

古代ギリシアは、近代の科学、哲学、文学の原型が誕生し、育まれた場所だ。しかし、ラウリオン銀山がなければ、そのいずれも盛んになることはなかっただろう。アテネの南に位置するこの銀山は、紀元前3200年ごろに採掘が始まり、アテネの富の蓄積に大きく貢献し、特に、アテネの優位性を固めた紀元前490年と紀元前480年のペルシアとの戦争の資金源となり、ギリシア文化の繁栄を可能にした。

加工できるほど柔らかかった。鉄隕石から作られた短剣がツタンカーメンの副葬品のなかから発見されている。

鉄の製錬が最初に行われたのは、紀元前3000年から紀元前2700年のあいだで、シリアにおいてであった。紀元前1500年から紀元前1200年のあいだには、ヒッタイト人によってアナトリアで大規模な鉄の製錬が行われた。青銅器時代が終わり鉄器時代が始まるころにあたる紀元前1180年にヒッタイト帝国が滅亡すると、鉄の製錬は各地に広まった。その後200年ほどして、ヨーロッパで製錬が始まった。インドでは紀元前1800年には始まっていたようだ。

デリーにある高さ7メートルの鉄柱は、西暦400年ごろチャンドラグプタ2世によって建てられた。驚くほど腐食が少ないのは、使用された鉄材にリンが多く含まれていたため、表面にリン酸塩の保護被膜が形成されたためである。

不死をもたらす魔法の金属?

ここまでお話ししてきた金属はすべて実用的な目的に利用されていたが、

私たちは鉄の助けを借りて家を建て、岩を割り、他にも暮らしに役立つ非常に多くの仕事を行っている。しかし、戦争、殺人、強盗も鉄によって行われている。さらに、これらの害悪は至近距離から行われるのみならず、遠方からも行われている。それらは、武器の助けによる行為だが、機械により発射された、あるいは人間の腕によって投げられた、有翼の武器のこともある。しかも今や羽毛に覆われた翼付の武器まで存在する。この最後に挙げたものは、人間精神によってこれまでに考案された最も犯罪的な策略だと私は考える。なぜなら、まるで一層急速に多くの人々に死をもたらそうとするかのように、私たちは鉄に翼を与え、飛ぶことを教えたのだから。——大プリニウス、『博物誌』第34巻

辰砂は、紀元前25000年ごろ洞窟壁画で利用されて以来、顔料として使われてきた。

一見まったく利用価値などなさそうに見える金属がひとつある。その金属は、鍛えて何かの物体を形成することはできないし、それどころか、中毒を起こしかねないので、鉱物から製製するのも危険だ——しかし、見た目にはとても魅力的だ。それが水銀である。英語ではマーキュリーともクイックシルバーとも呼ばれ、常温で液体である唯一の金属だ。一度見たなら決して忘れられない。玉になって面の上を転がり、玉どうしがぶつかると即座に一体化する。水銀は見た目に美しい——だが、もてあそんでは死に至る恐れがある。クイックシルバーと呼ばれるのは、ころころとすばしこく動くからである。

人間が初めて使った水銀は、自然界に存在する化合物だった。水銀が純粋な形で自然界に見られることはあまりなかった。3万年前、旧石器時代の

水銀の堀

秦の始皇帝の墓は、盗掘されたことがなかった。中国の西安にあり、兵馬俑坑（へいばようこう）——数千体の陶製の馬や武士の人形が収められた遺跡——に周囲を取り囲まれていることで有名なこの墓地遺跡は、水銀が張られた堀に囲まれた一大地下都市と呼ばれている。この地域の土壌は確かに水銀濃度が非常に高い。始皇帝陵には、罠がしかけられており、暴いたものには祟りがあると信じられていたため、暴こうとする者はなかった。

人々は辰砂と呼ばれる鉱物を使って朱色の顔料を製造し、フランスやスペインの洞窟の壁に野牛などの動物を描くのに使った。辰砂は硫化水銀(HgS)からなる鉱物だが、まれに純粋な水銀が小さなしずくの形で辰砂のなかに存在していることがある。水銀の精製は、辰砂を空気中で加熱し、発生した水銀蒸気を凝縮させることによって行われていたが、気化した水銀は毒性が強く、これは控えめに言っても危険な方法だ。水銀の元素記号Hgは、「水 − 銀」を意味するラテン語hydrargyrumから来ている。

風変わりで美しかったためか、水銀には健康を増進する特別な力があると(不幸なことに)信じられていた。水銀は中国では紀元前2000年までには知られており、エジプトのクルナでは、紀元前1500〜紀元前1600年に建てられたとされるいくつもの墓から水銀が見つかっている。中国の最初の皇帝、秦の始皇帝は、紀元前210年に49歳で亡くなったが、原因は鉛中毒にあったようだ。彼はそれまでに、不老長寿の薬と信じて、水銀を含む丸薬を大量に摂取していた。

水銀と金

見た目が不思議だというほかに、水銀が古代の人々に魅力的だったのにはもうひとつ理由があった。水銀は金を溶かすのだ。水銀は大昔から砂金——川底に堆積した砂礫のなかに混じってい

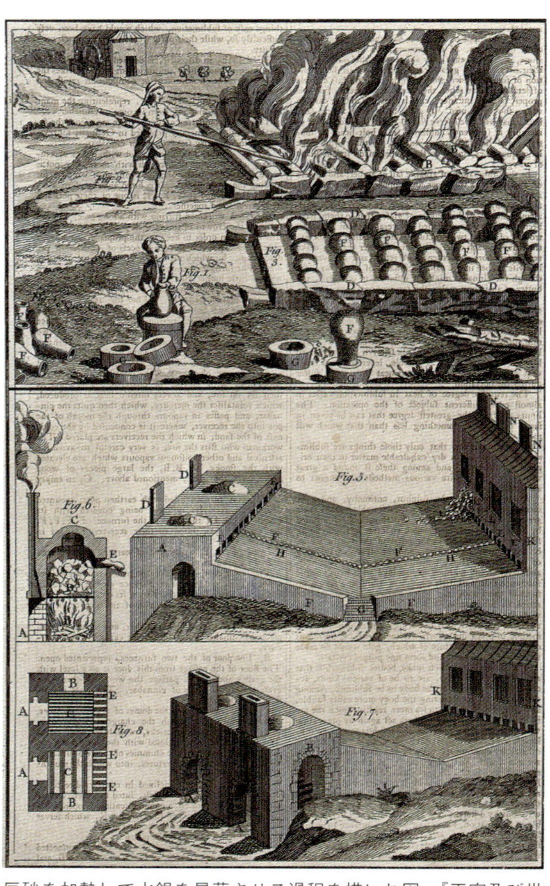

辰砂を加熱して水銀を昇華させる過程を描いた図。『王室及び世界の芸術科学事典』(1791年)

る金の細粒——を抽出するのに使われてきた。砂礫に混じっている金(と銀)だけが水銀に溶け、それ以外の成分は溶けない。表面の不純物を取り除き、アマルガム[水銀とほかの金属との合金]を焼いて水銀を蒸発させると、貴金属が残った。しかし、この砂金抽出法によって環境は汚染され、作業者たちは水銀中毒になった。2700年前、フェニキア人とカルタゴ人はスペインの水銀鉱山で採取された水銀を使って金を抽出した。古代ローマの博物学者プリニウスは、西暦1世紀にこの手法を書き記しており、古代ローマ人は事実この手法を使って金の回収率を大幅に向上させた。西暦77年ごろには、金のアマルガムを作るためにローマ人たちがスペインから移入した水銀の量は、年に5000kgにのぼった。だが、その後100年のうちにこの手法は禁じられたので、鉛の危険には気づかなかったローマ人も水銀とその環境における健康問題にはつながりがあると気づいたのかもしれない。

水銀の錠剤を入れておくための壺。水銀錠剤は数世紀にわたって市民に愛用されたが、有毒でもあった。

水銀を利用して金を抽出する手法が南米大陸に伝わったのは1554年のことだ。1580年から1900年にかけて、年平均612トンの水銀がスペイン領アメリカで使用された。1850年から1900年にかけて、北米では年間1360トンの水銀が主に金と銀の抽出のために使われた。この期間、25万トンの水銀が環境へと拡散した。カリフォルニア・ゴールドラッシュの際に水銀は大々的に使用され、その後20世紀になっても使用が続いた。北米と南米に土壌中の水銀量が異常に高い地域(特に汚染の激しい地域では最高で土壌1g当たり0.5mgに及ぶ)が散在するのは、金の抽出に水銀が広く使用されていたからだと考えられている。最近では、ブラジルのアマゾン川流域、中国、そしてフィリピンで、金採掘による水銀汚染が報告されている。

健康にいいのか命取りなのか?

水銀は数世紀にわたりさまざまな用途に使われてきたが、不幸な結果をもた

あらゆる壊血病性もしくはヘルペス性の、顔や皮膚の発疹に有効な治療法。ごく軽いものから、極めて重篤で慢性的なものまで。小さなニキビや湿疹から、全身に広がる発疹や爛れまで。鼻や腕、その他の部位の赤みにも、そしてつまり、肌が被りがちな、あらゆる害に。はなはだしい炎症にも、ゆっくりと進むひつこい症状にも。——18世紀中頃に開発された、「ゴーランド・ローション」の宣伝文。このローションには、塩化第二水銀、もしくは鉛白(塩基性炭酸鉛)が含まれていたと推測されている。

らした使用法も少なからずあった。中世アラビアの医師たちは、皮膚病を治療するローションに水銀を混ぜていた。10世紀、医師で錬金術師だったアル・ラーズィーは、水銀の毒性を試す動物実験を行った。その100年後、医師のイブン・スィーナーは賢明にも、水銀の使用は外用薬に限ることにした。

権威に与しなかったスイスの医師パラケルススは、そのようなためらいには無縁で、中世ヨーロッパにおける水銀の使用を推進した。性病のひとつである梅毒がヨーロッパで広まったのは15世紀後半のことだが、パラケルススは1530年に、水銀は梅毒の治療に有効だと記した(水銀は、梅毒の病原体であるスピロヘータと呼ばれるらせん型の細菌を死滅させる)。その後数世紀にわたって実施された梅毒療法には、水銀蒸気風呂、水銀を含む錠剤の服用、塩化第一水銀(塩化水銀(I))(「カロメル(甘汞(かんこう))」と呼ばれた)を加えた液体の飲み薬や塗り薬としての使用などがあった。その副作用で起こる水銀中毒は、非常に恐ろしかった。だが、恐ろしいのは梅毒も同じで、梅毒のほうが死に至る可能性が高いのだから、いちかばちか水銀療法をやってみる価値はあった。不運な患者は、皮膚、口、喉の潰瘍、歯の脱落、神経損傷などを起こしたほか、時には命を失うこともあった。そこまで深刻ではないが、やはり不快な症状に、大量の発汗や流涎があり、そこから水銀療法を俗に「サリベーション(流涎)」と呼ぶようになった。興味深いことに、強力な殺鼠剤とされているものを医薬品として摂取すれば、健康を害する可能性が高いとは、人々は気づかなかったようだ。塩化水銀、特にブランデーと混ぜて「スウィーテンの酒」[18世紀の医師ゲラルド・ファン・スウィーテンが塩化水銀が添加された飲み薬を処方していたことに因む名称]という名前で販売されたものは、好調な売れ行きだった。

フェルトの処理に水銀を用いていた

帽子職人は、「狂った帽子屋の病気」と呼ばれる病気を発症した。症状には、精神錯乱、病的な内向性、短気、抑鬱状態、無気力、からかわれることへの恐怖、批判に対する癇癪があり、極端な場合は、記憶喪失、人格の変化、せん妄を起こした。広く見られたため、「帽子屋のように狂っている」という俗語表現が生まれた。

隠れた元素

紀元前1000年ごろのインドでは、鉱夫たちが亜鉛を採掘していたが、彼らはそれが他の金属とは違う、ひとつの独立した種類の金属だとは知らなかった。彼らは亜鉛を含んだ鉱石を使って真鍮を作った。古代ローマ人は亜鉛を知っていたが、それを利用することはほとんどなかった。1746年にドイツの化学者アンドレアス・マルクグラーフが発見したことにより、ようやく亜鉛が独立したひとつの金属であることが認識されるようになった。

古代の人々は、アンチモンとヒ素を、彼らが知っているほかの物質とは違うものだとは気づかずに使っていた（アンチモンもヒ素も半金属である）。

アンチモンは鉛ではない

アンチモンは、5000年前のメソポタミアのシュメール人たちには知られていた。パリのルーブル美術館に収蔵されている、古代シュメール人の都市テルローにあった廃墟で回収された食器片を調べたフランスの化学者マルセラ

ルイス・キャロルの『不思議の国のアリス』に登場する帽子屋は、水銀中毒にかかっていたと考えたくなるが、彼の社交的な振舞いからするとそうではないようだ。

モーツァルトの死因はアンチモン中毒か？

作曲家のヴォルフガング・アマデウス・モーツァルトは、1791年、原因不明の病に倒れて35歳で死去した。彼は「吐酒石」（酒石酸アンチモンカリウムの通称）を投与された。その後モーツァルトに、激しい嘔吐、熱、手足と腹部のむくみの症状が現れたのは、アンチモン中毒と一致する。彼は2週間後に亡くなった。死因は「腸チフス」とされたが、まったく決定的ではない。

ン・ベルロテは、これが純粋なアンチモンでできていることを特定した（1975年に再び分析された際には、アンチモンの濃度は95パーセントしかないと確認された）。西暦1世紀のギリシアの医師ディオスコリスと、古代ローマのプリニウスはふたりとも、輝安鉱（硫化アンチモン）という鉱石の加熱により金属が抽出されることを記した。彼らは、輝安鉱は鉛に変化したのだと注意喚起したが、これはつまり、アンチモンが鉛とは別の物質だとは気づいていなかったということだろう。

アンチモン化合物は、眉墨やアイシャドウに使われるコールという化粧品にも含まれている。バビロニアのネブカドネザル二世（在位：紀元前604〜紀元前561年）は、鉛とアンチモンの合金でできた美しい黄色の釉薬を塗布したレンガで王宮を建てたという。

西暦800年ごろ、アラビアの錬金術師たちはアンチモンを独立した物質と

ネブカドネザル二世は、自らの宮殿の装飾のために中毒になり、7年間正気を失って牛として生きたという伝説がある。しかし、アンチモンの釉薬はタイルに密着していたはずで、それが原因で精神障害をきたしたとは考えにくい。本図は1800年ごろにウィリアム・ブレイクが描いた、獣のように振舞うネブカドネザル二世。

して単離した。半金属であるアンチモンは、錬金術では半陰陽（雌雄両方の性質を帯び、どちらとも決められない）と考えられた。アンチモンを表す錬金術の記号を上下反転したものが、「雌」を表す記号として現在使われている。アンチモンは有毒だが、化合物のかたちで、火傷や潰瘍を治療するための収斂剤［タンパク質を変性させて組織や血管を収縮させる物質で、化粧品や薬品として使われる］や塗り薬として長年使われてきた。アンチモンの錠剤は腸を刺激し、便通を促進する作用があり、下剤として服用された。アンチモンは入手が困難なため、錠剤は使用後回収され、洗浄したのち次に使用されるまで保管された。家に代々伝わるアンチモン錠剤が何例も報告されている。

致命的だが、極めて致命的ではない

青銅を作る際には、ヒ素が含まれる鉱石を銅に混ぜなければならなかった

アルプスの氷河で発見された紀元前3100年ごろに死亡した男性のミイラ化した遺体は、欧米ではエッツィという愛称で呼ばれるほか、日本ではアイスマンという呼称で知られている。アイスマンの体からは高濃度のヒ素が検出されており、一部の考古学者らは、存命中は銅の製錬に携わっていたのではないかと推測している。

マーシュ・テスト

マーシュ・テストは、ロンドンのウーリッジにあった王立兵器廠の化学者、ジェームズ・マーシュが発案したヒ素検出法。彼は、祖父にヒ素入りコーヒーを飲ませ殺害した嫌疑をかけられた男の犯行の科学的証拠を得るため試験を行った。しかし、当時使われていたヒ素検出法では、明確な結果が得られず、被告は無罪となった。(容疑者はのちになって自分の罪を認めた。)マーシュは非常に悔しがり、1836年、独自にヒ素の試験法を開発した。純粋な亜鉛と酸を加え、水素ガスを発生させる。ヒ素を含んだ組織や体液の試料を液滴にし、この水素ガスにさらすと、ヒ素化合物が還元され、アルシン(ヒ化水素)ガスが発生する。このガスに点火し、白色磁器に触れさせると、磁器表面に金属光沢をもつ黒い被膜が形成されるが、これがヒ素である。この試験法は0.02mgという微量のヒ素を検出でき、確実な試験法であることが判明し、毒殺者たちが絶対確実と思っていた手段がひとつ使えなくなった。

が、その過程でヒ素を分離していた製錬工は大きな危険にさらされていたはずだ。ヒ素は昇華する(固体から直接気体に変化する)性質があるため、換気の悪い閉鎖的な場所でヒ素を含む鉱石を加熱する作業員はみな、深刻な危険に瀕していた。ヒ素を精製するには、勇敢な作業員がヒ素含有鉱物を加熱し、ヒ素の蒸気を凝集しなければならなかったが、作業が問題なく完了することはあまりなかっただろう。

いかなる時代にもヒ素の主要な用途のひとつだったのが毒薬としての利用だ。大小のネズミ、ハエその他の害虫の駆除に使われた。ルネサンス期のイタリアやフランスでは、三酸化二ヒ素(As_2O_3)[亜ヒ酸とも呼ぶ]という化合物が「継承の粉薬(succession powder)」と呼ばれていたが、それはこの物質が一族の跡目争いで、本家の跡取りを手早く亡き者にするためによく使われたからである。19世紀から20世紀の前半にかけて、殺人犯はヒ素を使うのを好んだ。というのも、その症状が、多くの自然に起こる病気や不調によく似ているからだ。殺人に使われたヒ素が検出できるようになるのは、1836年にマーシュ・テストという試験法が登場してからのことだった(上の囲み記事を参照のこと)。

ヒ素はまた、古代から現代にいたるまで、薬としても使われている。パウル・エールリヒ[19世紀後半から20世紀初頭にかけてのドイツの細菌学者、生化学者]

が開発した梅毒の「特効薬」、サルバルサンは、有機ヒ素化合物で、現在では白血病の治療に用いられている[日本では、サルバルサンは現在医療用には使用されていない。2004年には、亜ヒ酸製剤が特殊な白血病の治療薬として厚生労働省に認可された]。微量のヒ素には強壮作用がある。悪どい馬主たちが、自分の所有する競走馬の成績を上げるために利用することも、古くからあった。

ヒ素を初めて単離したのは、イスラム圏の錬金術師(伝承によればジャビール)か、もしくは、1250年ごろ、ドイツのキリスト教神学者にして科学者でもあったアルベルトゥス・マグヌスだと推測されている。三酸化二ヒ素を植物油に入れて加熱すると生じる金属性ヒ素は、銅を銀のように見せるために着色するのに使うことができた——いんちき錬金術師には便利なトリックである。

殺人者たちはヒ素をよく使った。メアリー(モリー)・ブランディは、微量のヒ素を盛って自らの父親を殺害した廉で有罪となり、1752年4月6日、オックスフォードで絞首刑に処せられた。彼女は、それは媚薬で、それを飲めば父親が、彼女が選んだ相手との結婚を認めてくれると思っていたのだと自己弁護した。

白金は銀ではない

白金は、早くも紀元前700年には古代エジプトで使われていたが、銀と区別されてはいなかったと推測され、古代人に知られていた元素とは、一般に考えられていない。1901年に、「テーベの小箱」[紀元前700年ごろのエジプトのテーベ王の娘で神官だった人物の墓から出土した小物入れ。ルーブル美術館に収蔵されている]の表面に

ナポレオンはヒ素中毒だった?

ナポレオン・ボナパルトが最後に幽閉された南太平洋のセントヘレナ島の部屋には、ヒ素を成分とする顔料で着色した壁紙が使われており、彼はそのためヒ素中毒死を遂げたのではないかという説がある。だが、彼の死因は胃癌だった可能性が高いとされている。ナポレオンが頻繁に使っていた薬には、ヒ素のほかアンチモンや水銀などの毒性の高い物質が含まれており、彼は壁紙など舐めなくても、多量のヒ素を摂取していたようだ。

白金の装飾が施されているのを発見した、フランスの化学者マルセラン・ベルテロは、白金が意図的に使われたわけではないだろうと考えた。その装飾に使われた白金には、微量の金とイリジウムが含まれていることが確認されており、金の原料としてヌビアから輸入された鉱石に、この組成のものが含まれていたと推測される。純粋な白金がヨーロッパで知られるようになったのは、南米を征服したスペイン人たちがヨーロッパに白金製品を持ち込むようになってからのことである。

ヒ素——おいしい!

ヒ素に曝され続けると、体にはヒ素に対する耐性が生じる。オーストリアのシュタイヤーマルク州の鉱山地帯の「ヒ素を食べる農夫」と呼ばれる人々は、皮膚が強くなり、高地でも作業がはかどると言い、週2回250mgのヒ素を摂取していた。この摂取量は、成人の致死量を超えているが、1875年に検査を受けたひとりの農夫は、400mgを摂取していたが健康被害は一切受けていなかったという。

火との関連が深い元素

火との関連が深いふたつの元素、炭素と硫黄も、古代人に知られていた。炭素は、木を燃やした際に生じる木炭や煤(すす)として、よく知られていた。また、黒鉛、無煙炭[炭化が最も進んだ石炭で、ほとんど煤が出ない]、ダイヤモンドとして天然にも存在しているが、これほどさまざまに異なる物質が、同じ元素が異なる形となって現れたものだと誰かが気づくまでには長い歳月がかかった。木炭としての炭素は、旧石器時代に洞窟壁画(26~27ページ参照)の輪郭線を描くために使われていた。初めて産

儀式用の斧の研磨に使われたダイヤモンド

2005年、ハーバード大学の物理学者のピーター・ルーは、4500年前、中国の職人たちが儀式用の斧の研磨にダイヤモンドを使っていたことを発見した。知られている2番目に硬い鉱物によって作られ、高度に磨き上げられた4本の斧は、ダイヤモンドで研磨された以外に、表面の反射率が鏡のように高いはずがない。これらの斧は、コランダムという鉱物でできている。コランダムは、赤色のものはルビー、青色のものはサファイアと呼ばれる。コランダムよりも硬い物質はダイヤモンドだけだ。ルーは、研究の一環として、斧の1本から取った微小な試料をクオーツ（古代の斧職人が研磨剤として使っていたと考えられていた）とダイヤモンドで研磨してみた。電子顕微鏡とX線回折を使った検証により、ダイヤモンドで研磨された表面のほうが、古代の斧の表面に近いことがわかった。これほどの滑らかさは、クオーツによる研磨では達成できないだろう。

業に利用されたのは、紀元前3750年ごろのエジプトとシュメールで、青銅の原料として、銅、亜鉛、スズを精錬するのが目的だった。ダイヤモンドが知られるようになったのは、インドでは紀元前6000年から紀元前3000年のあいだ、中国では紀元前2500年ごろのことだった。

ダイヤモンドを燃やす

1772年、フランスの化学者アントワーヌ－ローラン・ド・ラヴォアジエは、純粋な酸素ガスのなかに置いたダイヤモンドに、レンズを使って太陽光を集中させる実験を行った。ダイヤモンドは燃え、あとに残ったのは二酸化炭素だけだった。イギリスの化学者スミソン・テナントは、1796年にこの実験を再度行い、燃焼後に残ったものを、質量が同じ黒鉛を燃焼させた場合に残ったものと比較した。どちらも同量の二酸化炭素を生じたことを確認した彼は、ダイヤモンドは炭素の一形態に過ぎないと結論付けた。この、見物人を引き付ける、魔術のような実演実験を初めて行ったのは、自然哲学者のジョゼッペ・アヴェラーニと医師のキプリアーノ・タルギオーニというふたりのイタリアの科学者で、それは1694年のことだった。ふたりは拡大鏡を使って日光をダイヤモンドに集中させ、ダイヤモンドが跡形もなく消えてしまうことを示した。当時はまだ酸素も二酸化炭素も発見されていなかったので、この実験は何ら有用な結論をもたらさなかった。ただの高価なアトラクションで終わってしまったのだった。

火山の底から

硫黄は古代の中東で知られており、旧約聖書の数か所に登場する。最も有名なエピソードでは、悪徳の街、ソドムとゴモラを神が破壊する際に、硫黄が火と共に使われたと記されている。古代ギリシア人は、家屋から害虫を駆除する燻蒸剤として硫黄を燃やした。ホメロスの作とされる叙事詩『オデッセイア』では、主人公のオデッセイが、自宅を清めるために年老いた乳母に硫黄を持ってくるように命じる。古代ローマ人は、現在も活火山であるエト

シチリア島のエトナ火山は、イタリア本土までを含む火山帯に属している。火山は、古代ローマ人にとっては硫黄の供給源で、彼らは硫黄を発火性兵器や花火の原材料として大いに活用した。

ギリシア火薬?

ギリシア火薬という謎の古代焼夷兵器に硫黄が使われていたという説がある。東ローマ帝国海軍の兵器で、遠方から発射して船を炎上させる威力は、敵の水兵たちを恐怖に震え上がらせた。ギリシア火薬が最後に使われたのは、1453年、コンスタンチノープル(現在のイスタンブール)が陥落し、東ローマ帝国が滅亡した闘いにおいてであった。ギリシア火薬は、消火不可能なほど激しく燃え、海面に落ちても燃え続けたという。製法の秘密は厳しく守られ、裏切ろうとした者はすべて処刑された。ギリシア火薬の成分は今日なお不明だが、おそらく、輝安鉱(硫化アンチモン)、硝酸カリウム、ナフサ(あるいは原油)の混合物だったのではないかと推測されている。

ナ山から硫黄を持ち帰り、燃焼させて二酸化硫黄を作り、これを布の漂白剤やワインの保存料として使った。

錬金術師たちが、硫黄はすべての金属を作り上げている基本元素のひとつだと考えたことから、硫黄は中世において注目されるようになり、1700年代まで一貫して重視されていた。やがてラヴォアジエが硫黄は元素だと主張したが、硫黄は水素を含む化合物だとするハンフリー・デービーがこれに異議を唱えた。1809年、フランスのふたりの化学者、ゲイ－リュサックとルイ－ジャック・テナールがデービーが間違っていることを証明した。

知られてはいたが、元素とは認められていなかった

遅くとも1250年までには、7種類の金属元素、2種類の半金属元素(ヒ素とアンチモン)、そして2種類の非金属元素(炭素と硫黄)が知られており、さまざまなかたちで利用されていた。だが、これらの物質は、元素であることはおろか、純粋な物質であることすら認められていなかった。そのように認識されるには、人間が物質の性質について、より深く知ることが必要だったのだ。人類は、目には見えないもの——すなわち、私たちの身近にあるさまざまな気体——に注目することにより、物質の本質をより深く理解しはじめる。

第3章

空気を調べてわかった物質の本性

> **大半の者は自分の感覚を元に物事を判断することに慣れきっているため、目には見えない空気などには、ほとんど何の性質もないと決めつけ、無と大差ないと思い込んでいる。**――ロバート・ボイル、『空気の歴史に関する報告』(1692年)

古代人が利用し、錬金術師やイスラム圏の化学者が研究した元素は、すべて有形の物質だった。彼らが空気の存在を意識することはほとんどなかった。だが、物質は原子でできているという事実につながる有力な証拠がついに得られたのは、空気からだった。気体に関する研究により、物質は小さな粒子からできていることが、合理的かつ疑いの余地なく証明された。そしてこれは、のちの周期表へとつながる、近代的な化学元素の概念の基盤となった。

気体の性質が理解されるようになったからこそ、のちにそれを利用した熱気球や小型飛行船も可能になった。本図は、1877年に描かれた、熱気球を利用した北極探検の計画図。

虚空のなかから

古代ギリシア人は、物質を説明するモデルをふたつ提案した。物質は連続的だとするモデルと、虚空のなかに存在する離散的な粒子が集合して物質をなすというモデルだ。前者が優勢で、ほとんどゆるぎなかった時代が久しく続いたが、17世紀になると、物質は小さな物体、すなわち、「コーパスル」と呼ばれる微粒子からできているという考え方が支持されはじめた。ふたりの哲学者、ルネ・デカルト（1596〜1650年）とピエール・ガッサンディ（1592〜1655年）の研究により、原子論の運命は、フランスにおいて大きく変わりはじめた。

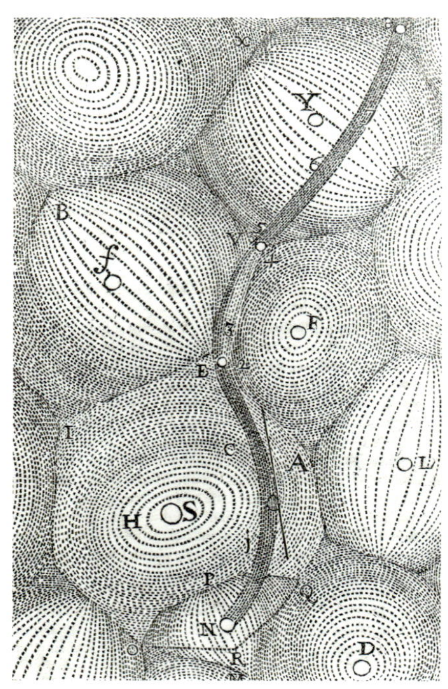

デカルトが提唱した、多数の渦で隙間なく満たされた宇宙では、運動する粒子と、連続体でできた物質が両立できた。

隙間なく詰まった宇宙

デカルトは、古代から受け継がれてきたこれらふたつのモデルは、相容れないように見えるとしても、そのどちらか一方を選ぶ必要などないと考えた。アリストテレスは、虚空が存在する可能性を否定した。彼によれば、物質は連続的で、どこまでも分割できた。一方、レウキッポスやデモクリトスなどの原子論者は、物質粒子の大きさには下限があり（原子は、その名が示すとおり、分割不可能な粒子である）、そのような粒子が虚空のなかを動き回っているのだと主張した。これらに対して、デカルトが提唱した宇宙モデルは、隙間なく物質が詰まっているが、変化や運動は可能だというものだった。デカルトのモデルでは、物質と空間は本質的に等価だった。この説では、物質は連続的（すなわち、虚空は存在しない）だが、微粒子も存在した。デカルトの考えでは、何かが希薄になった（つまり、それを構成する粒子どうしの間隔がそれまでより広くなった）ときには、生じた隙間に別の微粒子が移動してきて、そこを埋めてしまうのだった。

ギリシアの原子論者たちは、粒子が

移動できるためには、動いて行ける場所がどこかになければならないし、そのためには、空っぽの空間が必要なのだから、物質が同時に粒子でありかつ連続であることは不可能だと反論したことだろう。しかし、デカルトのモデルは、魚が入った水槽のようなものだった。水は連続であり、魚は離散的だが、魚自体はどれも連続だ（そして、分割不可能な微粒子も、どう見てもこの点は魚と同じである）。しかし、魚は水のなかを動くことができる。デカルトが思い描いた宇宙は、物質が円（または球）を描いて運動している渦で満たされ、空っぽの空間は必要なかった（前ページの図を参照）。

デカルトにとって、物質には、「空間内での延長」と「運動」というふたつの基本的属性しかなかった。デカルトは微粒子モデルを受け入れてはいたが、微粒子の分割不可能性は否定した。デカルトが自分の立場を主張するのに使った議論は、今日ではほぼ誰もがはったりだと感じる。彼の主張はこうである。人間には、あるところから先は微粒子を分割できないとしても、神にはそれが可能であり、もしも神がそうしないことを選んだとしても、神が意図すれば微粒子を分割できるという事実は、微粒子は当然分割可能だということを意味する。

カッコいい形をした原子

ガッサンディは、そんな理屈をこじつける必要はなかった。彼は、原子がそのなかで動き回ることができる虚空という概念を喜んで受け入れた。すべての物質は、物質にとって本質的ないくつかの特徴を共有する基本粒子によって構成されているはずであり、そのような特徴を担うのに最もふさわしいのは原子だと彼は論じた。古代ギリシアの哲学者たちの主張を踏襲し、ガッサンディは、原子は硬くなければならない。なぜなら、もしも原子が柔らかければ、硬い物質が存在しなくなるから

ガッサンディは、冷たさの原子は尖った形だとしたが、それは冷たさが固化したものと見なせる氷の結晶にも表れている。

だと主張した。もしも原子が柔らかければ、たとえ多数の原子を隙間なくぎゅうぎゅうに詰め込んでも、柔らかい物質しかできない。だが、もしも原子が硬くても、原子と原子のあいだに空間を残し、原子が動ける「遊び」を持たせれば、柔らかい物質を作ることができる。

ガッサンディは、物質の性質を、原子がもたらすものと、多数の原子が集まることによって生まれるものとに区別した。彼は、物質の固有の性質は、硬さ、大きさ、形、重さの4つであると考えた。また、古代ギリシアの哲学者たちが考えた、熱、冷、乾、湿の四元素は、異なる形をした4種類の原子に対応すると見なした。暖かさの原子は、小さく丸い、素早く運動する粒子で、冷たさの原子は、尖ったピラミッド型をしているとした(冷たさが、鋭い痛みをもたらすという事実を反映して)。ガッサンディは、磁気、熱、光はすべて、多数の原子がなす何らかの構造に基づくものだと考えた。

ガッサンディのモデルでは、原子の大きさと重さは、ごく限られた種類しかない一方、原子の形には多くの種類があった(とはいえ、その数は有限だった)。これによって、私たちが周囲の世界で観察するあらゆる種類の物質が説明できた。ガッサンディによれば、原子には、「互いに相手をつかみあい、互いに付着しあい、互いにつなぎあい、互いに固く拘束しあう」能力があるのだった。

ガッサンディは、1640年代に気圧計が発明され改良が進み(51ページ参照)、それを使った実験によって真空の存在が証明されたことを受け、彼が提唱する虚空のなかの原子というモデルが支持されはじめたことを大いに利用した。彼は、真空の存在を原子論の観点から説明した——原子が互いに遠ざかる方向に運動することにより、原子のあいだの虚空が一層広がるのだと。金属の溶解性については、銀は強水(硝酸)に溶け、金は王水(硝酸と塩酸の混合物)に溶けるが、それはいずれの場合も、金属原子が、液体のなかに存在している「穴」にぴったりとはまる形をしているからだと、ガッサンディは説明した。

パーツと穴

物質には、その実質である中身が詰まった部分と、それが欠乏した穴という2種類の部分があると初めて提唱したのは古代ギリシア人だった。アリストテレスはこれを受け入れた。なぜなら、穴は虚空である必要はないし、穴の存在によって物質の複雑な形状を説明できると考えたからだ。実質と穴によって、物質どうしがいかに反応するかを説明することができた。たとえば

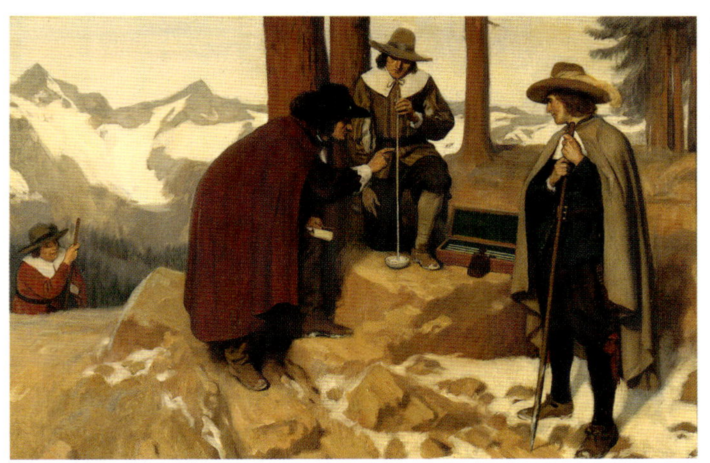

アルプスの山中で真空計を使って実験を行うエヴァンジェリスタ・トリチェリ

ガッサンディが、金属の溶解性や、物質の硬さ・柔らかさを実質と穴の存在によって説明したほか、物質の融点（熱の原子が穴に入り込むことによって物質が溶解するとされた）や、その他の多くの性質がこれで説明できた。

アイザック・ニュートンは、ある物体が、等しい量の粒子と穴（空間）からできており、これらの粒子もまた、粒子と穴に分解できるとしたら、物質の大部分が空間であるという状況にすぐに到達するだろうと示唆した。この説は、空間のなかに存在する原子によって分子が作られており、空間のなかに存在する素粒子によって原子が作られているという、現代の物質モデルにとてもよく合致している。現代のモデルでは、物質よりも空間のほうがはるかに大きな割合を占めているが、ニュートンは、どのレベルでも空間と物質は同じ量だと考えた。彼は、光、磁性、重力が、とても中空だとは思えない物体のなかを通過することができる理由を示そうと考えていたのだ。

虚空を作る

虚空の問題は、その後まもなく解決された。1630年、ガリレオ・ガリレイは、サイフォンが10メートル以上の高さには水を持ち上げることができない理由を、こう説明した。サイフォンでは真空の力が水を持ち上げているのだが、高さが10メートルを超えると、真空の力ではもはや水を持ち上げられなくなるからだ、と。ガリレオの説明を読んだガスパロ・ベルティは、真空を作ることができるかどうか確かめるために実験を行った。長さ11メートルの鉛の管を準備し、一端を密封してから水を満たした。そして、水が入った容

真空の力

物質は連続的なのか、それとも不連続なのかという問題には、1654年に決着がついたようだ。その年、ドイツの科学者オットー・フォン・ゲーリケが一連の公開実験を行い、大気圧の強大な力を示すと同時に、真空が存在する(あるいは真空を作ることができる)ことを示した。彼の劇的な公開実験では、まず「マグデブルクの半球」という2つの金属製の半球を接合させた球形の容器の内部から空気を抜き、その後、何頭もの馬を使って引っ張っても、2つの半球を引き離すことはできないことを実演して見せた。外側の大気が、2つの半球をしっかりと閉じ合わせていたからである。

器のなかに、密封した端が上に来るようにして管を立てた。すると、管から水の一部が流出し、上端には真空と思しき空っぽの空間ができた。

エヴァンジェリスタ・トリチェリは、水より重い液体を使って同じ実験を行った。長さ約1メートルのガラス管を準備し、一端を密封して水銀を満

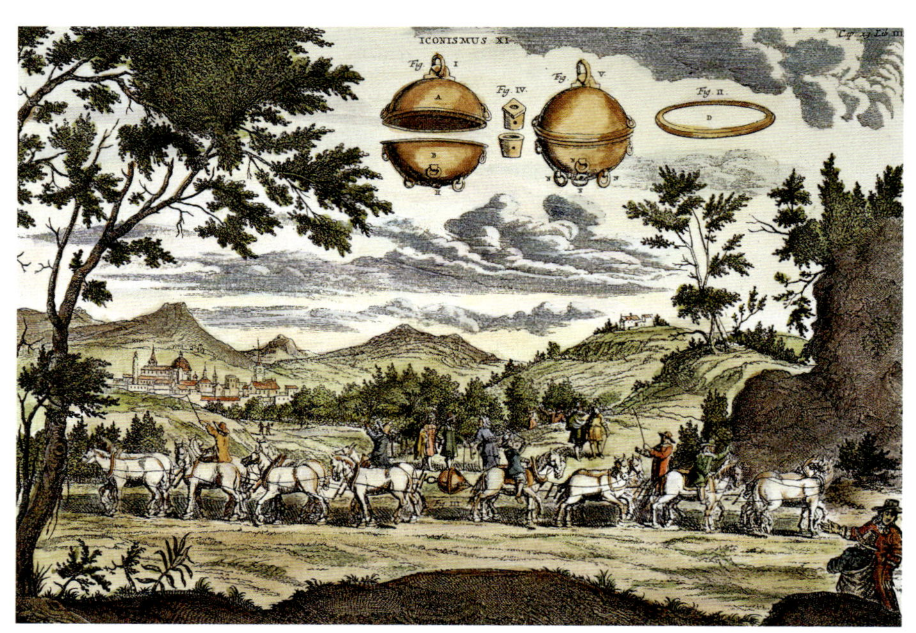

マグデブルクの半球は、大気圧を示す最初の証拠ではなかったが、私たちの周囲の大気がどれほどの圧力を及ぼせるかを劇的に示した。

ロバート・ボイル(1627〜91年)

ロバート・ボイルは、アイルランドで、コーク伯爵の14番目の子供として生まれ、幼少時はそこで教育を受け、その後イギリスのイートン・カレッジに送られた。11歳になると、家庭教師と共に6年にわたりヨーロッパ各地を巡ったが、1649年にイギリスのドーセットに落ち着いた。その地で彼は執筆を始め、また、科学研究を行うための実験室をしつらえた。1655年、オックスフォードに移り、ロバート・フックをはじめとする他の自然哲学者たちと出会った。ボイルは、インビジブル・カレッジという科学者集団の創立メンバーとなったが、この集団は1660年に勅許を得、1663年には王立協会という名称を与えられた。ボイルは、物質の「微粒子」としての性質に関する独自の考えを『懐疑的な化学者』(という著書にまとめ、1661年に出版した(88ページ参照)。その翌年、一層有名な、ボイルの法則を示し、空気力学の基礎を築いた。

ボイルは、化学の地位向上を熱望していたほか、chymistと呼ばれた当時の化学者たちの商業的、医学的関心から、学問としての化学を分離したいと考えていた(当時の化学者たちは、錬金術師と、近代的な経験主義的化学者の中間的存在だった)。イギリスで最も裕福な人物の息子であった彼には、自分の化学実験を追究し、当時の有名科学者たちをもてなすことが可能だったのである。

たし、水銀を満たした容器のなかに立てた。ガラス管の水銀の高さは、約76cmまで下がった。この水銀柱の高さは、大気圧の変化に応じて上下した。こうしてトリチェリは、気圧計を発明した。気圧計の動作原理は、今日では容易に説明できる。外側で大気圧が下がると、ガラス管の外の容器の液面を押す圧力が低下するので、管内の水銀柱も低くなる。外側の大気圧が上がると、容器の液面を押す圧力が上昇するので、管内の水銀柱も高くなる。

だが、トリチェリの実験結果にしても、すんなりと受け入れられたわけではなかった。管の最上部の空間は、真空ではなく、水銀の蒸気が満ちている

画家ジョセフ・ライトによる、『空気ポンプのなかの鳥の実験』(1768年)。ボイルが、鳥が入ったガラスのドームのなかから空気を抜き、鳥を絶命させる公開実験を行っている様子を描いている。

はずだと言う人々もいた。フランスの数学者ブレーズ・パスカルは、1646年にトリチェリの実験の追試をぶどう酒と水を使って行い、両者を比較した。ぶどう酒に含まれるアルコールは揮発性が高いので、もしも管の空間へと液体が蒸発しているのなら、水の管よりもぶどう酒の管のほうが多くの蒸気を含んでいるはずだ。しかし、同じ条件のもとでは、両者の液面の高さは同じだった。

まもなく、イギリスのある化学者が、空気とそれが及ぼす圧力に興味を抱いた。ロバート・ボイル(前ページの囲み記事参照)である。彼は、気体に関する研究、気体は微粒子が集まったものだという考え方、そして、元素に関する見解で、周期表の歴史において重要な人物である。ボイルは、アリストテレスやパラケルススの元素観に初めて異議を唱え、物質を構成する粒子の性質に基づく近代的な枠組みに近いものを支持した。

「空気のばね」

ボイルは、オットー・フォン・ゲーリケの真空ポンプのことを読んで知り、独自の改良型真空ポンプの製作に取り掛かった。そして、完成した真空ポンプを使って、いくつか実験を行った。そのひとつが、画家ジョセフ・ライト（ライト・オブ・ダービーとも呼ばれる）の『空気ポンプのなかの鳥の実験』（前ページ）に描かれていることでよく知られている、生き物を使った実験だ。

空気ポンプと空気の圧力を使った実験を基に、ボイルは1660年に『空気のばねとその効果に関する新しい物理学的・力学的実験 New Experiments Physico-Mechanicall, Touching the Spring of the Air, and its Effects』という本を出版し、1662年の第二版で、ボイルの法則を定式化した。ボイルの法則とは、温度が一定のとき、気体が及ぼす圧力は、その気体が占める体積に反比例する法則で、次のような式で表すことができる。

圧力×体積＝一定

つまり、気体を圧縮すると、気体の圧力は上昇し、逆に気体を膨張させると、圧力は低下する。空気は、多数の微粒子が互いに微小なばねによって隔てられた状態で並んだもので、このばねは圧縮したり引き伸ばしたりできるのだとボイルは考えたのだ。ばねが圧縮されると、空気の粒子は狭い空間に押し込められ、ばねがゆるめられると、空気の粒子は広がって、空いている空間を満たすことができるのだ、と。

空気と真空

ボイルは断固として、自分が使用した空気ポンプは、それに接続されたガラス球の内部からすべてのものを抜き去ったと主張した。しかし、政治哲学者のトマス・ホッブスをはじめとする批判者たちは、ガラス球のなかには、何かが残っているはずだ、そしてそれはおそらくエーテルだろうと主張した。批判者たちにとっては、虚空など絶対にありえず、どれだけ証拠を積もうが、彼らの考えを変

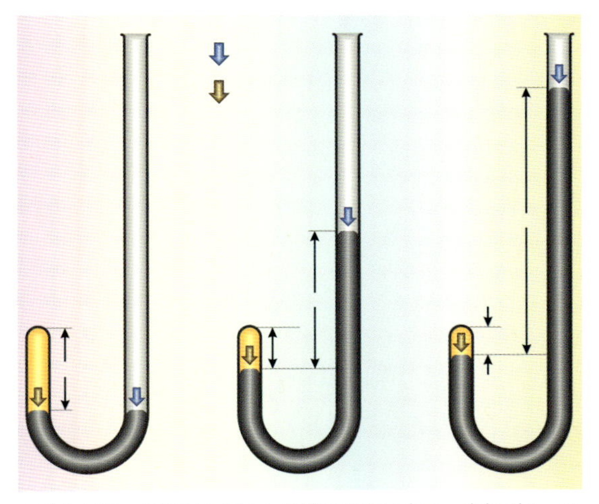

ボイルが行った空気の圧力と体積に関する実験。水銀が入ったJ字型の管の先端に少量の空気が閉じ込められている。彼は、管の空いた口からさらに水銀を注ぎながら、先端部の空気の体積の変化を測定した。

えることはできなかった。しかし、それ以外の人々にとって真空ポンプは、虚空(または真空)という概念を拒絶したアリストテレスが間違っていたことを証明するものだった。容器のなかから空気を抜き去り、容器を完全に空(から)にできるなら、物質が連続的ではないことは明らかだった。これは、原子というものの理解へと向かう重要な一歩だった。原子は虚空のなかに存在して運動しており、互いに結びついてはまた違うかたちで結びつきなおしているらしいことが認識されつつあったこのころ、現代科学の中核をなすモデルが出現しようとしていた。

ボイルの錬金術

だが、ボイルが化学を錬金術とは無縁の輝かしい未来へと向かわせようとしていたかというと、そうではない。ボイルは錬金術に懐疑的ではなく、実際、錬金術の実演を自ら見、それを真実だと信じ込み、錬金術を禁じた法律の撤廃を求める運動を支援したほどだ。そして彼はこれに成功した。1689年、卑金属を金に変えようと試みることがイギリスで合法化された。ボイルは、卑金属を金にすることは理論的に可能だと確信しており、この目標を熱心に追究した。彼は多くの錬金術師に影響され(あるいは、だまされ)、卑金属が金に変化するのを目撃したのだと信じて疑わなかった。

しかしボイルは、アリストテレスの四元素もパラケルススの三原質も受け入れなかったという点で、大多数の錬金術師とは違っていた。パラケルスス思想の継承者たちは、火を使って物質を構成要素に分解することができたと主張したが、ボイルは、進歩的な考えを持つ先人たちと同様、燃焼は物質の構成要素を明らかにするのではなく、むしろ物質の性質を変えてしまうのだと考えていた。そのような方法は隠れたものをあらわにするのではなく、別の物質を生み出すのであり、彼らはそのようなものを誤って構成要素と呼んでいるだけだと、ボイルは主張した。

粒子が重要だ

ボイルは、アリストテレスやパラケルススが説いた元素に代わるものとして、「普遍的物質」と自ら呼ぶ、すべての物質に共通する唯一の基本粒子を提唱した。この普遍的物質がすべての物質を作っていると考えたのだ。先に見たように、古代ギリシアの哲学者のなかにも、すべての物質はつまるところ、ひとつの実体からできているという説を提案した人々がいた。タレスにとってそれは水であり、アナクシメネスにとってそれは空気だった。ボイルの時代にも、フランドルの化学者ヤン・バプティスタ・ファン・ヘルモント(1580〜1644年)が、すべての物質の元は水ではないかと考えた(71ページ参照)。しかし、ボイルのモデルは、ほかのモデルには不可能な、論理的な説明を与えることができたのである。

ボイルは、「普遍的物質」の微粒子には、大きさと形が異なるさまざまな種類があると仮定することによって、物質のさまざまな性質を説明した。これらの微粒子の大きさ、形状、相互作用、運動が、私たちを取り巻く世界における物質の多様性をもたらすのだと、彼は主張した。

ボイルは、自分の化学モデルと、錬金術で言う物質の変化の可能性とのあいだには、何ら矛盾はないと考えており、次のように記した。

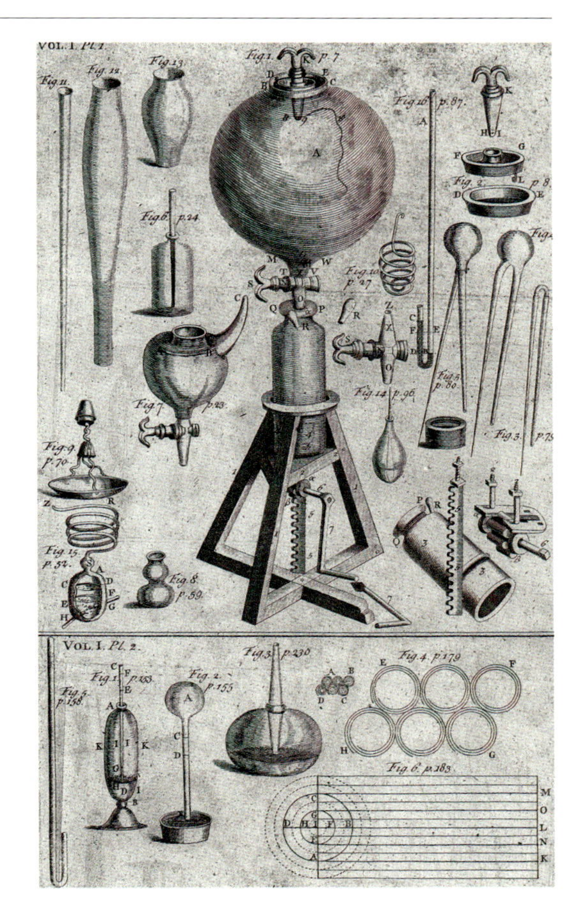

ボイルの空気ポンプ。真空を作りだせることは、物質の原子モデルの発展にとって極めて重要だった。

「物体はすべて、ひとつの普遍的物質からできているので、それらの違いは偶然から生じる以外にない。そしてこれらの偶然は、局所的な運動の影響や結果のようだ。したがって私には、…〔普遍的〕物質がごくわずかに加えられたり取り去られたりすることにより〔変化が生じ〕、…このような変化がいくつも、ある秩序の下に連続的に起これば、物質は少しずつ処理されて、ほとんど何にでも変化し、ついには何にでもなりうると考えることが、ばかげているという理由が理解できない」。

デカルトと同様、ボイルは色や匂いなど、物質の「第二性質」を、微粒子が人間の感覚器官と相互作用することによって生じるものだとした。物質が変化し(たとえば化学反応で)、異なる性質

> **すべての物体、すなわち、延長を持ち、分割可能で貫通不可能な物質に共通する、ひとつの普遍的物質が存在する。**
>
> **しかし、この物質はそれ自体の本質として唯一なので、私たちが目にする物体の多様性は、それらを構成する物質以外の何かから生じるはずだ。そして、物質に何らかの変化が起こり得るとは思えないので、その(実際の、もしくは明示できる)部分がすべて常に相対的に静止しているのならば、普遍的物質を多種多様な自然の物体へと差別化するには、その明示可能な部分の一部またはすべてが運動していなければならない。――ロ**
> バート・ボイル『形と質の起源』(1666年)

を持つようになることも、彼はこれと同じモデルを使って説明した。微粒子が密集してできた微粒子の複合体は、元の単独の粒子とは大きさも形も必然的に異なり、それが感覚器官やほかの物質と行う相互作用も、異なるはずだというわけだ。

「個々の自然の最小者と同様に、一次集団も…それ自体の明確な大きさと形を持っているので、多数の一次集団が接近して互いに付着しあうようになると、一次集団の並列や密着によって形成される微粒子の大きさは必ず変化し、また、多くの場合形状も変化するだろう。…そして、一個の微粒子に少しでも物質が加えられたり取り除かれたりするなら…微粒子の大きさは必ず変化し、また、たいていの場合、形状も変化し、それによって微粒子は、何らかの物体の穴に適合するようになり…、ほかの物体には適合しなくなり、その結果、以前に適していたのとは異なる場面で働く資格を得る」。

集団や凝集体(今日「分子」と呼ぶもの)は、最も単純な微粒子(今日「原子」と呼ぶもの)をまとめることによって形成されるのだから、その結果生じる形状や性質は集団自体のものだ。集団をばらばらに分解すれば、元の構成要素とその性質が回復する。

空気に戻る

物質の本質に関するボイルの考え方は、のちに元素の概念を再び取り上げる際に重要になるのだが、「空気のばね」に関する彼の研究は、彼の後継者たちが気体の研究をさらに推し進める道を開いた。圧力と粒子という概念が出そろったところで、気体研究の次のステップは、「空気」は一種類の気体ではないのだと認識することだった。

入り乱れる多数の気体

息が詰まったり、溺れそうになったりした経験から、私たちの大昔の先祖も、人間には空気が必要なことはよくわかっていただろう。空気は目には見えないが、木々を揺らす風や、空気のなかを煙や蒸気が移動する様子を、私たちは見ることができる。炭鉱夫たちは、炭鉱内で有害な気体にさらされた（そして、その結果命を落とすこともあった）。だが人々は、これらの現象の科学的原因を理解することは、まったくできなかった。気体は運動する微粒子

カナリアはイギリスの炭鉱で1911年から1986年まで、一酸化炭素濃度が危険なレベルに達していることを鉱夫らに知らせる警報機として使われていた。高濃度一酸化炭素に曝されると、カナリアはさえずるのをやめ、体がぐらつきはじめ、やがて意識を失うので、鉱夫らは重篤な被害を受ける前に危険を察知することができた［ある時期からは、人道的配慮によりカナリア蘇生用酸素ボンベの付いた容器が使われるようになった。ロンドンのサウスケンジントンにある科学博物館に、そのようなカナリア容器が展示されているという］。

でできていると知らなければ、気体を説明するのは難しい。このことが認識できてはじめて、気体が関わる化学反応に注目して、気体を詳しく研究することが可能になるのだ。

18世紀の中頃になるまでに、科学者たちは二酸化炭素と水素をたまたま見出していたが、これらの気体が正式に「発見」されるのは、気体の科学的な観察と測定が可能になってからだ。1766年から1774年にかけて一連の出来事が立て続けに起こり、大気の主成分が特定されたほか、それ以外の気体も2、3種特定された。それらの気体は、窒素、酸素、二酸化炭素、水素、そして塩素だった。

空気は一種類の気体なのか、それとも多種の気体が混ざっているのか?

イタリアの博学者レオナルド・ダ・ヴィンチ(1452~1519年)は、ろうそくが燃え、動物が呼吸するには、空気に含まれる何かが必要だと気付いた最初の人物だった可能性がある。彼は自分が観察した事実に、空気にはふたつ以上の成分が含まれているのではないかという推測を添えて書き留めた。だが、そのノートが出版されることはなかったため、この説が主流の科学者たちの議論で取り上げられることはなかった。

1604年、ラテン名センディヴォギウスでも知られるポーランドの錬金術師ミハウ・センヂヴィ(1566~1636年)は、空気には命を与える物質が含まれ

ポーランドの化学者(錬金術師)センディヴォギウスは、彼が発見した、のちに酸素と特定される気体よりも、さまざまな物質を純化することのほうに関心があった。

万物は水に由来するのか？

ファン・ヘルモントは、万物が水からできていることを示すために柳の木を5年間育てた実験で最もよく知られている。彼はまず、柳の苗木と、乾燥した土の重さを測定し、その後それらを鉢に入れた。埃が土の上に降り積もるのを避けるため、鉢をカバーで覆い、苗木には蒸留水だけを与えた。5年後、彼は柳を鉢から抜き、重さをはかり、残った土を乾燥させ、これも重さをはかった。土の重さはほとんど変わらず、柳の重さは大きく増加したので、柳を作っている物質はすべて彼が与えた水から来たのだと、彼は結論づけた。彼は気づかなかったが、彼の推論が間違っていたのは明らかだ。柳の木には気体が使えたのである。柳は、呼吸し成長するために、与えられた水のほかに、大気から酸素と二酸化酸素を取り込んでいたのである。

ており、それは硝酸カリウム(KNO_3)の分解で発生する気体と同じらしいと気づいた。これは正しい。硝酸カリウムは分解すると亜硝酸カリウムと酸素になる。センディオギウスは、この、空気に含まれる「命の糧」を中心とした哲学的宇宙観を構築した。彼はポーランド、ボヘミア、モラヴィアにある数か所の宮廷を渡り歩いて研究をつづけた。それらの王や皇帝たちは錬金術に関心が高く、彼を熱心に招聘したのだ。しかし、実用的な気体の化学は、センディオギウスの最大の関心事ではなかった。

次に気体の化学に貢献し、おそらく最大の貢献者だったのが、ヤン・バプティスタ・ファン・ヘルモントだ。1604年彼は、ろうそくが燃える際に、空気に含まれるなにかが消費されることを明らかにした。彼の実験は、空気の組成が変化するだけでなく、残った気体の体積も減少していることを示していた。彼は、水を張った皿の上に伏せたガラス容器の内部で一本のろうそくを燃やし、ろうそくがしばらく燃え続けたあと、火は消えてしまうことを突き止めた。その際、容器内の水位が上昇しており、空気の一部が消費され、それによって生じた隙間を占めるために水が上昇したことを物語っていた。

ファン・ヘルモントの実験は、空気の組成が明らかになりはじめる(75ページ参照)までに150年以上にわたって追試された。1674年、イギリスの医師ジョン・メーヨー(1641〜79年)は、水面に伏せた2個のフラスコを使った定量的な実験を考案した。一方のフラス

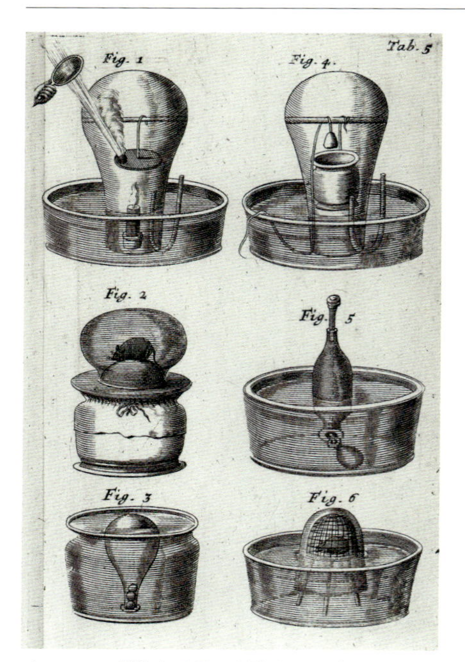

メーヨーの燃焼と呼吸の実験は、ネズミもロウソクも、空気に含まれる何らかの成分を使い果たしていることを示した。これらの実験では毎回、ネズミにとっては不幸な結果となってしまった。

コにはネズミを入れ、もう一方には火を点したろうそくを入れ、ネズミが死に、ろうそくが消えるまでに、水面がどれだけ上昇するかを測定した。いずれの場合も、フラスコ内の空気の約14分の1が消費された。この結果から、重要な結論がふたつ導き出されるとメーヨーは考えた。ひとつには、ネズミと、火が点ったろうそくは、空気のなかの同じ成分を必要とするということ［メーヨーはこれを確認するため、ひとつのフラスコにネズミと点火したろうそくの両方を入れて同じ実験を行い、ネズミはろうそくが一緒でないときのほうが長く生きたことを確認し、両者が同じ気体を消費していることを確認した］。そしてふたつめは、空気には2種類以上の成分があり、この実験で注目されているものは、空気の体積の約14分の1を占めるということである。ふたつめの結論は間違っていた。酸素(ここで注目されている気体)は、実際には通常の空気の約5分の1を占めているのだから。酸素が使いつくされなくとも、酸素が呼吸や燃焼を維持できるレベルを下回れば、ネズミは死

窒息ダンプ、黒ダンプ、白ダンプ、悪臭ダンプ

気体のなかには呼吸に適さず、命を奪いかねないものもあることは、炭鉱夫には日々肝に銘じていた。炭鉱では、露出した石炭が空気中の酸素と反応して発生した窒素、一酸化炭素、水蒸気が充満することは珍しくなく、そのような場所の、酸素が欠乏した呼吸に適さない空気は、「窒息ダンプ」や「黒ダンプ」などと呼ばれた。白ダンプと呼ばれたものは、一酸化炭素だったことが今では知られている。「悪臭ダンプ」は腐った卵のような臭いがする硫化水素だ。「ダンプ」は、「蒸気」を意味するドイツ語のdampfを語源としている。

スコットランドのグラスゴー大学で化学について講義するジョゼフ・ブラック

に、ろうそくは消えるのである。

「カオス」を調べる

気体を意味する「ガス」という言葉を作ったのはファン・ヘルモントだった。それ以前は、明確に異なる数種類のガスが存在するという認識はなく、人々は、いろいろなタイプの「空気」という言い方をしていただけだった。また、大気の成分ではないガスという概念もなかった。ファン・ヘルモントは、ギリシア語の「カオス」という言葉を基に、「ガス」という言葉を作り出した(ここで「カオス」は、現在使われている「混沌」という意味ではなく、古代ギリシア人が信じていた創造神話において、物質がそこから生まれたという、原初の虚空を指す)。

ファン・ヘルモントはまた、「空気」以外の気体に名前を付け、記述した最初の人物だった。彼は、炭を燃やすと、残された灰の重さが、最初にあった炭の重さよりもはるかに軽くなっていることに気づいた。28kgの炭を燃やしても、0.5kgの灰しか残らなかった。ファン・ヘルモントは、灰として残った以外の炭は、目には見えない物質に変化したのだとし、それをガスまたは「spiritus sylvestris(野生の精霊)」と呼んだ。

だとすると、ファン・ヘルモントは二酸化炭素を発見した功績を認められるべきだと思われるかもしれない(「野

シュウェップスは200年以上にわたって二酸化炭素でもうけている。

生の精霊」は二酸化炭素だったのだから)。しかし一般には、二酸化炭素の発見者は、1750年代に二酸化炭素(CO_2)を使った実験を行った、スコットランドの医師、ジョゼフ・ブラックだとされている。彼は、この気体は呼吸によって生じ、生命を維持することはできないことを明らかにした。これらのことは以前から知られてはいたのだが。彼はこの気体を「固定空気」と名付けた。

ブラックがファン・ヘルモントと決定的に違っていたのは、固定空気が化学的手段によって生み出されることを公開実験で実演してみせたことだ。彼は、炭酸カルシウム(白亜〔チョーク〕の塊など)を加熱することによって二酸化炭素を発生させる実験を行ったが、そうして生じた二酸化炭素は、何かの化学反応で使うことができた。閉じ込められていた白亜から解放される前、二酸化炭素は固体の一部だったわけだ。

さまざまな気体が存在し、それらは

固定空気からソーダ水へ

1772年、イギリスの化学者ジョゼフ・プリーストリーは、白亜(チョーク)に硫酸を垂らすことによって「固定空気」を作り出す方法を記述した論文を発表した。それに先立つ1769年、彼はこの気体を水に溶解して炭酸水を作る方法を発見した。この方法を利用して、ドイツ生まれのスイスの時計職人ヨハン・シュヴェッペは、ジュネーブで炭酸水の製造を開始した。彼のロンドンでの事業は1795年に経営破綻したが、エラズマス・ダーウィン(チャールズ・ダーウィンの祖父)が炭酸水を世に広めた。イギリス王ウィリアムが、自分も炭酸水が大好きだと語ると、炭酸水は大成功をおさめた。シュヴェッペが創業したシュウェップス社は今も、シュウェップスをはじめ炭酸飲料を販売している。

普通の化学反応に参加し、ほかの物質と結びついて固体を生じることもあるという、この驚異的な新知識によって、精力的な研究が相次いで行われ、新たに4種類の気体が発見され、その3種類が元素であることが明らかになった。

さまざまな気体

化学者たちの研究により、空気にはさまざまな成分があることが示されたが、それぞれの気体を分離し、特定することができたのは、ようやく18世紀の中頃になってのことだった。奇妙なことに、最初に特定された気体は、地球の大気に含まれるものではなかった。だが、その気体は化学反応のプロセスで容易に解放されるため、実験によって回収しやすいのである。

あかあかと燃える

1700年ごろ、フランスの薬学者ニコラ・レムリーは、硫酸に鉄を溶かして発生した気体のなかに、火をつけたろうそくを入れた。すると、激しい炎と音が生じたため、これが雷と稲妻の源なのだと彼は考えた。実際には、彼はそれとは知らずに水素を発見したのだった。

1766年、イギリスの化学者ヘンリー・キャヴェンディッシュ(1731〜1810年)は、水素を単離し、「可燃性」の気体と呼んだ。密封したフラスコ

金属水素

超高圧のもとでは、水素は凝縮して、高い反射率を持つ金属水素になると考えられている。水素原子が持つ1個の電子が自由になり、水素全体を動き回るようになり、水素は導電性を持つようになるという。

地球上では、地球の大気圧の約500万倍の圧力のもとで、金属水素が観察されたとの報告があるが、この主張(2017年に発表された)の正当性には疑問が呈されている。

NASAの専門家らは、木星を覆う水素の雲の下には金属水素の海が隠されており、その厚さは4万km以上であると考えている。

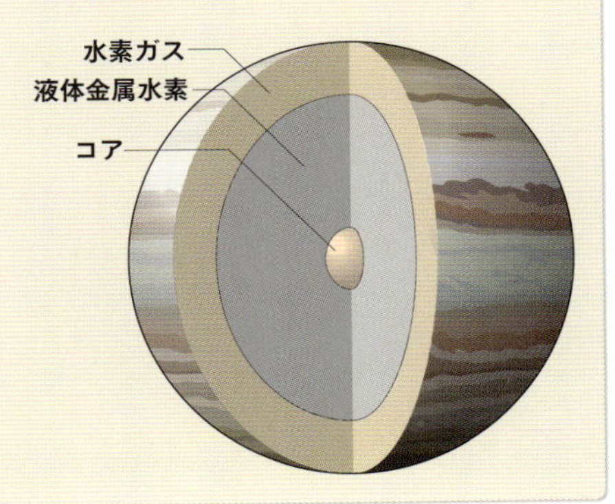

内で濃塩酸に亜鉛を溶解し、発生した気体を収集した。その気体に木くずで火をつけると、激しく燃えた。キャヴェンディッシュは、水素は酸ではなく金属に由来すると考えた。水素は、パラケルスス、ボイル、そしてもうひとりのイギリスの化学者ジョゼフ・プリーストリーによってすでに発見されていたが、それがこれまでに知られていたものとは別の気体だと特定したのはキャヴェンディッシュだった(水素と名付けたのはラヴォアジエである)。キャヴェンディッシュは、空気中で水素を燃やすと水ができることを発見した。

イギリスの化学者ヘンリー・キャヴェンディッシュは、水素を独立した気体として初めて特定した。

水素は、周期表の最初の元素として、特別な位置を占めている。地球上では、水素単体として長時間存在することはできないが[軽いため、熱運動の速度が大きく、地球の重力では大気中に長時間とどめておくことができない]、宇宙で最も豊富に存在する元素である(158ページ参照)。

熱い議論を呼ぶ問題

燃焼は、水素、そしてのちに酸素を単離する際に、鍵となる重要なプロセスだった。ある反応で生じた気体が酸素かどうかは、そのなかで何かを燃やせば――あるいは、哀れなネズミにその気体を吸わせてみれば――簡単に判定できた。だが、燃焼をめぐっては、激しい議論が交わされていた。多くの化学者が、たいていの物質は燃やすと軽くなることに気づいていた。ところが奇妙なことに、金属を空気中で加熱すると、しばしば元より重くなった。重さの減少に対する説明として広く受け入れられていたのが、物質には可燃元素が含まれているからだという説で、この可燃元素は、ドイツの化学者ゲオルク・シュタール(1660〜1734年)によって「フロギストン」と命名された。彼は、燃える物質のすべてにフロギストンが含まれており、燃焼の過程でフロギストンが空気中へと解放されるのだと考えた。

フロギストン説では、空気中で何かが燃えたとき、あるいは、動物が呼吸したとき、フロギストンが空気中に放出されると考えられていた。空気がフロギストンで完全に飽和し、それ以上フロギストンが入らなくなると、燃焼(または呼吸)が止まるのだった。もちろんこれは、事実とは逆である。実際には、酸素がほとんど使いつくされると、燃焼や呼吸が停止する。燃焼や呼吸では、空気に何かが加わるのではなく、空気から何かが奪われるのだ。

水素と酸素が発見され、解釈されたのは、当時主流のフロギストン説の元でのことだった。キャヴェンディッシュは、水素を初めて単離したとき、最初それを可燃性の素因だと考えたが、次にそれはフロギストンそのものだと考えた。だが最終的には、フロギストンと水の混合物だと考えるようになった。

命の糧

センディヴォギウスが「命の糧」と呼び、ろうそくやネズミが消費する気体である酸素は、1772年ごろ、スウェーデンの薬剤師カール・ヴィルヘルム・シェーレ(1742～86年)によって発見された。この「空気」の存在の下で、赤熱した酸化マンガンを高温の炭粉にさらすと、明るい火花が生じることを発見した彼は、これを「火の空気」と名付けた。同じ「火の空気」は、硝酸カリウム、酸化水銀、あるいは、その他多くの物質を加熱することによっても生じることを彼は発見した。

シェーレは多数の実験を行い、さまざまな反応で「火の空気」を発生させ、その詳細な記録を記していたが、自分の発見を発表したのはやっと1777年になってのことだった。そのころまでには、ジョゼフ・プリーストリーもその気体を発見していた。プリーストリーは1774年、密封した容器のなかで酸化水銀を熱すると、「通常の空気の5、6倍も長く」ろうそくの炎や生きたネズミを維持することができる気体が発生することを発見した。彼はそれを「脱フロギストン空気」――フロギストンが除去された空気――と考えた。彼が発見したこの特別な空気は、理の当然で、飽和するまでのあいだ、燃焼や呼吸を通常の空気よりも長時間維持できるのだった[プリーストリーは、この気体にはフロギストンがまったく含まれないのだから、燃焼や呼吸で発生するフロギストンを大量に吸収することができるので、ろうそくやネズミが長時間維持できると考えた]。彼の解釈は間違っていたが、これが意味することは重要だった。「空気は元素ではなく、合成物だ」と彼は記した。彼の考えでは、空気には呼吸に適した成分とフロギストンという、

読者は、脱フロギストン空気のなかでネズミが生き続けたことを確認したあと、私が自分でその空気を味わってみたいという好奇心を持ったことに驚かれたりしないはずだ。私は、ガラスのサイフォンを通してその空気を吸い込んで、この好奇心を満たした。肺のなかにその空気が入った感じは、普通の空気とほとんど変わらなかったが、その後しばらくのあいだ、胸が妙に軽く、楽に感じた。もしかすると、やがてこの純粋な空気が贅沢品として流行るかもしれないと空想した。これまでのところ、この空気を吸うという幸運に恵まれたのは2匹のネズミと私だけである。

——ジョゼフ・プリーストリー、1775年

少なくともふたつの成分が含まれているはずだった。

プリーストリーのほうが先に発表したがために、酸素を単離し、燃焼と呼吸におけるその重要性を認識した最初の人物は彼だとするのが普通になっている(酸素の役割について彼が与えた説明は完全に間違っていたが)。

有毒な窒素

歴史を通じて、人間は78パーセントの窒素を含む空気を吸ってきたが、窒素は18世紀の後半になるまで、発見されなかったばかりか、その存在の可能性すら検討されなかった。キャヴェンディッシュは次のように記した。「この性質を持つ空気〔すなわち、「動物がそのなかで窒息してしまうような空気」〕には、おそらく多くの種類があるだろう。2種類が存在することを私は確信している。すなわち、固定空気と、そのなかでろうそくが燃え尽きた普通の空気だ」。もちろん、「そのなかでろうそくが燃え尽きた普通の空気」には「固定空気」がある程度含まれているが、より重要なのは、そこには酸素がほとんど含まれていないということだ。この使い尽くされた普通の空気に、酸素や二酸化炭素よりも大量に含まれている気体の研究が、やがて始まる。

二酸化炭素を「固定空気」と名付けたジョゼフ・ブラックは、ある若き研究生に、自分はある事実に気づき、この気体について研究したいと思っていると話した。それは、彼が炭素を多量に含む物質を密封容器内で燃焼し、その結果生じた「固定空気」を苛性カリ(水酸化カリウム、KOH)に吸収させて除去したところ、何らかの「空気」が残ったという事実だった。じつのところ、プリーストリーもすでに同じことに気づいており、残留した「空気」が「新しい性質を獲得した」ことを確認していた。残留した気体は、普通の空気よりも少し軽かった。しかしプリースト

液体窒素は-196℃で沸騰し、冷媒として広く使われている。窒素ガスは鉱業界では消火剤として使用される。酸素と素早く結合して亜酸化窒素となり、空気中の酸素を除去して鎮火するのである。

リーは、この物質を追究することはなかった。

そのような次第で、ブラックは気兼ねなく、研究生のダニエル・ラザフォードに、博士論文のための研究として、この気体の性質を調べてはどうかと勧めることができたわけである。

1772年ラザフォードは、この空気が入ったフラスコにネズミを入れると、ネズミが死んでしまうことを発見し、これを「有毒な空気」と名付けた。私たちが窒素と呼ぶ気体だ。彼はそれが空気の成分だとは思いもよらず、フロギストンが完全に飽和した空気(固定空気よりもさらにフロギストンを多く含む空気)だと考えた。彼は密閉した空気のなかでネズミを窒息させ、残った空気のなかでろうそくを、続いてリンを燃やし、それまでに生じた固定空気(または「有毒な空気」)を除去したうえで、残留した気体を調べた。「健全で純粋な空気は、このように消費された結果、やや有毒になるばかりか、さらに性質が変化する。なぜなら、苛性アルカリ溶液を使って有毒な空気をすべて分離し除去したあと、残った空気は健全性が少しも向上しなかったからだ。水に石灰の沈殿を形成することはまったくないにもかかわらず、その空気は以前と同様に火や生命を絶やしてしまうのである」。

フロギストンへの執着は、気体につ

窒素——不可欠な毒

初期の化学者たちは、ガスとしての窒素は生命を維持できないことに気づいたが、元素としての窒素と窒素循環は地球上の生命にとって不可欠だ。

空気中の窒素は、土中のバクテリアによって固定される。固定された窒素は植物に吸収される。窒素に富む植物が動物に摂取されることにより、窒素は食物連鎖のなかを移動し、一部はその途中で排泄物として失われる。やがて動物が死ぬと、窒素が土壌と大気に解放される。生きている動植物の体内では、窒素はタンパク質やDNA(すべての生物においてその遺伝情報を記述している物質)の重要な成分である。

現在のレベルの人口を維持するには、窒素肥料を利用して植物の生長を促す必要がある。窒素肥料は、初期には人糞、骨粉、クアノ(鳥の糞の堆積物)などを原料として作られたが、20世紀初頭からは、フリッツ・ハーバーとカール・ボッシュという2人のドイツの化学者が開発したハーバー・ボッシュ法という方法で、大気中の窒素をアンモニアとして直接固定している。

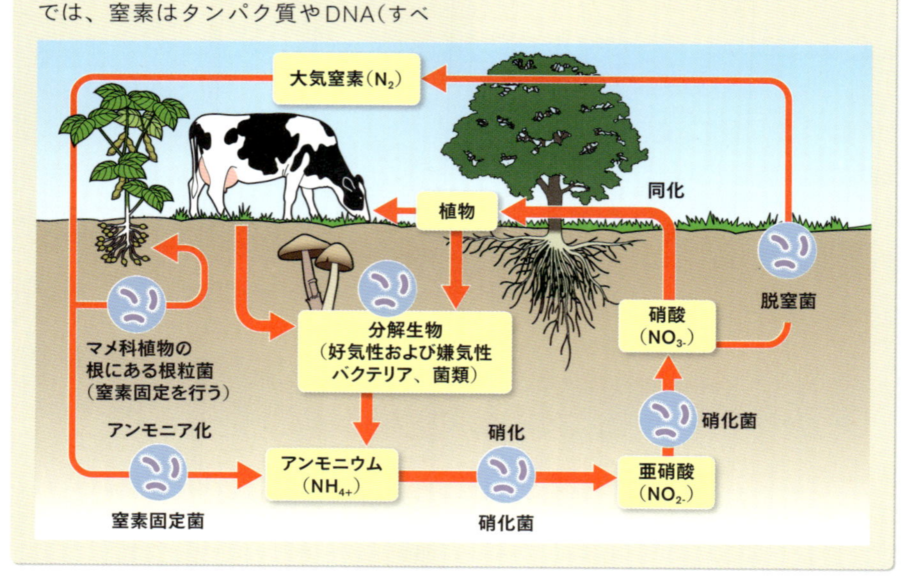

いて過度に複雑な考察をするよう化学者らに強いてしまったのみならず、気体の研究そのものを挫折させかねなかった。幸い、冷静さと野心の点でこれまでの誰よりも優る化学者が出番を待っていた。フロギストンは、化学の父と呼ばれることも多いアントワーヌ・ラヴォアジエが推進した、気体の

科学への新しいアプローチの出現により姿を消したのである。

目に見えるガス

立て続けに発見された一連の気体の最後に登場したのが1774年にシェーレによって発見された塩素だ。塩素は、単離されたはっきり目に見える気体としては最初のものだった。シェーレは、パイロルース鉱(二酸化マンガン)と呼ばれる鉱物と塩酸を反応させることによってこのガスを発生させた。それは黄緑色をした窒息性の気体で、水に溶けると塩酸を生じた。シェーレは、この気体には酸素が含まれているに違いないと考えた。この気体は、ようやく1810年、イギリスの科学者ハンフリー・デービーによって元素だと特定され、デービーは黄緑色を意味するギリシア語chlorosを基にchlorineと名付けた。だが、これが元素であることを、化学者全員が即座に受け入れたわけではなかった。

生命と炎が解明される

シェーレが塩素を発見したのと同じ年に、ジョゼフ・プリーストリーはパリのラヴォアジエを訪問した。そのころラヴォアジエは、すでに燃焼のフロギストン説を疑っており、プリーストリーの話を聞いたことで、その疑念が裏付けられた。

ラヴォアジエは、法律の学位をとるために学んでいたはずの学生時代に科学の講義に出席していたが、その折にフロギストン説を知った。だが、燃やしたときに質量が減るのではなく、増える物質も存在することを彼は知っていた。酸素と結合して金属灰(金属酸化物)を作るものも、そのような物質のひとつだ。ボイルはこの現象を、熱の微粒子が容器のガラスを通り抜けて金属のなかに潜り込む結果、質量が増加するのだと説明していた。科学者のなかには、フロギストンは負の質量を持つのではないかと提案する者もいた。だがこの説は、ラヴォアジエにはでっ

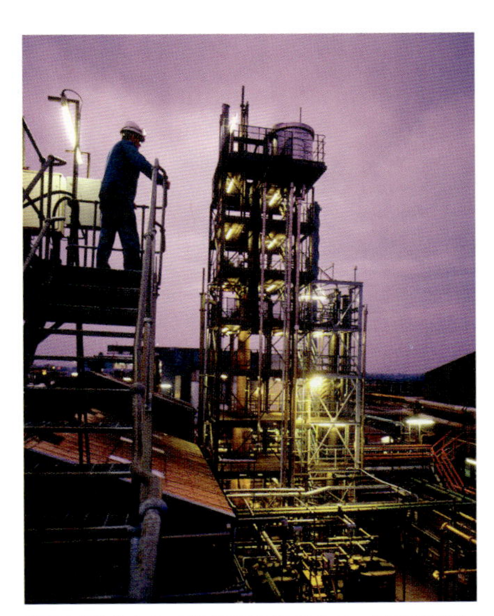
塩素は海水から工業的に生産される。電気分解により、水に溶解した塩(塩化ナトリウム)から塩素を分離するのである。

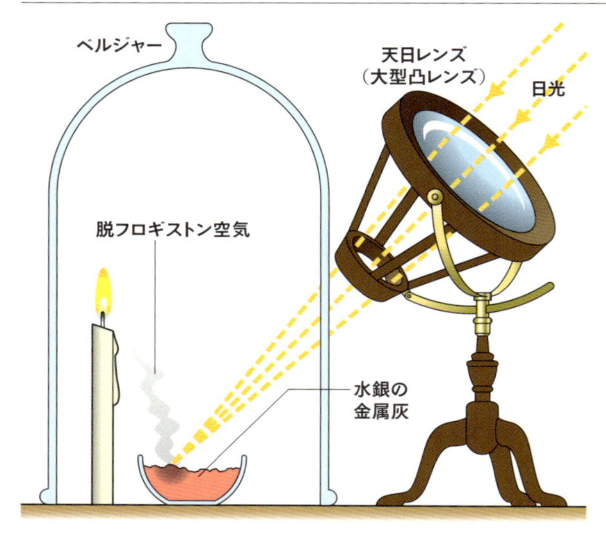

プリーストリーによるベルジャーを使った実験

ちあげに思えた。彼は、硫黄や燐を燃やすと、空気と結びついて質量が増すことを発見した。彼はまた、金属灰を熱すると、その際に大量の気体が発生し、それを収集できることも知っていた。彼は、燃焼という現象は、フロギストンなどのような信憑性のないものを使わずとも、科学によって説明できるはずだと考えていた。

プリーストリーはラヴォアジエに、水銀灰を熱したときに発生する気体で行った実験の話をした。その気体のなかに火のついたろうそくを置いたところ、通常の空気のなかでよりも、ろうそくは長時間燃え続けたというのだ。プリーストリーはこれを、自分が集めた気体にはフロギストンがまったく含まれていなかったからだと説明し、それを脱フロギストン気体と呼んだ。ラヴォアジエはこの実験を自ら再現し、空気には少なくともふたつの成分が含まれるという結論を導き出した。彼は、そのうち生命の維持に欠かせないほうの成分を「呼吸可能な空気」と名付けた。「呼吸可能な空気」は燃焼にも関与しており、ラヴォアジエは燃焼を、石炭物質または金属と、呼吸可能な空気との反応として説明した。この成分を空気から取り除くと、残った空気は呼吸には適さなくなり、また、それ以上燃焼に使うこともできなかった。彼は1777年に、自らの新しい燃焼理論を発表した。

1779年、ラヴォアジエはパリの王立科学アカデミーで、ほとんどの酸に

この（ラヴォアジエの）頭を切り落とすには一瞬しかかからなかったが、それと同等のものが再び登場するには100年でも足りないだろう。——イタリアの数学者・天文学者ジョセフ＝ルイ・ラグランジュが、アントワーヌ・ラヴォアジエの処刑に際して述べた言葉

アントワーヌ－ローラン・ド・ラヴォアジエ（1743～94年）

裕福なパリの弁護士の息子として生まれたラヴォアジエは、父にしたがい、法律を学んだが、本当は化学が好きだった。28歳になった1771年、わずか13歳のマリー － アンヌ・ピエレット・ポールズと結婚した。彼女はやがて、よき伴侶であるのみならず、有能で献身的な助手にもなる。

ラヴォアジエは1775年からパリの兵器廠にあった火薬硝石公社の監督官になり、火薬の製造法を改良し、また、設備の整った実験室を設置したため、ヨーロッパ全土から化学者が訪れた。彼は気体について徹底的に研究し、フロギストン説の誤りを証明し（次ページ参照のこと）、質量保存の法則を提唱し、それを活用して、近代的な化学物質命名法を導入した。闇取引されるたばこの粗悪化について調査し、政府認可たばこに微量の水を混ぜて味を良くすることを提案した。本書のテーマにとって最も大切なことには、彼は各化学元素の特徴となる性質を列挙し、最初の近代的な元素リストを作成した。注意深い測定と書類作成、細部に対する厳密な注目で、彼は模範的な科学者となった。1789年、彼は画期的な本、『化学のはじめ Traité élémentaire de chimie』を出版し、化学の大改革を行い、近代化へと導く仕事に取り掛かった。

ところが、1789年はフランス革命が始まった年でもあった。裕福な知識人だったラヴォアジェに危険が迫った。彼は1793年に逮捕され、政府の財源を濫用し、たばこに混ぜ物をした罪で告発された。1794年、彼はギロチンで処刑された。押収された彼の所有物は翌年妻に返却されたが、それには彼の有罪判決は誤りだったと認めるメモが添えられていた。

マリー － アンヌ・ラヴォアジエは、夫のために科学論文を訳す目的で英語を独学で学んだほか、彼の研究を理解できるようにと科学を学び、さらに、彼の出版物の図版を描くために、イラスト製作や版画の技法にも習熟するようになった。

呼吸可能な空気が含まれていることを報告した。彼はそれを、「酸の元」を意味するギリシア語からoxygene［酸素を意味する英語oxygenの語源］と名付けた。これは化学に革命をもたらした。フロギストン説が否定されたことで、科学の進歩を阻んでいた障害が取り除かれたのだ。この瞬間こそ近代化学の幕開けと呼ぶにふさわしいだろう。

四元素のうち、空気と、そして水が、元素ではないことが判明

プリーストリーの研究が、ラヴォアジエが空気の性質に関する知見を得るのに役立ったのと同じく、キャヴェンディッシュの研究は、ラヴォアジエが水に関する理解を深めるのに役立った。

キャヴェンディッシュは、空気中で水素を燃やすと水が生じることを発見した。彼はフロギストン説に従ってこの反応を解釈し、空気にも水素にも元々水が含まれており、燃焼の反応によってその水が解放されたのだと結論づけた。

ラヴォアジエは、燃焼は酸素との結合によって起こるという彼自身の説に基づいて、この過程を説明付けた。1783年、彼は酸素中で水素を燃焼し、純度の高い水を得たことから、この実験における燃焼では、水素が酸素と結合し、水を生じたのだと、極めて論理的――しかも必然的――な結論に至った。したがって、水は元素ではなく、水素と酸素の化合物であった。この結論を疑いの余地なく確かめるため、彼は水を水素と酸素に分解する実験を行った。具体的には、赤熱した鉄の削り屑の上に水蒸気を通し、生じた気体を水銀の上で収集したのだ。彼の予測通り、その気体は水素と酸素だった。この結果により自信を得たラヴォアジエは、フロギストン説への全面的な攻撃を開始した。彼はフロギストンを「想像の産物」であり、「絶えず姿を変えるプロテウス［ポセイドンに仕える予言の神で、予言のたびに姿を変える］にほかならない」と非難した。だが、彼の行動は広く支持されることはなく、プリーストリーをはじめ、多くの科学者が、生涯古いフロギストン説に執着し続けた。

ラヴォアジエは、水の組成に関する研究の最終段階で、水を構成する水素と酸素の比を特定しようとした。彼がこのために行った実験は極めて独創的だった。彼は、少量の水と鉄の削り屑を水銀が入った小型のビーカーに入れた。水も鉄も水銀より軽いので、どちらも水銀の上に浮かぶ。次に彼は、このビーカーを、水銀が入った大きな桶に上下逆さまにして入れ、水と鉄がビーカーの上部（元々の底）近くに閉じ込められるようにした。この状態で装置を数日間放置すると、そのあいだに鉄が水と反応して酸化鉄ができ、同時

に水素が発生した。水素ガスは水銀上で収集された。これに先立つ別の実験からラヴォアジエは、与えられた体積の水を分解して発生する気体の体積を特定していた。今回の実験で発生した水素の体積を測定することにより彼は、水は体積比で2対１の水素と酸素でできていることを計算により導き出すことができた。

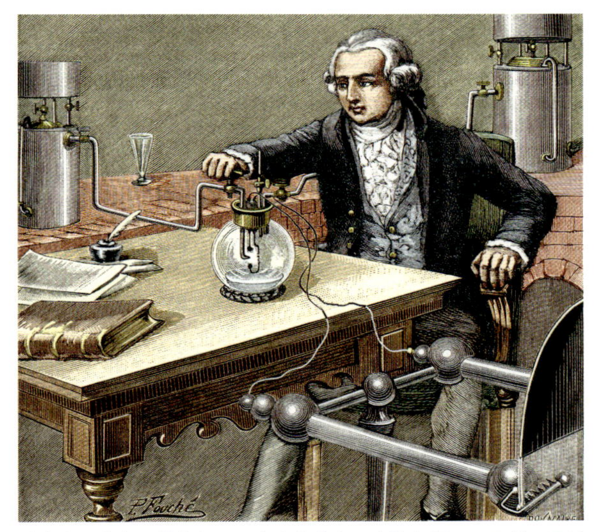

酸素中で水素を燃焼させて水を生成する実験を行い、ラヴォアジエは水が元素ではなく化合物であることを決定的に証明した。

四元素説の終焉

1783年までには、水も空気も元素ではないことをラヴォアジエが決定的に示した。また、ファン・ヘルモントの柳の苗木の実験で、土も元素ではない、あるいは、少なくとも土は、柳の木が育つのに必要ではないことが示唆された。

　ラヴォアジエはさらなる実験により、水が蒸発して土に変化するという説が間違っていることを証明した。この説は、ガラスのフラスコのなかで水を十分長い時間沸騰させつづけると、「土のような」沈殿が底に残るという事実を根拠としていた。ラヴォアジエは注意深く測定することにより、「沈殿」は、加熱還流を長時間続けているためにガラス容器が分解し、その成分が沈殿したものであることを示した。

新しい化学

ラヴォアジエにとって、フロギストン説の誤りを暴くことは、化学という分野のなかに積もり積もった誤りを取り除き、厳密な科学的一貫性のある専門的な学問分野へと化学を変貌させる取り組みの最初の一歩だった。彼は1772年までには法律の勉強を放棄し、1783年には化学の大改革を始めた。その11年後、フランス革命でギロチンにかけられ、命を落とす。この短い年月のあいだに、彼は多くの重要な研究を行ったのである。

第4章

新しい元素

> はっきりと物を言う化学者たちが、彼らの原則に従って意味するのと同じように、今や私は元素という言葉で、基本的で単純な、あるいは、まったく混じりけのない物質を意味する。それらはすなわち、ほかのいかなる物質によっても、あるいは、お互いどうしによっても作られておらず、また、まったくの混合物質と呼ばれるすべてのものの構成要素であり、これらの物質が直接作り上げられ、また、最終的にそれらに解体されるものである。――ロバート・ボイル『懐疑的な化学者』(1661年)

18世紀、空気も水も少なくともふたつの成分に分解できることが明らかになり、古代ギリシアの四元素説は完全に放棄されることになった。新しいモデルが登場し、近代の元素の概念の基盤となり、周期表の誕生へと一歩近づいた。

トマス・ロランドソンの1808年の風刺漫画「化学の講演」は、19世紀初頭には化学が市民の間でも人気があったことを示している。

ボイルとさまざまな元素

ロバート・ボイルは、アリストテレスの言う土、水、空気、火の四元素も、パラケルススが説いた塩、水銀、硫黄の三原質も否定した。ボイルはごくまっとうに、ギリシアの「元素」を使って何か物質を作ることは不可能であり、どんな物質もそれらの元素に還元することはできないと主張した。

ボイルは、「まったくの混合物と呼ばれるすべてのものの構成要素」である「まったく混じりけのない物質」のことを述べている。これは、現代の元素（「混じりけのない物質」）と化合物（「混合物」）の定義に驚くほど近い。当時の微粒子説の考え方では、物質は微粒子が集まったものでできており、物質の特性は、微粒子や集合の大きさ、形、そして運動から派生するものだった。したがって「混合物」は、微粒子の集合体であり、この混合物が私たちの身の回りに見られるすべての物質を作っているのだった。これは、物質ごとに異なる原子があるという描像とは違う。ボイルは、すべてのものを作っている「普遍的物質」を提唱した。これは、さまざまに異なる物質の性質をもたらすのは、基本物質の粒子の、配置、大きさ、形、そして運動に過ぎないということである。ボイルがこの説明から何が推論されることを期待したのかはよくわからないが、重要なのは、彼がど

THE
SCEPTICAL CHYMIST:
OR
CHYMICO-PHYSICAL
Doubts & Paradoxes,
Touching the
SPAGYRIST'S PRINCIPLES
Commonly call'd
HYPOSTATICAL;
As they are wont to be Propos'd and
Defended by the Generality of
ALCHYMISTS.
Whereunto is præmis'd Part of another Discourse
relating to the same Subject.

BY
The Honourable ROBERT BOYLE, Esq;

LONDON,
Printed by J. Cadwell for J. Crooke, and are to be
Sold at the Ship in St. Paul's Church-Yard.
MDCLXI.

1661年に出版されたボイルの『懐疑的な化学者』（大沼正則訳、河出書房新社『世界大思想全集32』所収、1963年）の本扉。これはボイルの画期的な著書で、化学への近代的アプローチの始まりを示す文書である。

目的の重要さに駆り立てられ、私はこの研究のすべてを引き受けた。そして、そうすれば間違いなく……化学に革命を起こせるのだと、私には思えた。これからやらねばならない、膨大な数の実験がまだ残っている。——アントワーヌ・ラヴォアジエのメモ、1773年

の物質も元素だとは提唱しなかったことだ。

化学革命とラヴォアジエの元素

ラヴォアジエは、1789年に出版した『化学のはじめ』(Traité élémentaire de chimie)のなかで、現在の元素にあたる「素(principle)」を、(当時知られていた)どのような分解法によっても、それ以上分解できない化学物質と定義した。彼が元素とした物質の一部が、のちに新たな分析方法により元素ではないと特定される可能性も踏まえ、彼は、「私たちはこれまでに、それらを分解する方法を発見しておらず」、それらは単純な物質であるかのように見えているので、「実験や観察によって」そうではないと証明されるまでは、そのようなものとして扱われるべきであると述べた。

ラヴォアジエは、それ以上分割できない物質を33種類挙げた。そのうち、23種類は元素だが、物質ですらないものがふたつ含まれている。「カロリック」(熱素)と光である。「カロリック」は、仮説上の重さのない流体で、フロギストンと似たようなものと思われるかもしれないが、まったく違う。ラヴォアジエはそれを、ほかの物質が熱せられたときにそれを膨張させる、それ自体は重さのない物質だと考え

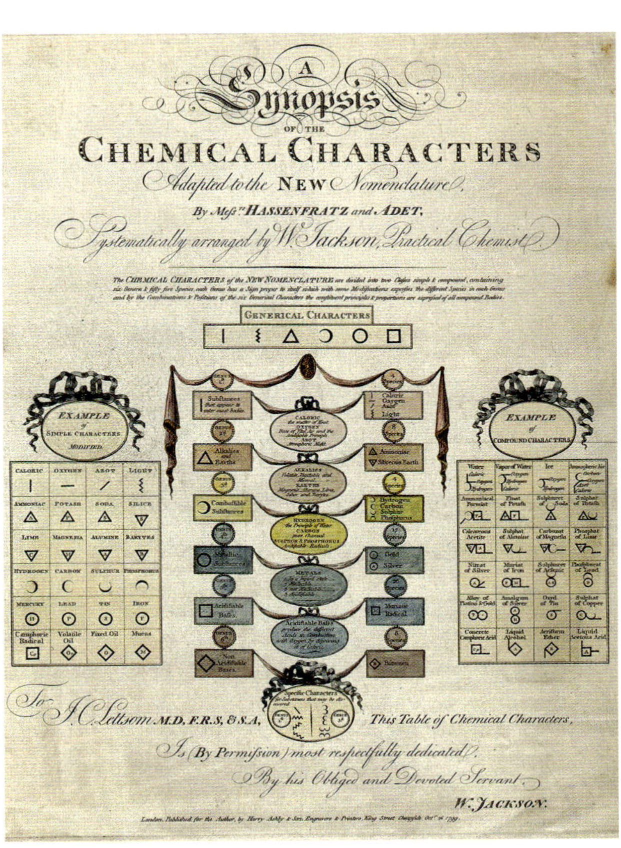

1799年に、「実践化学者」と呼ばれるW・ジャクソンによって出版された、元素を示す記号の表。仮説上の物質「カロリック」の記号も載っている。

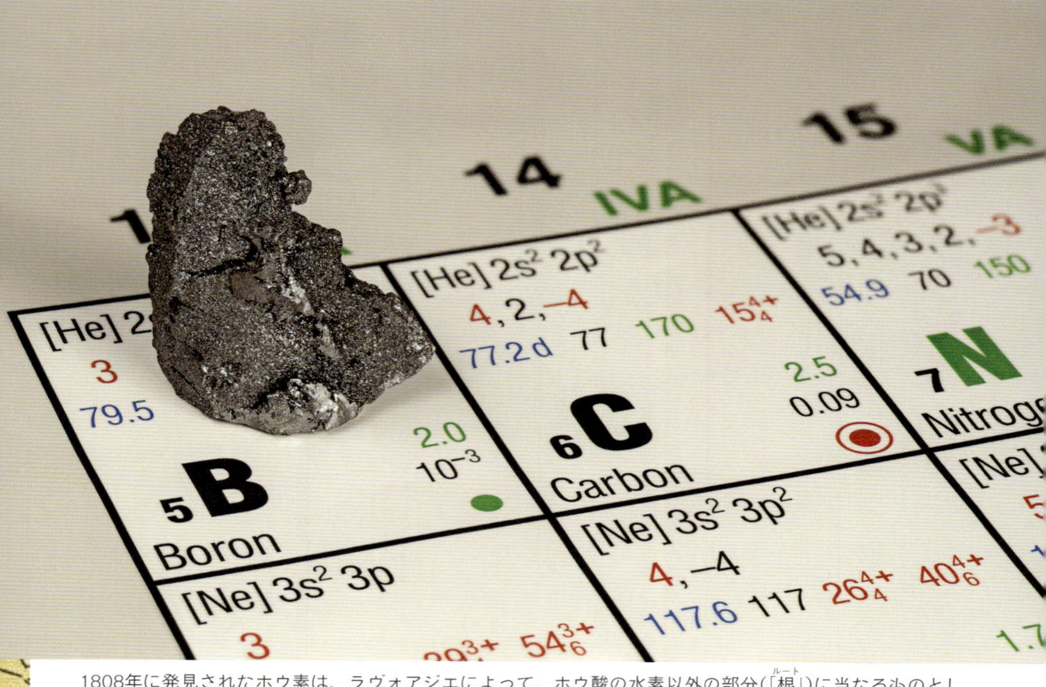

1808年に発見されたホウ素は、ラヴォアジエによって、ホウ酸の水素以外の部分(「根(ルート)」)に当たるものとして予測されていた。

た。何かを熱するとき、それにカロリックを与えているとするわけだ。カロリックはそれ自体の重さを持たないが、ある程度の空間を占有し、熱せられた物質を強制的に広がらせ、その体積を膨張させる(ばかげた考えと思われるかもしれないが、現在仮説として論じられているダークエネルギーは、同様の膨張を起こし、膨張宇宙を説明するものとされている)。

ラヴォアジエは、これらの元素を「弾性流体」、金属、非金属、「土」に分類した。弾性流体は、既知の気体——水素、酸素、窒素——にカロリックと光を加えたグループだ。金属は17種類で、彼はその性質を「金属光沢があり、酸化させることができ、酸を中和して塩を形成することができる」と記述している。彼が金属として挙げたものはすべて元素だ。銀、ビスマス、コバルト、銅、錫、鉄、マンガン、水銀、モリブデン、ニッケル、金、白金、鉛、タングステン、亜鉛、ヒ素、アンチモンである(ただし、最後のふたつは、現在では真の金属ではなく半金属と考えられている)。非金属は、「酸化と酸性化ができ、金属光沢をもたない元素」

であった。非金属として彼は、3つの真の元素、リン、硫黄、炭素のほか、ホウ酸、塩酸、フッ化水素酸の「根」に当たるものと彼が呼ぶ物質も挙げていた。これらの「根」は、やがてホウ素、塩素、フッ素と特定されるが、当時はまだ単離されていなかった。ラヴォアジエが、当時の化学者の能力ではまだ単離できない未知の元素の存在を認識していたことは賞賛に値する。最後に、彼が土(「塩を形成する土のような固体」)として挙げた物質は、まったく元素ではない。カルシウム、マグネシウム、バリウム、アルミニウム、そしてケイ素の酸化物が土に分類されていた。

四元素からの進歩

ラヴォアジエの33元素のリストは、古代人が提案した四元素や、錬金術師らが好んだ三原質からの飛躍的前進だ。これにより、物質観は一変した。これほど多くの(そしておそらくもっと多くの)元素が存在するなら、物質の成り立ちを理解するという仕事は、一段と困難になるのではないか？　だが、一方で、驚くべきことかもしれないが、その仕事はより達成しやすくなったのだ。諸性質を持つ原型的な空気や土、あるいは、ボイルの「普遍的物質」などの、漠然とした物質観や、宗教的な物質観に代わり、今やすべての物質は、より単純だがごく普通の形の物質を混ぜ合わせたり、何らかの手段で融合させたりすることで作られるのかもしれないという考え方が支持されつつあった。

元素の数は、33種から一気に増加し、一部の化学者たちがペースが速すぎると懸念するほどだった。彼らは、自分たちが直面している、夥しい数の元素を理解しようと悪戦苦闘していたのだ。

新たに登場してきた元素

ラヴォアジエの元素リストには、古代人には知られていなかった元素がいくつか含まれていた。古代ローマ時代からロバート・ボイルの時代までに、新たに特定されていた元素は3つだけだった。もちろん、発見された物質が元素だと知っていた者は誰もいなかったので、それぞれの元素は、何に役立つかや、好奇心の対象として注目されたのだった。

古代ローマ時代以降、イスラム圏の錬金術師ジャービル・ブン・ハイヤーンがヒ素とアンチモンを単離したとされる西暦800年までに、元素はひとつたりとも発見されなかったと一般に考えられている。このあとかなりの空白期を経て、次の2元素が発見されたのも、やはり錬金術師たちの功績だった。

ビスマスは古代から知られていた

が、それがスズや鉛に似ているが別の物質であると認識されたのは16世紀になってのことだった（78〜9ページ参照）。リンは1669年ごろ発見された。英語名のphosphorusは、ギリシア神話に由来する「光を運ぶもの」という意味で、近代に発見された最初の元素と考えられている（84ページ参照）。

1600年代にはアンチモンで作った盃が、その毒性により発汗や嘔吐を起こし、体から病を追い出す手段として流行した。ワインを24時間盃に満たしておき、微量のアンチモンが溶出するのを待ったという。

少数のものの最初

ビスマスは、1400年ごろ、無名のドイツの錬金術師によって発見された。ビスマスの結晶は三方晶系で、直角に近い頂角を作り、表面の薄い酸化層により玉虫色に輝く構造色を示す美しいものだ。ビスマスは反磁性体で、外部磁場とは逆向きに磁化される。したがって、ビスマスの小片を強力な磁石の上に浮揚させることができる。これは、磁石の磁場とビスマスの磁場が逆向きになって、ビスマス小片に作用するこれらふたつの磁力が釣り合うからである。

ビスマスは鉛と間違いやすく、実際にしばしば間違われる。どちらも重く、融点が低く、色も似ているからだ。パラケルススはこのことに言及しているが、自身はビスマスをアンチモンの一種と呼んでいた。ビスマスを使った装飾品が16世紀か

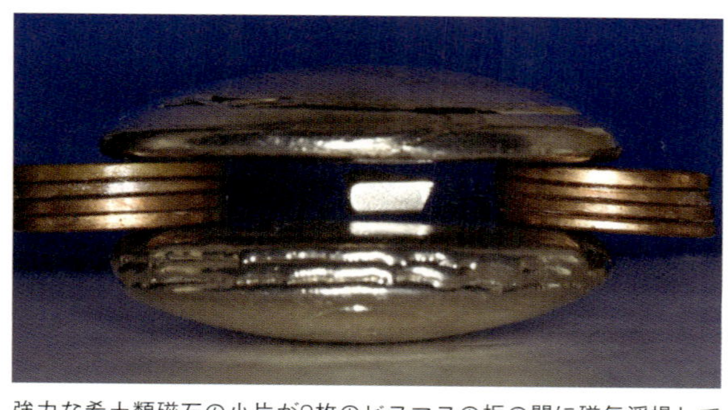

強力な希土類磁石の小片が2枚のビスマスの板の間に磁気浮揚しているところ。上側のビスマス板の上方に、強力な磁石が設置されている（図では見えない）。ビスマスは、上方の磁石とは逆向きの磁場を作る［ビスマスが反磁性体のため］。上方の強力な磁石は、希土類磁石小片が重力に打ち勝つに十分な磁力を及ぼすが、それだけなら小片はすぐに上方の磁石にくっついてしまう。反磁性体のビスマスがあることで、小片は2枚のビスマス板の間に浮揚しつづけることができる。

ら存在するが、その真価が認められたのは、印刷技術が登場してからだ。活字を製作するための鋳造合金を作る際に鉛に添加されたのである。

ヨーロッパ人がビスマスを印刷技術に使い始めたころ、南米に栄えたインカ文明では、青銅にビスマスを添加していた。インカでは、ビスマスを鉱石から抽出するのではなく、天然ビスマスとして単体で産出するものを採取したようだ。西暦1500年ごろのものと推定されているインカのナイフは、刃にはスズを銅に添加した青銅を使い、ラマの頭部の装飾がついたグリップにはビスマスを添加した青銅が使われ、色合いの違いがコントラストを生んでいる。

16世紀前半、ドイツの鉱物学者ゲオルギウス・アグリコラ（ゲオルク・バウエル、1494～1555年）は、ビスマスは鉛でもスズでもない「第三のもの」だとして、これらをはっきり分けようとした。当時、鉛、スズ、ビスマスは、三種類の鉛だと考えられていた。鉱物学者たちは、金属は地中である種類のものから別の種類のものへと徐々に変化していると信じていた（だからこそ錬金術によって金属を変化させるという話が一層真実味を帯びたのだった）。金属がどれぐらい貴金属に近づいたかという

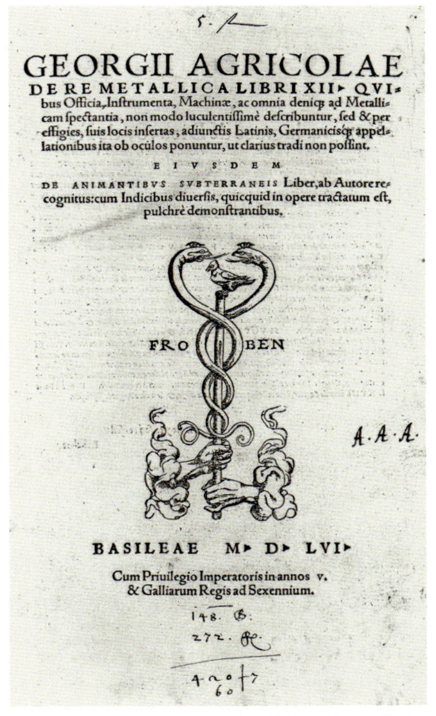

GEORGII AGRICOLAE
DE RE METALLICA LIBRI XII▸ QVIbus Officia, Instrumenta, Machinæ, ac omnia deniq; ad Metallicam spectantia, non modo luculentissimè describuntur, sed & per effigies, suis locis insertas, adiunctis Latinis, Germanicisq; appellationibus ita ob oculos ponuntur, ut clarius tradi non possint.

EIVSDEM

DE ANIMANTIBVS SVBTERRANEIS Liber, ab Autore recognitus: cum Indicibus diuersis, quicquid in opere tractatum est, pulchrè demonstrantibus.

FRO BEN

BASILEAE M▸ D▸ LVI▸

Cum Priuilegio Imperatoris in annos v. & Galliarum Regis ad Sexennium.

アグリコラの金属および鉱業に関する論文、『デ・レ・メタリカ』（邦訳は、三枝博音訳、岩崎学術出版社、『デ・レ・メタリカ――近世技術の集大成――全訳とその研究』1968年）の本扉。

ビスマスの結晶は、鮮やかな虹色の光沢を持った、長方形の階段状の非常に美しい形をしている。

尺度で、スズは鉛よりも銀に近かったが、ビスマスはすべての金属のなかで最も銀に近いとされた。ビスマスを発見した鉱夫たちは、早く見つけすぎたと嘆いた。もっと変化が進んで銀になってからのほうがよかったというわけだ。銀がビスマス層の直下に見つかることが多いのも、彼らの説を裏付けているかのようだった。鉱夫たちは、このようなビスマス層を「銀の屋根」と呼んだ。

当時ビスマスには使い道がなく、鉱夫たちは無用のものとして捨てていた。つまり、ビスマスを研究する説得力のある理由がなかったわけで(鉛またはスズの変種と思われていた)、1753年になるまで無視されていた。この年、フランスの化学者クロード・フランソワ・ジョフロアが、ビスマスは他のものとは違う金属で、ビスマスを含む鉱石は、アンチモン、鉛、あるいはスズの鉱石ではないことを示した。この発見の直後、1780年ごろ、「ビスマス混合剤」なるものが、胃の疾患、特に消化性潰瘍に使われはじめた。

リンを作るために尿を集める

リンは、実験化学者によって発見された最初の元素だ。ヘニッヒ・ブラント(1630頃〜1692年)は、ハンブルクにあった自宅の地下に実験室を作り、哲学者の石を作る実験を行っていた。それには、大量の尿を集めることが必要だった。彼の手法を記した手順書によれば、まず「ビールを飲んだ人の新鮮な尿を大量に準備」し、指示に従って蒸発させつづけ、べとべとした黒い残留物ができるまで待つ。(「大量」とは、実際に相当な量だった。約60gの燐を得るのに、大樽5個分、すなわち約5500ℓの尿が必要だった。)その後彼は、残留物をしばらく貯蔵しておき、何か——おそらく炭——と混ぜ、その後再び熱して不要な「留分」を除去した(沸点の異なるさまざまな不純物を蒸発させて除去した)。一連の過程が終了し、フラスコに残った液体を必要な温度に熱すると、黄白色の煙が発生し、凝結した。ブラントが作ったのは哲学者の石ではなかったが、非常に驚異的なものだった(しかも異臭がした)。こうして単離されたリンは、暗闇で光る性質を持っていた。それまでにそのようなものは見たことがなかった彼は、それを「冷たい火」と名付けた。

リンは、結晶構造が異なる同素体と呼ばれるものがいくつかあり、それらは、赤、紫、黒、白と、色が異なる。ブラントが作ったのは白リンで、今日ではP_4という分子構造をしていることが知られている。ブラントが観察した、畏怖の念を起こさせるような不思議な輝きに、ついに説明がついたのは1974年のことだった。P4が空気中の

リンは燐光性ではない

名称とは裏腹に、リンは燐光性ではなく、発光性物質である。燐光性の物質は、光を吸収したあとに自ら光を放出する。化学物質のエネルギー変化によって起こる熱を伴わない発光現象をルミネッセンス(生物の場合はバイオルミネセンス)と呼び、さまざまな種類のバクテリア、菌類、魚類、クラゲ、ハエ目で見られる。

発光するクラゲであるオワンクラゲは、イクオリンというタンパク質がカルシウムと反応して生じた青い光が別のタンパク質に吸収されて緑色に発光している。なお、イクオリンのほか、さまざまな生物で発光の素になっているタンパク質を総称してルシフェリンと呼ぶ。

酸素と反応すると、表面に水酸化物と酸化物が一時的に形成される。これらのものはすぐに分解するが、その過程で光を放出するのだ。実際、酸化の過程は制御できぬまま進行してしまうことが多く、リンは空気中で自然発火する場合がある。

彼は自分が発見したことを秘密にし、注意深く隠した。ヨハン・ダニエル・クラフトとヨハン・クンケルというふたりの同業者が、リンの製法を聞き出そうと、ブラントに説得を試みたり、金銭を払おうとしたりした。ブラントは、多少のリンを売り、結局、尿が原料であることを明かした。クラフトはヨーロッパ各地の宮廷でリンの実演実験を行い、自分が発見者だと人々に思い込ませた。彼がリンの小さな塊をフランスの化学者ニコラ・レムリーに与えたところ、レムリーがうっかりテーブルの上にこぼしたそのかけらが、たまたま来客用のシーツにくるまれて、災難を招くことになってしまった。客が夜中に目覚めると、寝具に火がついていたのだ。

同じころヨハン・クンケルは、忍耐強くリンの製造に取り組んでいた。1676年までには、かなり容易に製造

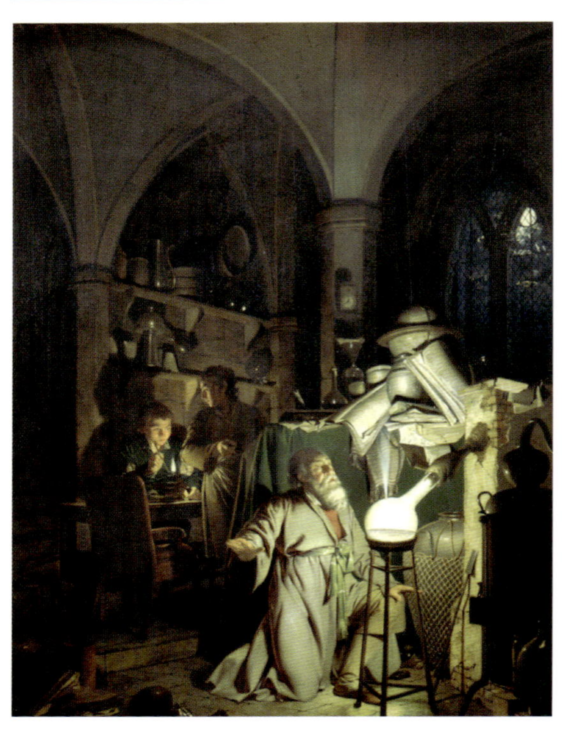

ダービー生まれのイギリスの画家ジョセフ・ライトによる『リンを発見した錬金術師』は、ヘニッヒ・ブラントが行った驚くべき実験を描いていると考えられている。

できるようになった。彼は、リンが体から出てきたものなら、その前に何らかの経路で体に入ったに違いないと推論し、食べ物をはじめ、さまざまな有機物で実験を始めた。一時は、神が創ったどんなものからでも、自分はリンを作り出すことができると豪語していた。しかしその後彼は、「もうリンの製造はやめた。なぜなら、リンは大きな危害をもたらす可能性があるからだ」と、リンの製造を放棄してしまった。

クンケルをこのような結論に導いた出来事が少なくともひとつ知られている。あるとき、彼がポケットにリンのかけらを入れたままにしていると、リンが自然発火してしまったのだ。衣服に火が付き、両手に、皮膚がすべてむけてしまうほどの大火傷を負った。クンケルは、火の付いた両手を泥でこすったものの、火を消すことができなかった。彼は15日間体調を崩した。リンが、恐ろしい火傷をもたらすがゆえに「悪魔の元素」と呼ばれるようになる20世紀に人類が被る禍［白リン弾は、人体に重篤な化学火傷を負わせる恐ろしい兵器である］を、クンケルは少し早く経験してしまったようだ。

やがてマッチ産業では、顔と顎が変形する顎骨のリン性壊死など、骨の異常が大勢の作業者たちに起きることになる。毒性の高い白リンの使用は、1872年からヨーロッパ諸国で禁じられるようになった。インドと日本では1919年、中国では1925年にそれぞれ禁止された。アメリカ合衆国で禁じられたことはないが、白リンの生産が採算が取れなくなるよう、生産者には懲罰的な課税がかけられるようになった。

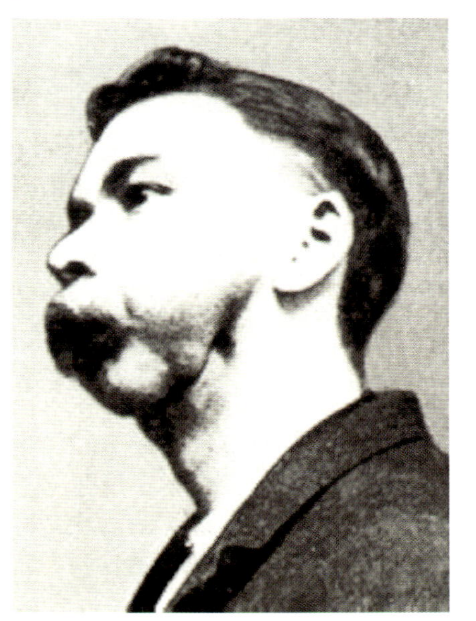

1678年、数学者にして科学者でもあったゴットフリート・ライプニッツ(微積分法をアイザック・ニュートンとは無関係に発見したことで名高い)は、ハノーヴァー選帝侯の正式な錬金術師の仕事に就くようブラントを説得した。ブラントはライプニッツにリンの製法を教

リン——不可欠だが危険な物質

尿や骨にリンが存在することから、それが生物の体にとって不可欠なことは容易に想像できる。リンは骨などの微量元素として必要であるほか、生きている生命体のすべてで、そのあらゆる細胞に複雑に結びついている。染色体のなかで遺伝情報を担っている複雑な化合物、DNAでは、リン酸と糖類が「背骨」(二重らせんをなす2本の鎖)をなしている。

遺伝子コードを解読するうえでリンは重要な役割を果たした。1952年に行われたウィルスを使った名高い実験(ハーシー－チェイスの実験)では、ウィルスのDNAをリンの放射性同位体で、タンパク質を硫黄の放射性同位体でラベルし、DNAとタンパク質のどちらが遺伝情報を運んでいるかを確認しようとした。他の生きた細胞に遺伝物質を注入して、その細胞が持っている自己複製作用をハイジャックして増殖するというウィルスの性質を彼らは利用したのである。その結果、ラベルされたリンは細胞内に移動していたが、硫黄は移動していなかったことが明らかになった。リンはDNA内には存在するがタンパク質の内部には存在しないので、遺伝に関与しているのがDNAであることが確認された。

えた。リンはその後もしばらくブラントによる尿を原料とする製法で作られていたが、1770年代になるとシェーレが骨からリンを作る方法を発見した。

ボイルと「常夜灯の精霊」

ロバート・ボイルは、ロンドンの王立協会で行われたヨハン・ダニエル・クラフトのリンを使った公開実験に立ち合い、大いに刺激を受けた。ボイルは、「それは何か人間の体に属するもの」からできているというヒントをクラフトからもらい、実験を相当重ねた結果、助手と共についに1680年、多少のリンを作ることに成功した。ボイルは、リンは多くの用途に使えるだろうと考えた。彼が提案したそのひとつが、夜中に目覚めたときに時刻がわかるように、時計の文字板の外周にリンで印をつけることだ。先ほどのリンの破片と同じく、暗闇で光る時計も、のちに恐ろしい身体損傷や死亡をもたらす(164ページ参照)。ボイルはまた、小さな細長い木片にリンを染み込ませて

こちらも光る石

自然に発光する物質はリンだけではないし、リンがそのようなものとして最初に発見されたわけでもない。1603年、靴職人で錬金術師を志していたヴィンチェンツォ・カッキアローロが、ボローニャ近郊で火山の岩を掘っていると白い石が現れた。彼はその石を持ち帰り、調べてみた。その石を熱したあと光に当てると、その後暗闇のなかで何時間も光りつづけた。カッキアローロが発見したのは、重晶石(硫酸バリウム)の一種で、初めて発見された蛍光性物質とされる。重晶石は、バリウム、硫黄、酸素の化合物だが、不純物を含んでいる。カッシャローロが発見した重晶石は、全体に銅が分散しており、光にさらされた際に銅イオンがエネルギーを吸収し、やがてゆっくりとそのエネルギーを放出して光ったのである。

マッチとして使った最初の人物でもある。

ボイルとラヴォアジエのあいだに

ボイルもラヴォアジエも、新しい元素を発見することはなかったが、ボイルが『懐疑的な化学者』を出版した1661年からラヴォアジエの『化学のはじめ』が登場した1789年までのあいだに、まったく新しい元素が多数発見されたほか、よく知られていたふたつの金属が、元素だと正しく特定された。それまでは、ある元素が別の形に現れたものだとか、数種類の元素の合金だなどと考えられていたのだ。フランスの化学者クロード・フランソワ・ジョフロアは、ビスマスがスズでも鉛でもない元素だと1753年に示し、白金は1749年ごろに銀と区別された。水素、酸素、窒素の気体元素は、1766年から1772年にかけて単離され特定された。ラヴォアジエの存命中に発見された新しい金属には、マグネシウム、マンガン、モリブデン、ニッケル、タングステンがある。

白い金

白金は、エクアドルやコロンビアで金鉱床と共に見つかることが多く、南米の原住民族によって利用されていた。金でできた人工物のなかに包有物として見つかることもあるが、白金そのものとしても使われていた。白金は融点が非常に高い(1770℃)ので、古代南米の職人には、溶かすことは不可能だったことだろうが、彼らは、比較的打ち延ばしが容易な小さな塊状の白金から、望む形を作ることがあった。また、彼らは金と白金の焼結合金を作ることもあった。金を溶かし、粒子状の白金(白金 – 鉄合金として天然に産出)をそこに加えたのだ。

旧世界では紀元前700年ごろから白金が記録されているが、銀とは別のものと認識されたのは、スペインの侵略者たちが南米からヨーロッパに白金を持ち帰ってからのことだった。イタリア出身のフランスの医師ジュール・セザール・スカリジュは、1557年、本のなかで初めて白金に触れた人物となった。英語名のplatinumは、スペイン語で「小さな銀」を意味するplatinaから来ている。これは、原住民族の鉱夫たちが見つけた白金を呼んでいた名称で、彼らはそれを無用のものとして捨てていた。金を探し求めていた彼らにとって、白金は混入物質でしかなく、また、融点が高いため、まったく加工できなかったからである。

スペインの海軍将校アントニオ・デ・ウジョーアは、白金の発見者とされることがある。彼は1735年にコロンビアとペルーを旅し、金に混入して

世界最大の白金産出国南アフリカの白金鉱山の内部。

いる不純物として、そして鉱床で見つかる白っぽい金属塊として、白金を目にした。1745年にスペインに帰国した際に、そのような白金を多少持ち帰ったのかもしれない。出版した著書のなかで白金に触れ、「鋼鉄の金床に力いっぱい打ち付けても、切断も破断もできない、しぶとい金属」だと述べている。だが、白金の発見者だと広く認められているのは、イギリスの化学者チャールズ・ウッドだ。なぜなら彼は、白金の徹底的な研究に初めて着手した人物だからだ。

1741年、ウッドはジャマイカで白金の試料を見つけた。彼は多少の試験を行って調べてみたが、その後、白金試料をイギリスにいたウィリアム・ブラウンリッグに送った。ブラウンリッグは研究を引き継ぎ、自分が見出したことを、王立協会会員ウィリアム・ワトソンに示した。白金の詳細な性質は、1749年と1750年に王立協会の機関誌『フィロソフィカル・トランザクションズ』に初めて発表された。

白金は融点が極度に高く、取り扱うのは非常に困難だった。イギリスの化学者ウィリアム・ハイド・ウォラストン（1766～1828年）は、元々は開業医だったが、35歳のときに化学研究に転向し、展性のある白金を精製することに初めて成功した。その過程で彼は、白金属のほかの元素も発見した。

オスミウム、イリジウム、パラジウム、ロジウムである。ウォラストンは、白金が王水(60ページ参照)に溶けることを見出し、白金の精製法を完成させた。

医師をやめるという選択は、当時は経済的にリスクが大きいと思われたが、結局報われた。彼は約75パーセントの白金を含む鉱石を、1オンス(約28.3g)あたり3シリングで買うことができた。そして、1オンスあたり2シリングで精製し、1オンス15シリングで販売した(1シリングは英国ポンドの20分の1)。ウォラストンは、1801年から、彼がなくなる1828年までのあいだに、精製した白金の販売で約3万ポンド(4万ドル)を得た(今日では、約300万ポンド、もしくは400万ドルに相当)。彼はそもそも、年60ポンド(80ドル)稼ごうという謙虚な望みで始めたのだったが。

アントニオ・デ・ウジョーアは、探検家でスペイン海軍の司令官だったほか、優れた科学者、天文学者でもあった。

水を飲まない牛とマグネシウム

ラヴォアジエ以前の元素と呼ぶことのできる金属のひとつがマグネシウムだ。とはいえ、単離されたのは発見され、利用され始めてからかなり経ってのことだった。マグネシウムは、ちょっと変わった経緯で、塩のなかに発見されたのである。

1618年、ヘンリー・ウィッカーというイギリスのエプソムという土地の農夫が、喉が渇いた牛にどう対処すべきか悩んでいた。干ばつが起こり、牛たちは喉が渇いているはずなのに、ウィッカーが与えた水を飲もうとしなかったのだ。彼は自分でその水を味見してみて、苦いことに気づいた。だが、それだけではなかった。その水は皮膚の発疹や、浅い傷が消えるのを早めているようだった。こうして発見された「エプソム塩」(硫酸マグネシウム)は、程なくその薬効で有名になった。1755年、スコットランドの化学者ジョゼフ・ブラックは、エプソム塩にはそれまで知られていなかった金属が含まれていることに気づいた。それがマグネシウムだったのだが、その反応

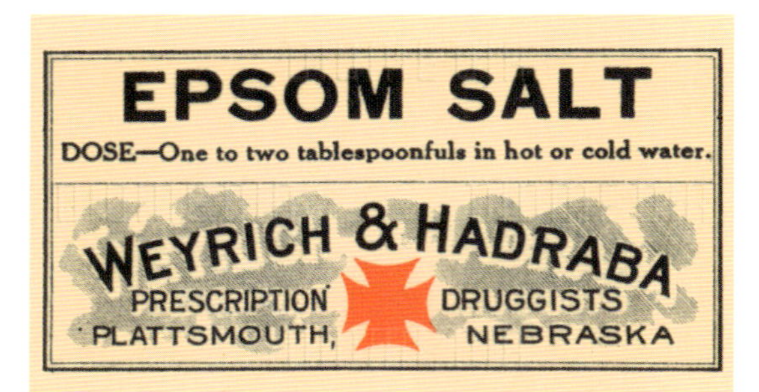

エプソム塩は、さまざまな病気の治療薬として販売されてきた。入浴剤として湯に溶かして使うことが多い。

性の高さゆえに、化合物内のマグネシウムをほかの金属で置換することができなかった。1808年、イギリスの化学者ハンフリー・デービーがついに電気分解法(液体に電流を流して溶液を分解する方法。110ページ参照)を使ってマグネシウムを単離した。

トロール、グレムリン、新しい金属

次に発見される金属も、白金と同様、自然に産出するかたちのものが長年にわたって利用されてきたのに、認識されていなかった。数千年にわたり、人々は鮮やかな青色の釉薬を陶器に使ってきた。その元素は、古代中国や古代エジプトで使われ、また、3400年前のデンマークの墓地でも見つかっている。

当初化学者たちは、この謎の青色の鍵はビスマスにあるのではないかと考えた。しかし、スウェーデンの化学者イェオリ・ブラントは、それはビスマスではなくコバルトだということを発見した。ブラントの父は銅の製錬工で、ブラントは成長する過程で金属の化学に親しみ、興味を抱くようになった。同じ18世紀の、後半になると登場するラヴォアジエと同じく、彼は当時の化学の状況を嘆き、確固たる基盤を欠いており、似非科学とほとんど変わらないと考えた。彼は、完全に実用的で理論的な化学の教育を受けはじめ、金属や鉱物について綿密な研究を多数行った。ブラントは、ストックホルムの貨幣鋳造所の監視人をしていたときにコバルトを発見した。近くの鉱業地域、ヴェストマンランドで発見された青色の鉱石に関心を持ち、そこからコバルトを含む顔料を精製したのだ。1739年に彼が新しい金属を発見したことを発表すると、ほかの化学者たちは、その鉱脈に含まれているのは鉄とヒ素の混合物だと、異議を唱えた。コバルトは1780年、トルビョルン・ベリマンによって正式に新元素として確認された。

コバルト鉱石は、土地の鉱夫たちには、やっかいどころか、いまいましい物質と思われていた。コバルトという名称は、ドイツ語で「小鬼」を意味する

16世紀以降、オランダで製造されたデルフト陶器は、コバルト鉱を珪砂とカリで焼成し、白い粘土の上にコバルトブルーで装飾された。

Koboldを語源とする。コバルトはヒ素と結合し、輝コバルト鉱(CoAsS)やスクッテルド鉱(CoAs3)などの化合物を作る。このいずれかを含む鉱石が熱せられると、強い毒性を持つ酸化ヒ素が形成される。その結果鉱夫が命を落としたり、あるいは、最も軽い被害でも、慢性的な症状を患ったりした。

18世紀の中ごろ、鉱物学と鉱山業は超自然的な力に妨害されていたかのようだ。1751年、スウェーデンの鉱物学者アクセル・クルーンステッドは、ニッケルを発見し、それをKupfernikelと名付けた。ドイツ語で銅を意味するKupferと、悪魔を意味するNickelを結び付けたのだ。ニッケルの鉱石は銅のように見えたが、鉱夫たちにはそこから銅を抽出することはまったくできなかった。彼らは、そこには銅は含まれていないという事実を認めず、悪霊が出し惜しみしているのだと決めつけた。

ブラントが、コバルトはそれまで知られていなかった物質だと人々を納得させるのに苦労したのと同じく、クルーンステッドは同時代の化学者たちに、ニッケルは新しい物質だと説得するのに苦労した。大半の科学者たちは、それはコバルト(コバルトを受け入れた人々は)、ヒ素、鉄、銅の合金だと主張した。このときも、1775年に問題に決着をつけたのはトルビョルン・ベリマンだった。

鉱山業と金属

鉱物や金属の鉱石の採掘は、新しい金属の発見に最も頻繁につながる道だ。鉱山業はこのころまでにはもう数百年——というより、数千年——にわたり行われてきているが、どのような手順で鉱山業が行われていたかについて、十分な情報があるのは、16世紀以降のことだけだ。16世紀以前は、鉱山業と冶金業の奥義が口伝によって世代から世代へと受け継がれていた。しかし、15世紀になって活版印刷が発明されると、鉱山業の知識が印刷物として広まりはじめた。初期の鉱山学書として最も重要なものは、1556年にドイツで出版された、ゲオルク・アグリコラによる『金属について De re metallica』である(久しく英訳は存在しなかったが、1912年にハーバート・フーヴァー〔のちの第31代米国大統領〕によって英訳された)。アグリコラは、金属が採掘される様子を記述し(図版も添えて)、また、発見、抽出、調整——鉱石の溶解、諸金属の分離、さまざまな試験法(純度のテスト)、そして、これらの過程に必要な溶液の調整など——の手順と設備を示した。

鉱山で始まったが、もっと広い範囲に影響を及ぼす、ある展開によって、鉱山業が刷新されようとしていた。最初の実用的な蒸気機関は、18世紀前半にイギリスの技師トマス・ニューコ

ニューコメンの革新的な蒸気機関。1752年に製作された後世の機種。

ニューコメン氏が蒸気機関を発明したことで、それ以前にほかの機械を使って達成できた深さの二倍まで、坑道を掘ることができるようになった。——

ウィリアム・プライス、『コーンウォールの鉱物 Mineralogia Cornubiensis』、1778年

メンによって発明され、1710年から1714年のあいだ、コーンウォールで建造された。鉱山から水をくみ上げるのに使われたが、そのおかげで鉱夫たちは以前より地下深くまで降りることができるようになった。これによって鉱山業の産業化が始まり、また、産業革命の第一歩となった。鉱山業で新しい可能性が展開し始めたことで、より多くの鉱石が発見されるようになり、ひいては、18世紀をとおしてさらに多くの金属元素の発見をもたらした。

遷移元素

18世紀後半から19世紀前半にかけて、特にフランス、ドイツ、スウェーデンの鉱物学者たちは、イギリスからシベリアにかけての各地で発見された多数の鉱石や鉱物を研究した。彼らの手順はこうだ。まず鉱石を細かく砕き、炭素と共に加熱して還元し、さまざまな酸に溶かし、塩を加えて沈殿(溶液中にできた不溶性の生成物が底に沈んだもの)を作り、その沈殿をさらに調べるのである。数年のあいだに、これらの勤勉な化学者たちは、マンガン(1774年)、モリブデン(1781年)、テルル(1782年)、タングステン(1783年)、ジルコニウム及びウラン(1789年)、ストロンチウム(1790年)、チタン(1791年)、イットリウム(1794年)、ベリリウム及びバナジウム(1797年)、クロム(1798年)、ニオブ(1801年)、タンタル(1802年)、そして1803年には、ロジウム、パラジウム、セリウム、オスミウム、イリジウムを一挙に発見した。

周期表で第3族元素から第11族元素の間に存在する遷移金属は一般に、硬く高密度で、第1族元素のアルカリ金属に比べ、反応性が低い。遷移金属はまた、さまざまな錯イオンを形成する。遷移金属という名称が初めて用いられたのは、1921年のことだ。

1789年にラヴォアジエが化学元素の定義を刷新すると、新発見の金属を、ただ新しい金属というのではなく、新しい元素として特定することが可能になった。1807年、ハンフリー・デービーは、分解することが困難な化合物でも分解できる手法(電気分解)を実演し、その後まもなく、重要な金属のグループを新たにふたつ見出した。彼が発見したアルカリ金属類は、反応性が非常に高く、典型的な金属とはまったく異なる振舞いをし、化学に旋

イッテルビーで発見された元素

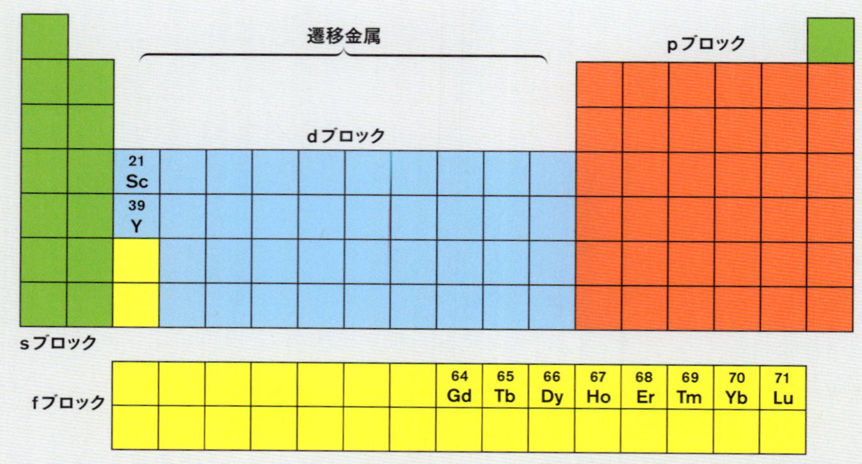

遷移元素は、dブロック元素とも呼ばれ、sブロックとpブロックをつなぐ橋のような位置にある。ランタノイドとアクチノイドは、fブロック元素とも呼ばれ、最外殻ではなく、内側の電子軌道で電子の増加が起こる。

18世紀末から19世紀にかけて、あるひとつの村で新元素が立て続けに多数発見された。スウェーデンの首都ストックホルム近郊にある小村、イッテルビーで、合計10種類の新元素が発見されたのだ。地球上でこれだけ多数の元素が発見された場所はほかにない。イットリウム、イッテルビウム、テルビウム、エルビウム(これら4種は村の名前にちなんで命名)、スカンジウム、ガドリニウム、ツリウム、ホルミウム、ジスプロシウム、ルテチウムである。名前がアルファベットで7文字しかない村にちなんで命名できる元素の数が限られていることは明らかだ。

風を巻き起こした。

Wは「オオカミの泡」に由来

遷移金属であるタングステンを表す元素記号はWだが、これは、この元素がウォルフラマイトと呼ばれる鉱物のなかで発見されたことに因む。発見者のファン・ホセ、ファウスト・フェルミンのエルヤル兄弟は、当初それを「ウォルフラミウム(ウォルフラム)」と名付けた。ヨーロッパの一部では、現在もこの名称が使われている。タングステンという名称は、「重い石」を意味するスウェーデン語tung stenを由来と

ウォルフラマイトは重要なタングステン鉱石で、鉄とマンガンも含んでいる。

する。ただし、スウェーデンではタングステンという名称は用いられていない。tung stenは、元々は灰重石という鉱物を指す言葉だった。1781年に、この鉱物から新しい酸を作ることができることを発見したカール・シェーレに因み、灰重石はシェーライトと呼ばれることになった。シェーレはこの酸をタングステン酸と呼び、そこから金属を抽出できるかもしれないと示唆した。

エルヤル兄弟がウォルフラマイトからタングステン酸と同じ酸を作り、さらにそこから金属を取り出すと、これがシェーレが予測した金属であることが明らかになった。ウォルフラマイトは、鉄、マンガン、酸化タングステンからなり、シェーライトはタングステン酸カルシウムだ。「ウォルフラマイト」という名称は、「オオカミの煤」または「オオカミの泡」を意味するドイツ語のWolf Rahmに由来するが、これは、最初1546年にアグリコラが付けたラテン語名lupi spumaのドイツ語訳である。ウォルフラマイトが混在すると、スズが溶融しにくくなり、スラグが増えてしまうため、ドイツのスズ鉱山の鉱夫たちにはウォルフラマイトは年来の厄介者だった。

イリジウムが恐竜を絶滅させたのか?

1803年、イギリスの化学者スミソン・テナントが、遷移金属であるイリジウムをオスミウムと共に、白金の不純物として発見した。オスミウムは最も密度が高い元素である一方、イリジウムは二番目に高密度で、耐食性が最も高い元素である。イリジウムは地球上では極めて稀だが、隕石の成分としては珍しくない。約6600年前に地球に飛来した岩の内部にはイリジウムが豊富に含まれていることから、非鳥類恐竜の大量絶滅は巨大隕石の飛来によって起こったという説が提唱されている。

タングステンでできたフィラメントは、1904年に電球で使われはじめた。それまで使われていた炭素フィラメントに比べ長寿命で、より明るく輝いた。

数百年後、鉄にタングステンを添加するとタングステン鋼ができることが発見された。そのため、タングステンの需要は急激に高まり、旧スズ鉱山の古いスラグの山さえもがタングステンを見つけるために掘り返された。タングステン鋼を使った銃身は耐久性が高く、おかげで第一次世界大戦においてドイツ軍は優位に立つことができた。しかし、1890年代に作られたタングステンの備蓄はすぐに底をついてしまい、かつては汚染物質として嫌われたタングステンが必死に探し求められた。

化合物をばらばらにする

遷移元素を鉱石から取り出すのは難しくないが、アルカリ金属やアルカリ土類金属を単離するのは困難だ。これらは、最も反応性が高い元素に数えられ、チャンスがあればすぐに何かと反応して、安定な化合物を作ってしまう。これらの元素を置換するには、なお一層反応性が高い元素が必要だが、そのようなものはほとんど見つからず、化合物から望む金属を強制的に取り出すのはこのうえなく困難だ。最も反応性の高い金属である、カリウム、ナトリウム、リチウム、バリウム、カルシウムは、冷水が相手でも反応してしまう。

古代の人々に元素の形で知られていた金属は、非反応性のものが多い。最も反応性が低い金属には、金、銀、水銀、白金、銅がある。これらの金属は強い酸化性を持つ酸としか反応せず、鉱石を熱して取り出したり、あるいは地面を掘るだけで純粋に近い形のものが得られる。一方、最も反応性が高い金属は、化合物のなかに固く閉じ込められており、電気分解以外の手段で分離することはできない。

電気分解は、電気が利用できるようになって登場した手法だが、そもそも電気の利用が始まったのは、カエルの脚が奇妙な振舞いをすることが発見された結果だ(次ページの囲み記事を参照)。これにより、多くの新元素が発見された。

カエルの脚から電解液へ

イタリアの物理学者にして化学者でもあったアレッサンドロ・ボルタは1800年、「ボルタ電堆」と呼ばれる最初の電池を発明し、多くの科学分野に新しい可能性を開いた。ボルタがこの発明に至ったのは、イタリアの生物学者ルイージ・ガルヴァーニが、切断したカエルの脚を金属ワイヤーに吊るすと電流が生じることを発見したのがきっかけである。ガルヴァーニは、動物に精気を与えている「動物電気」を発見したと主張した。ボルタは、ガルヴァーニの実験の電流は、動物とは関係なく、二種の金属がひとつの電解液(内部でイオンが運動できる溶液)と接触していることによって生じたのだと述べた。ガルヴァーニは、カエルの筋肉に含まれる体液が電解液の役割を果たしており、やはり電気は動物由来だと考えた。ボルタは、自分の説を証明するために、同様の回路をカエルなしで作った。銅と亜鉛の円板を交互に重ね、塩水(電解液)を含ませた布または厚紙の円板を間にはさみ、金属板どうしが直接接触しないようにした。そして、このように積み重ねた円板の最上部と底にワイヤーを1本ずつ接続し、これら2本のワイヤーをつなげ、閉じた回路を作った(ボルタ電堆)。この回路には、生物は含まれていないにもかかわらず、電流が流れ、ボルタの正しさが証明された。彼は世界を変える大発見をしたのである。

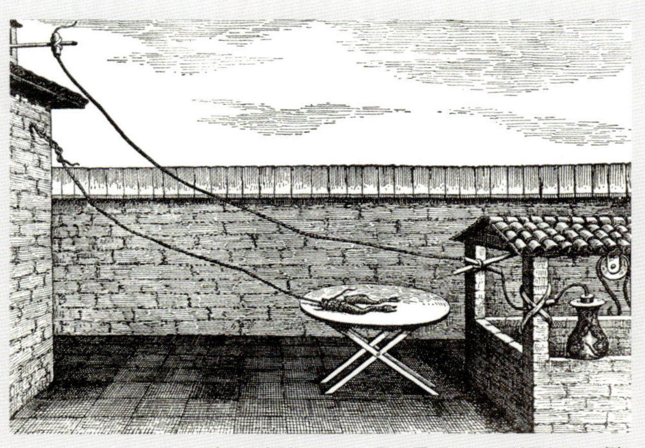

ガルバーニによるさまざまな実験のうち、雷を電源として利用した一例。

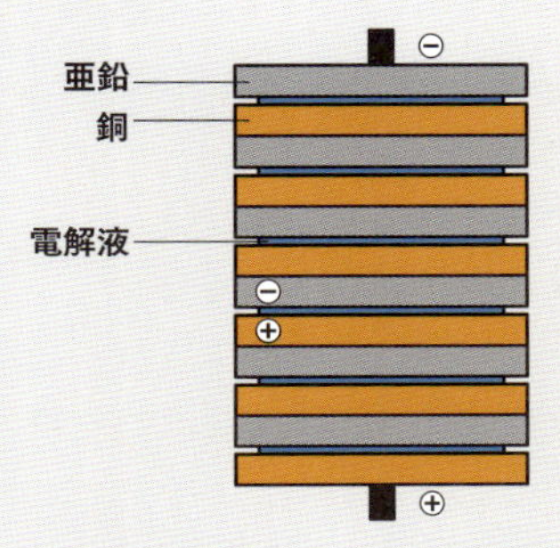

ボルタ電堆と呼ばれる初期の電池。

新しい手法

電池を初期の段階でうまく利用したひとりがハンフリー・デービーで、彼はまず、電気は金属によってのみ生み出されるというボルタの説は間違っていると主張した。デービーは、電流は化学反応によって生じるのであり、したがって逆に、電流は化学反応を起こす刺激となるだろうと考えた。彼は2種類の金属の代わりに、亜鉛と炭素を使ったボルタ電堆を作ることに成功し、自らのひとつめの主張を証明した。

このボルタ電堆を使い、デービーは電気分解を実際に行い、溶液または溶融した化合物に電流を通すと原子間の結合が切れて、構成要素が分解するという自身の理論を証明した。解放された陽イオンは陰極(マイナスの電極)へ、陰イオンは陽極(プラスの電極)へと移動する。

デービーは、原子の構造や、原子どうしの結合の種類について、今日私たちが持っているような情報を知らなかったが、多種の元素を一体に保ち、化合物を形成させている力は、電気に由来すると述べた。ボルタ電堆と電気分解が同じ事柄のふたつの側面だとい

電子、電気分解、電解液、電気——そしてイオン

電流は、電子の流れによってもたらされる。電子は負の電荷を持っており、属していた原子から解放され、自由に動き回れるようになると、物質の内部で電流を生じるのである。電子は陰極から陽極へと移動する。イオンとは、原子または分子が1個もしくは複数の電子を得たり失ったりしたもので、正または負の電荷を持っている。したがって電子と同様に電流をもたらすことができる。電解質とは、水などに溶解するとイオンを生じる物質である。塩(えん)は水に溶解し、カリウム(K+)、ナトリウム(Na+)、塩素(Cl-)、臭素(Br-)などのイオンを生じる。陽イオンは陰極に、負イオンは陽極に集まる。このように、電気分解は溶液の成分を分離するのに使うことができる。

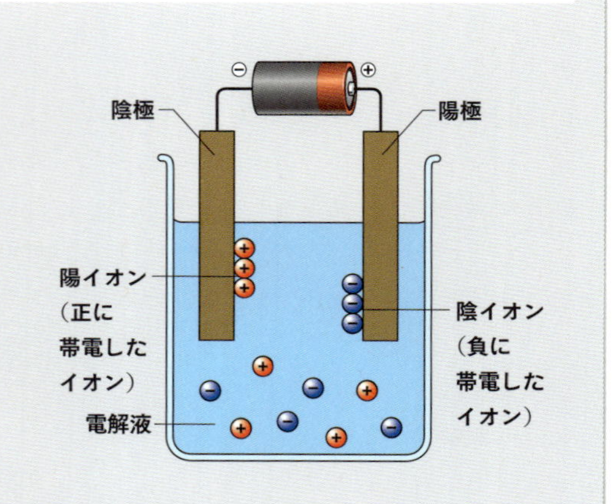

ハンフリー・デービー（1778～1829年）

イギリスのコーンウェル州にあるペンザンスという町で生まれたデービーは、1795年に外科医に弟子入りし、その病院の薬局で化学も学び始めた。やがて外科医の下を去り、ブリストルの気体研究所で働き始め、気体の研究に取り組んだ。そこにいたあいだに亡命者の神父からフランス語を学び、ラヴォアジエの『化学のはじめ』（Traité élementaire de chimie）を読んだ。1798年、彼は亜酸化窒素（笑気ガス）で実験を行い、やがて研究のほか、陶酔感を得るために個人的にも使うようになり、病みつきになった。

1801年、デービーはロンドンに移り、王立研究所の化学講演助手兼実験主任となった。翌年彼は、世界で最も強力な電池を作り、それを使って世界初のアーク放電の実演を行った。1812年、彼の最も重要な著書『化学哲学の要素 The Elements of Chemical Philosophy』を出版した。

彼は1815年、デービー・ランプを発明した。サンダーランドの炭鉱夫たちは、照明のためにヘルメットに火のついたロウソクを差していたが、炎で坑内のメタンガスが引火し、大爆発を起こすことが多く、困っていた。デービーはランプの炎を金属製の目の細かい網で覆うことにした。ガスは網を通過できるが、炎は通過できない。酸素濃度が17パーセント以下になると炎は消えたので、炭鉱夫らへの警報にもなった。

デービーはこのほか、イギリス王ジョージ4世からの委託で、ローマ時代ポンペイ近郊にあったが、西暦79年のベスビオ火山の噴火で廃墟となった古代都市ヘルクラネウムの遺跡で発見された、炭化したパピルスの巻物を、塩素を使って開くなど、公共的な仕事をいくつか行った。また、英国海軍の艦船の船底に施される銅の塗装（腐食や海藻の成長を防ぐため）の腐食を極小化する手段を突き止めた。

ジェームズ・ギルレイによる風刺画。王立研究所で行われた化学実験の講演の様子。見ごたえがあり人気を博したが、見苦しく危険なこともあった。

うことは、彼には明らかだった。彼は1807年、「電気的な分解」によってカリウムとナトリウムを発見したという成果も含め、自分の研究成果を発表した。

電気分解を使って、デービーは6つの金属元素を発見した。それらはすべて、反応性が高いため、単体として自然界で発見されることはない。たった2年のあいだに、デービーはナトリウムとカリウムというアルカリ金属と、カルシウム、マグネシウム、ストロンチウム、バリウムというアルカリ土類金属を発見したのである［デービーは1808年にストロンチウムを初めて単離したが、この元素は1787年にホープによって発見されたとされることもある。単離者が必ず発見者とされるわけではない］。

アルカリ金属とアルカリ土類金属

デービーが最初に単離に成功したのは、アルカリ金属のカリウムだった。彼はまず、ポタッシュ（炭酸カリウム）を水中で分解しようとしたが、電気分解しても水素と酸素しか生じなかった。次に彼は、作ったばかりの湿ったポタッシュを白金の皿に載せ、電池の負極に接続しておき、さらに、正極に接続した白金のワイヤーで触れた。するとまもなく、皿の上に小さな球状のカリウムがいくつも生じた。こうしてカリウムは、電気分解によって発見された最初の元素となり、デービーはその性質を調べて楽しんだ。「〔カリウムは〕ヒューヒュー音を立てながら興奮したように飛び回り、すぐに美しいラベンダー色の炎をあげて燃えた」。

カリウムでの成功に続き、デービーは苛性ソーダ（水酸化ナトリウム、NaOH）に注目し、溶融した苛性ソーダからアルカリ金属のナトリウムを単離した。ナトリウムを単離するには、カリウムの時よりもはるかに大きな電流が必要だったとデービーは記している。続いて彼は、石灰（酸化カルシウム、CaO）に取り組んだ。石灰は、ラヴォアジエが、未知の金属の酸化物である可能性に気づいていながら、自分では分解できなかったために元素として挙げていた物質だ。デービーはまず石灰をポタッシュと混ぜ合わせて溶融し、電流を通してみた。だが、それはうまくいかなかった。カリウムしか得られなかったのだ。そこで彼は、溶融した石灰に水銀を混ぜ、カルシウムと水銀のアマルガムを作製した。だが、アルカリ土類金属のカルシウムを単離することはできなかった。スウェーデンの化学者イェンス・ベルセリウス（1779～1848年）の助言を得、石灰の比率を上げて再度試したところ、今度はほとんどの水銀を取り除くに十分なアマルガムを作ることができた。彼は、不純物がごくわずかしか含まれていないカル

フレスコは、硝酸バリウム溶液を噴霧し、続けてアンモニアを噴霧することで保護できる場合がある。この処置により生じた水酸化バリウムが、漆喰に入ってしまったすべてのひび割れに埋まり、やがて不溶性の炭酸バリウムに変化する。

シウム試料を作ることに成功した。純粋なカルシウムを作る方法が開発されるには、さらに100年が必要だった。

デービーは、溶融した水酸化バリウムを電気分解することによりバリウムを単離した。バリウムはすでに、硫酸バリウムの形をしたものが、1600年代初頭ヴィンチェンツォ・カスキアローロによって、ボローニャ石として発見されていた(98ページ参照)。スウェーデンの化学者カールヴィルヘルム・シェーレはこれを調べたが、新たな金属が含まれていることには気づいたものの、それを取り出すことはできなかった。

マグネシウムは、デービーが電気分解の手法を完成させる200年近く前、飼っていた牛たちが水を飲まないので困っていた農夫ウィッカーが、エプソム塩の形で発見した。ジョゼフ・ブラックは、エプソム塩は未知の金属の塩だと気づいたが、マグネシウムを単離することはできなかった。ようやく1808年、デービーがそれに成功したのであった。

ストロンチウムが初めて知られることになったのは、1787年、スコットランドのエディンバラの鉱物商が、西岸地域のある鉛鉱山で発見されたひとつの石を提供されたときのことだった。これはバリウム鉱石に違いないと思った彼は、酸化バリウムの医療上の用途を模索していた医師アデア・クロフォードにその石を見せた。クロフォードは、それはバリウムではなく、おそらく新しい元素の酸化物だろうと気づいた。このことは翌年、エディンバラの化学者トマス・チャールズ・ホープによって確かめられた。1799年には、もうひとつのストロンチウム鉱物、硫酸ストロンチウムの存在が明らかになった。イギリスのグロスターシャ州で道路の装飾に使われていたのである。デービーは1808年、塩化ストロンチウムからストロンチウムを単離することに成功した。

ホウ素、御し難し

デービーは1808年にホウ素を単離したが、発見者の栄誉は、パリでデービーと同じ手法を使って研究していたジョセフ・ゲイ－リュサックとルイ－ジャック・テナールに奪われてしまった。ふたりとも、ホウ酸塩を金属カリウムと共に加熱することによって単離に成功したが、これは前年にデービーがカリウムを単離したからこそ可能になった手法である。しかし、3人とも、純粋なホウ素を得ることはできなかった。ホウ素の単離は極めて難しい。純粋なホウ素の単離には、1909年、アメリカの化学者エゼキエル・ワイントロープが塩化ホウ素蒸気と水素の混合物の内部で放電することにより初めて成功したとされることが多い。大気条件下で安定なホウ素の形態が発見されたのは、ようやく2007年になってのことだ。単体のホウ素は地球上には存在しない。

　ホウ素の窒化物と炭化物は、どちら

炭化ホウ素はダイヤモンドに匹敵する硬さを持つため、防弾チョッキに広く使われている。

も化学的性質がまだよくわかっていない。窒化ホウ素(BN)は、炭素と同様に、硬度の高い輝く結晶構造(ダイヤモンドに類似)と、硬度が低い滑らかな結晶構造(グラファイトに類似しているが、無色)のものがある。結晶型の違いが性質の違いをもたらしている(高硬度のものは立方晶系、低硬度のものは六方晶系)。炭化ホウ素は立方晶窒化ホウ素に次ぐ高い硬度を持つため、戦車の装甲に使われているが、その化学構造はまだよくわかっていない。

増えすぎた元素

元素の数は増加しつづけた。ハロゲンの一種、ヨウ素が1811年に発見されたのにつづき、1817年にはトリウム、カドミウム、セレン、リチウムが発見された。新発見された元素のなかには、ラヴォアジエが分解できなかった物質の成分だと判明したものもあったが、まったく新しいものもあった。ラヴォアジエが33種の元素(元素ではあり得ないカロリックと光も含めて)を挙げて以来、1817年の終わりまでに、完全に単離できなかったものを含め、47元素が発見された。元素の一覧表はかなり混沌とした状態になり、そろそろ誰かが秩序をもたらすべきときだった。だが、その前に、本書でここまでお話してきた物語で紹介してきた、発見が進み、既知の元素の数が増えていく流れと、物質の性質の理解が深まっていく流れという、ふたつの流れが合流しなければならない。その合流を実現したのが、イギリスの化学者ジョン・ドルトンの研究である。彼の研究により、ラヴォアジエが示した、個々の元素はすべて本質的に種類が異なるという考え方と、ボイルが提唱した、元素は普遍的物質である同一の微粒子が異なる形に集合したものからなるという考え方が、どちらも原子構造という概念によって説明され、融合されるのである。

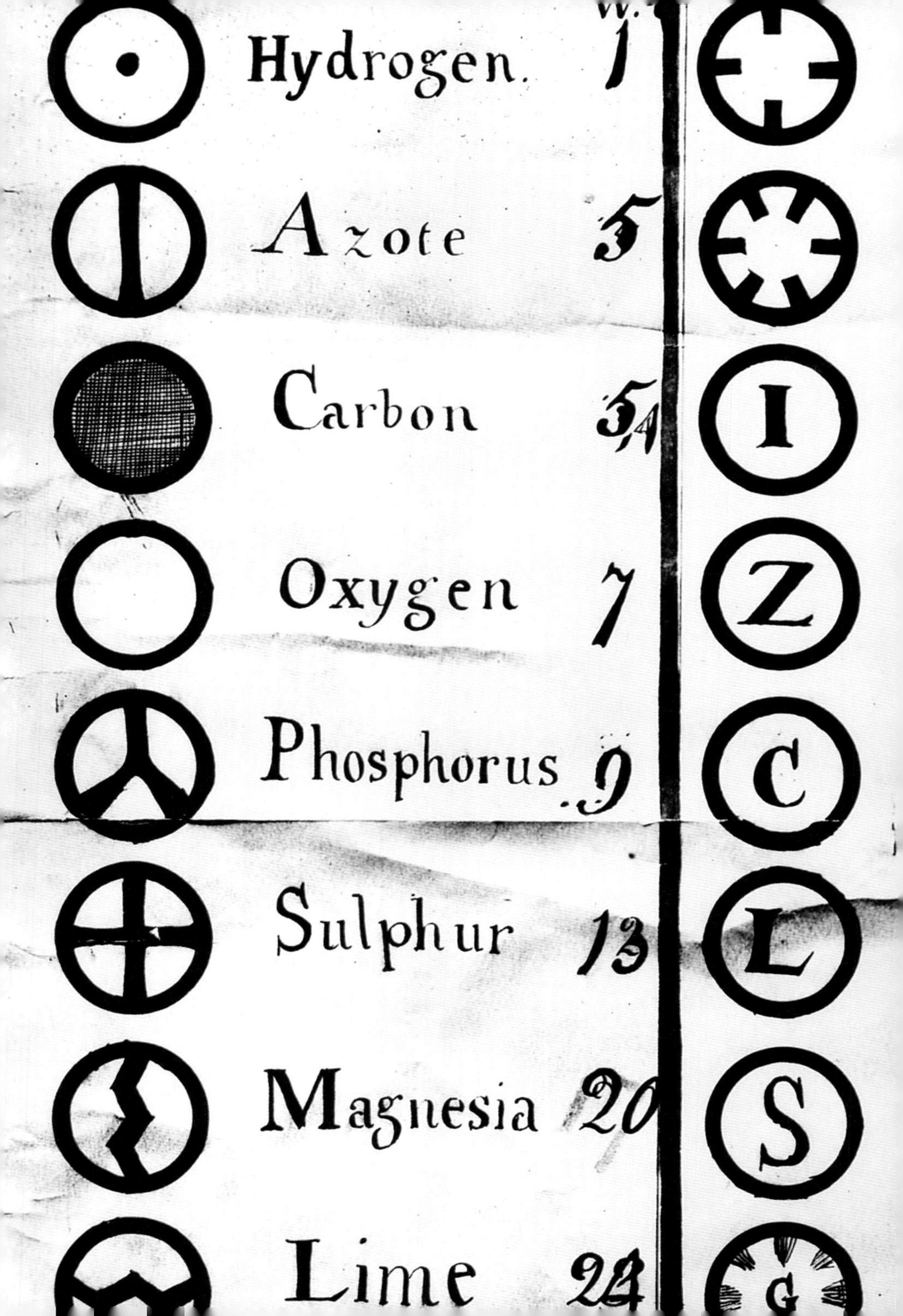
Hydrogen 1
Azote 5
Carbon 5,4
Oxygen 7
Phosphorus 9
Sulphur 13
Magnesia 20
Lime 24
I
Z
C
L
S
G

第5章

微粒子から元素へ

物質はつまるところ、本質的にはみな同じで、異なるのは粒子の配置だけだということが今後明らかになるだろう。——ハンフリー・デービー、1812年

現代の元素の概念の要には、虚空のなかで運動する微粒子へと物質を分割できるという考え方がある。この考え方は、17世紀に空気ポンプの実演が行われたことで、広く知られるようになったが、原子の存在が広く受け入れられるようになったのは、19世紀の初めになってからのことだ。

ジョン・ドルトンが考案した元素記号は、異なる種類の原子は性質が異なるという信念に基づいていた。

原子のルネッサンス

ラヴォアジエが新しい化学の体系を作り出し、「元素」の概念を定義しなおしたのは確かだとしても、さまざまな物質はなぜ異なるのかや、それらの物質はどのように作り上げられたのかが説明できる、広く支持されるモデルはまだ存在しなかった。このころまでには、微粒子モデルが優勢になっていた。空気ポンプの実演と気圧計を使った説明により、虚空は存在しないという説を維持するのはもはや困難だった。しかし、まだ説明のつかないことが多数残っていた。とりわけ、虚空がどの程度存在するのかは大きな問題だった。

世界のなかで行ったり来たりしている小物体の、このような数えきれないほどの群れがさまざまな場合に生じることからすると、互いにくっつくのに適したものたちが多数存在し、それにしたがって凝固物を形成するのだろう。その一方で、多くのものが分離し、刺激されて遠ざかるだろう……。物体の微小な部位には、理解を超えるほど多様な関連の仕方や構造が存在し、その結果、違う名前を付けるに値するほど異なる性質を持つ、膨大な数の物質の部位が存在するはずだと考えることは難しくない。——ロバート・ボイル、1661年

くっつく

ボイルの微粒子説は、物質の多様性を説明することができ、また、微粒子どうしの結びつきは、粒子の形によって説明できると示唆していた。ふたつの物質が反応しないのなら、両者は形が合わないということだった。

イギリスの哲学者ジョン・ロック(1632〜1704年)は、微粒子どうしが反発したり引き付けあったりすることを説明する、何らかのメカニズムが存在するはずだと考えたが、それがどんなものかについては、何の考えももっていなかった(ロックは、粒子間の引力と斥力を、「結びつきと反発〔connexion and repugnancy〕」と呼んだ)。彼は、このメカニズムの働きを誰かが明確にするまで、化学的相互作用を理解することはできないと確信していた。ロックは、水を作り上げている、「きわめて小さいため」高性能の顕微鏡でも見ることができない「微小体」について思いめぐらせた。彼は、流れる水は、十分に冷却されれば凍ってしまい、「これらの小さな原子が結合し、大きな力を用いずして分離することはできなくなる」と記した。彼は、その後何百年も解決できないある謎について、憂いに沈み、次のように結論付けた。「粒子ど

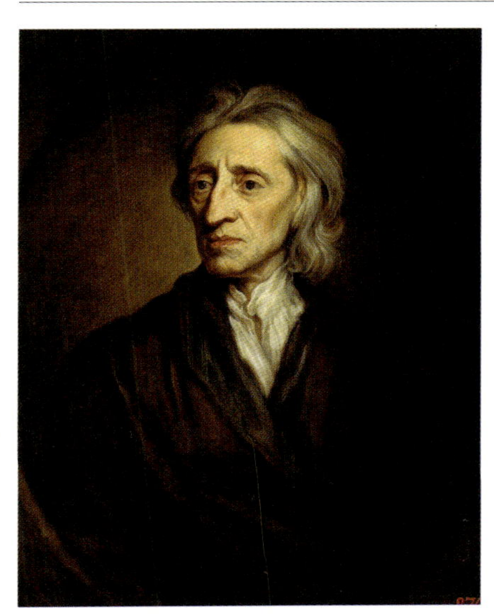

ジョン・ロックの考えは正しかったが、それを研究することが可能になるには、科学が長い道のりを経て発達するのを待たねばならなかった。

うしをこれほど固く結び付ける絆を明らかにする者は、まだ知られていない偉大な秘密を発見することになるだろう」(1690年)と。

空間はもっと大きく、物質はもっと少なく

アイザック・ニュートンは、微粒子が集まって集団を作り、その集団が徐々に大きくなり、ある大きさに達すると、その物質の性質と化学的な振舞いが決定されるというモデルを採用した。物質は、何らかの集団が集まってできており、その集団自体がより小さな部分へと分割できるという考え方に立てば、物質は変化するということも自然に納得できる。だがニュートンは、物質には何もない空間がたくさん残っているに違いないとも気づいていた。物質の密度は、さまざまな集団がどれくらい密に詰まっているかによって決まるが、最も密度が高い物質ですら、その内部には何もない空間が相当含まれているのだと彼は気づいていた。これと同じ考え方は、1777年にジョゼフ・プリーストリーが、次のように見事に表現している。「私たちがそのまったく逆だと思い込んでいようが、虚空の存在比率は極めて大きく、太陽系内の固体のすべてを、〔圧縮すれば〕クルミの殻のなかに詰め込めるほどだ」。

ぎっしりと物質で詰まった宇宙という「充溢」のモデルが支持された時代は終わり、物質はほとんどなく、わずかな物質が、ニュートンが予想した未解明のある力によって一体に保たれている宇宙というモデルが優勢になった。プリーストリーの見解では、ロックが「結びつきと反発」と述べたものが宇宙を支配するルールとなった。「原子は分割可能に違いない。したがって原子には部分があるはずだ。……そしてそれらの部分どうしは、互いに引き付けあう無限に強い力を持っているはずだ。さもなければ、物体が一体に保たれなくなり、堅固な原子として存在できなくなる。したがって、その力を取

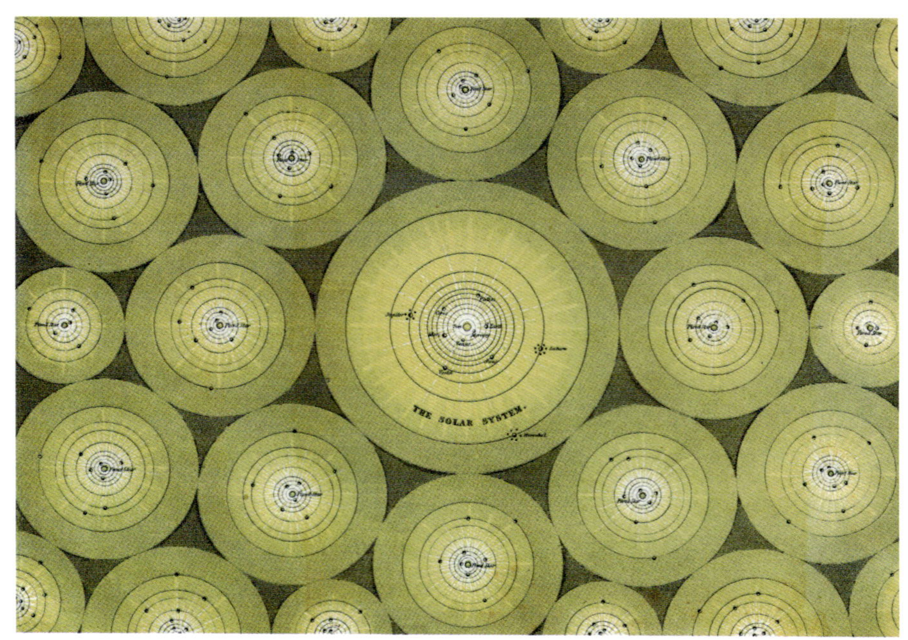

微小なものが集合して徐々に巨視的なレベルに至るというニュートンの宇宙観にとって、空虚な空間は重要だった。ニュートンは、粒子どうしのあいだには虚空があると想像したのと同様に、宇宙全体は、多数の天体からなるひとつの系であり、天体間に働く重力が、天体どうしが衝突しない程度に弱くなるに十分距離があくように、天体どうしのあいだに虚空があると考えた。

り去ったなら、原子の堅固さは完全に失われる。要するに、物質としての基本的な性質を失い、それはもはや物質ではなくなるのである」。

プリーストリーは、ドゥブロヴニク生まれの頭脳明晰で多才な科学者、ルジェル・ボスコヴィッチ（ロジャー・ボスコヴィッチとも、1711〜87年）の影響を受けていた。ボスコヴィッチは、現在欧米ではほとんど知られていないが、彼の時代の偉大な科学者の多くに影響を及ぼした。彼は、物質ではなく力に基づく固体の「貫通不可能性」という概念を構築した。彼は、物質は分割不可能な点、すなわち原子によってできているという説を提案した。

真の原子

このような状況を背景に、イギリスの化学者ジョン・ドルトンは近代的な原子論を導入した。だがドルトンは、原子を物質の基盤として推進しただけではなかった。彼は史上初めて、原子の概念と化学元素の本質を結び付けたのだった。

物質はどこへも逃げていかない

ドルトンの研究は、当時まだ定式化されたばかりのふたつの化学法則に立脚していた。質量保存の法則と定比例の法則である。

物質は保存されるという理論は、古代ギリシアの哲学者たちも論じていた。エンペドクレスは、無からは何も生み出されない、したがって宇宙は永遠の過去から存在しており、今後も存在し続けると頑なに主張した。1756年にロシアの博学者ミハイル・ロモノーソフ(1711～65年)が、閉じた系では、化学反応において化学物質の質量は変化しないと示したとき、物質は生み出されることも破壊されることもないことが実験により証明された。つまり、反応物質は反応生成物に完全に変化し、行方不明になるものはまったくないわけだ。ラヴォアジエは一連の実験によって、このことをより徹底的に示し、自らが至った結論を1773年に発表した。

定比例の法則は、プリーストリーとラヴォアジエの2人が提唱し、1794年にフランスの化学者ジョゼフ・プルーストによって定式化された。これは、化合物は常に、ある一定の重量比で成分が結合するという法則である。したがって、たとえば、プルーストが発見したとおり、炭酸銅は、銅、炭素、酸素の比が常に正確に同じ比率で生じる。また、スズは2種類の酸化物を形成するが、それぞれの酸化スズはスズと酸素の比率が常に一定であり、その中間の比率の酸化スズは存在しない。100gのスズは13.5gもしくは27gの酸素と結合し、でたらめな比率で結合することはなく、たとえば21gの酸素と結合することは決してない。

ドルトンの原子論

ドルトンは、まず自分の講演で、続いて著書『化学哲学の新体系 A New System of Chemical Philosophy』(邦訳は、『ドルトン――化学哲学の新体系他』〈村上陽一郎編集、井山弘幸訳、朝日出版社〉に収録)のなかで、すべての物質は、重さが異なる原子でできているという説を提唱した。さらに、ある特定の重さを持つ原子はすべて同じで、常に同一の特定の物質(元素のひとつ)として出現するとした。したがって、錫の原子は酸素や水銀の原子とは違うが、錫の原子はすべて同一で、また、すべての酸素原子、すべての水銀原子はそれぞれ同一である。

ドルトンの原子論は、次に挙げる5つの原則からなる。

❶すべての物質は原子からなる。
❷原子は分割できず、破壊することもできない。
❸ある元素の原子はすべて、性質と

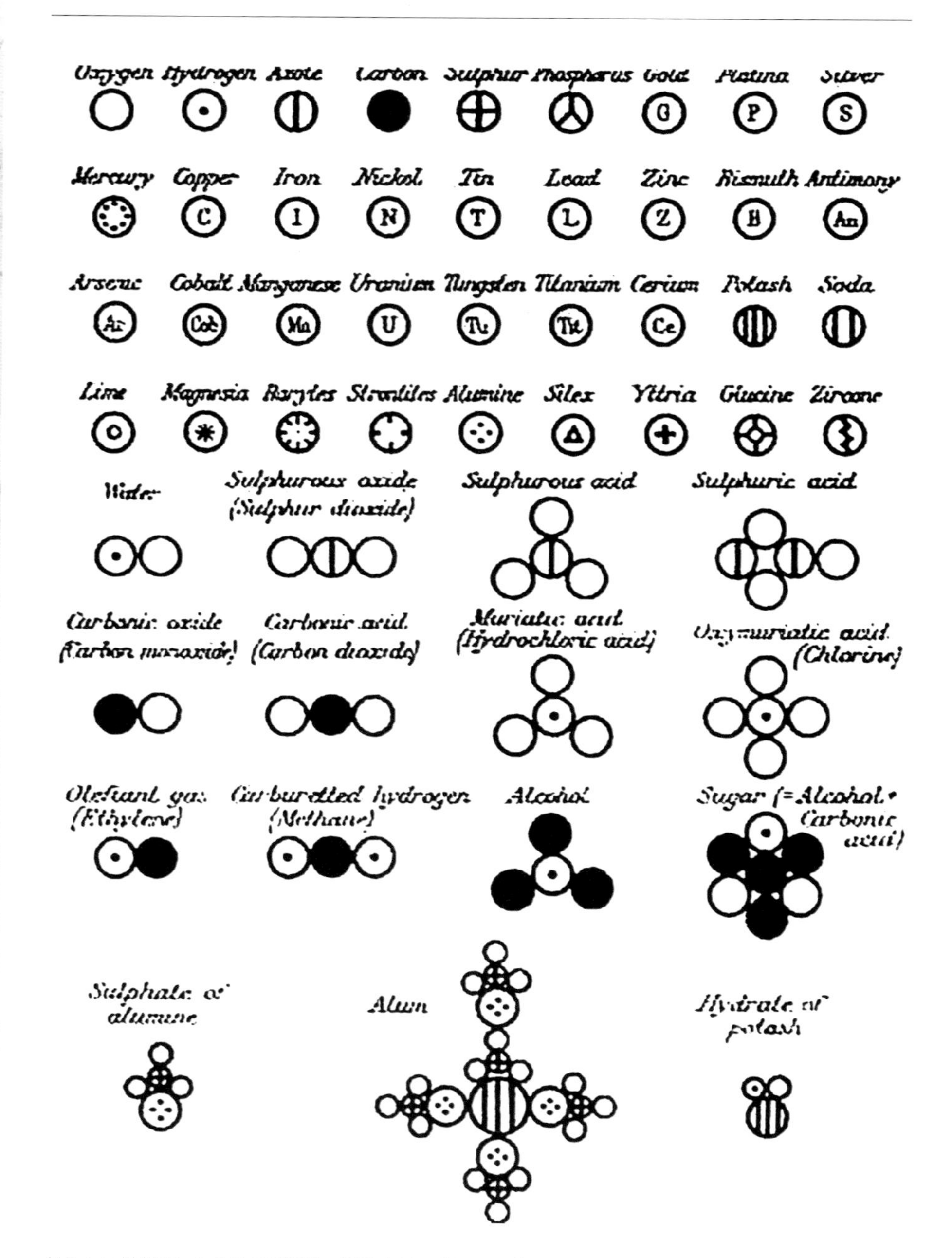

ドルトンが考案した分子の表記法。原子を円で表し、元素ごとに円内に異なる模様や記号を記入した元素表記法を使い、それらの原子が結合したものとして分子を表現した。分子が大型になると表記があまりに煩わしくなり、普及しなかった。

質量が同一で、異なる元素の原子は、質量と性質が異なる。

❹化合物はふたつ以上の種類の原子が単純な整数比で結合することによって形成される。

❺化学反応では原子の再配列が起こる。

ドルトンの原子論は、今日なおほぼ正しいと考えられているが、前述の2と3の項については彼の時代以降に行われたいくつもの発見により、今では但し書きがついている。原子は素粒子からできており、極端に強い力をもってすれば分解できるので、もはや分割不可能とも破壊できないとも考えられていない。さらに、ひとつの元素の原子は、必ずしもすべて同じではない。なぜなら、今では、同じ元素なのに重さが異なる原子(同位体と呼ばれる。201

ジョン・ドルトン(1766〜1844年)

ジョン・ドルトンはイギリスのカンバーランド州で貧しいクェーカー教徒の家庭に生まれた。非国教徒だったため、イギリスの大学に進学する資格はなかったであろうが、出自からすると、そもそも進学する経済的余裕はなかった。代わりに父親と近隣の学校教師から教育を受け、12歳になると自ら教師として働きはじめた。15歳になると、ケンダルの町でクェーカー教徒の学校を運営する兄を助けるようになった。1787年、ドルトンは気象観測の日記をつけはじめ、それは57年間続き、死の前日の記録が最後となった。気象学への関心から、彼はさまざまな気体について広範囲にわたる研究を行った。

クェーカー教徒として、彼は質素な生活を送った。一度も結婚することなく、イングランド北部に暮らし、教師として働き、亡くなるまで科学研究を続けた。彼の講義には大勢の聴衆が押しかけ、高く評価された。王立協会のフェローとなったほか、フランス科学アカデミーの会員にも選ばれた。亡くなったときには国葬が執り行われた。

ドルトンは才能ある盲目の哲学者にして博物学者のジョン・ゴフに科学を教わった。

ページ参照)を数種類持つ元素が多数知られているからだ。とはいえ、ドルトンの革命的な説は、物質とその性質は、ひとつの原子論によって矛盾なく説明できるということを、初めて世に示した。彼の理論は、物質と質量の保存と辻褄があっていた。原子は、化学的、物理的を問わずどんなプロセスによっても、配置が変わって別の化学物質になることはあっても、破壊されたり生成されたりすることはない。

倍数比例と原子量

前述の4の項は、ドルトンがプルーストの法則を、倍数比例の法則へと拡張したものだ。ドルトンが気づいたことには、ある原子が別の原子と、ふたつ以上の異なるかたちで結合するとき——たとえば、窒素と酸素が、一酸化窒素としても、また二酸化窒素としても結合するように——、同一質量の一方の元素に結合する、もう一方の元素の質量は、常に単純な整数比になっている。ジョゼフ・プルーストによるスズ酸化物の例では、100gのスズが13.5gより少ない量の酸素や、13.5gより少ない量の整数倍の量の酸素と結合することはあり得ない。ドルトンは、これらの比は、関係する原子の質量に関係しているに違いないと見抜いた。つまり、スズの原子は1個または2個の酸素原子と結合しうるが、原子の断片と結びつくことなどあり得ないのである。

これは素晴らしい洞察で、これを受けて化学者たちは、すべての元素の原子量[原子の質量]を定めようと、100年にわたる競争を始めた。ドルトンは1805年に、世界初の原子量の表を発表した。そこにはたった6元素しか載っていなかった。水素、酸素、窒素、炭素、硫黄、リンである。ドルトンは最も軽い水素を基準とし、その原子量を1と定め、他の元素の相対的化

ドルトンによる木製の原子模型。現存しているのは数個のみで、大きさは2種類しかない。どの元素を表しているのかも不明。

水素からほかの元素を作り上げる

1815年、イギリスの化学者ウィリアム・プラウト(1785～1850年)は、当時知られていた元素のうち水素の原子量が最も小さく、他の元素の原子量はすべて水素の原子量の整数倍であることに気づいた。このことから彼は、元素はすべて水素原子が集まったものでできているのだと結論した。彼は、元素の構成要素としての水素を「プロタイル(protyle)」と名付けた。この説は当初説得力があると思われたが、1828年、スウェーデンの化学者イエンス・ベルセリウスが、すべての元素の原子量が水素の原子量の整数倍なのではないと示したことで覆された。彼は塩素の原子量が約35.5であることを発見したのだ。塩素の原子量が整数でない理由は、のちに塩素には原子量が異なる同位体があることが発見されて説明がついた(201ページ参照)が、当時のベルセリウスの発見は、プロタイルがすべての物質の根本的な構成要素だという説を排除するに十分だった。しかし、アーネスト・ラザフォードはプラウトに敬意を表し、水素原子核を「プロトン(proton)」と名付けた。

合量を特定していった。

ドルトンは、原子どうしは大抵の場合1:1の比で結合すると考えた。そして、原子どうしがひとつの比のみにおいて結合する場合、「そうではない理由が見当たらない限り、それは2成分[の化合物]だと考えられる」とした。このように結論付けたおかげで彼は、たとえば、水(H_2O)をHO、アンモニア(NH_3)をNHとするなど、ごく一般的な物質に対して誤った化学式を推定してしまった。

イタリアの化学者の洞察

19世紀前半、化学の中心地はイギリス、ドイツ、スウェーデンだった。イタリアは科学の後進国だと見なされていた。そのため、原子論による元素の理解を大きく深める次の一歩がイタリアで、イタリアの伯爵で化学者でもあったアメデオ・アヴォガドロ(1776～1856年)によって進められたが、それは長い間無視されてしまった。アヴォガドロの発見は、彼の生前に認められることはなく、そのため彼の時代の化学にはまったく影響を及ぼさなかった。のちになってようやく、元素どうしがいかに反応するかを理解し、予測するうえで彼の研究が鍵となることが認識され、彼の成果が化学に大改革をもたらすことになった。粒子の存在や

アメデオ・アヴォガドロは、イタリアの伯爵で物理学教授だった。

振舞いを研究する当時の化学者の多くがそうであったように、彼も気体を使って研究した。

アヴォガドロの研究成果には、非常に重要な知見がふたつある。ひとつ目は、気体の種類によらず、一定の容積の気体には、同じ数だけ粒子が含まれること。そしてふたつ目は、気体の原子は、個々の原子として存在している必要はなく、ペアを作って2原子粒子として存在することもできることだ。これらを明らかにした彼は、一種類の原子だけからなる分子もありうることを初めて示唆したのだった。

気体を足場に

フランスの化学者ジョセフ・ゲイ－リュサック（1778～1850年）は、大気を構成している種々の気体について幅広い研究を行った。彼は、危険なことも多い熱気球飛行を行って、高空での気圧と湿度を測定した。彼はまた、気体どうしがどのように結合するかを研究し、気体どうしの結合比率に特に注目した。1808年ゲイ－リュサックは、「2種類以上の気体が反応して異なる気体を生成したとき、それらの体積の比は単純な整数比で表される」という法則を打ち立てた。別の言い方をすれば、「気体どうしは、常に単純な整数比の体積比で結合し、元の体積の整数倍の体積を持つ別の気体を生成する」ということだ。たとえば、体積2の水素は、体積1の酸素と反応して体積2の水蒸気を生成する。彼はこの法則を説明づけることはできなかったが、彼が得た結果は法則としてまとめるに十分確かだった。

しかし、アヴォガドロにはゲイ－リュサックの法則を説明することができた。アヴォガドロは1811年、一定の体積の気体には、気体の種類にかかわらず、常に同じ個数の粒子が含まれているのなら、反応する2種類の異なる気体を同じ体積ずつ準備して混合することができると示唆した。たとえば、気体Aと気体Bを1ℓずつ準備し、混合すると、両者が結合して気体ABが1ℓだけ生じるという実験を行うことができる。反応後には、反応前に存在した粒子の半数の粒子しか残っていな

熱気球は1783年に発明された。その11年後、ジョセフ・ゲイ－リュサックは熱気球に乗って大気の試料を集めた。

いので、体積も半分になるわけだ。アヴォガドロは原子という言葉ではなく、「単純な分子」という言葉を使っていた（当時、「原子」と「分子」はほとんど区別なく使われていた）。

支持されない説

アヴォガドロの考え方は、彼の時代の

人々からは拒否あるいは無視されるばかりだった。彼の説は、原子どうしが結合するとき、それらは正と負の電荷の間に働く引力のような、ある種の電気的な力によって結び付けられる（ロックが提案した「結びつきと反発〔connexion and repugnancy〕の一形態）という、ベルセリウスの説にあからさまに矛盾した。ベルセリウスの言う力は、同じ気体の2個の原子のあいだには、存在しえないように思われたのだ。どうして1個の酸素原子が、正電荷と負電荷の両方を持ちうるというのか、というわけである。

科学者たちは、当時の主流の考え方に盾突くよりも、アヴォガドロの説を拒否することを選んだ。だが、長年忘れられていたこの説は、1860年、もうひとりのイタリアの化学者スタニズラオ・カニッツアーロがカールスルーエの国際化学会議（134ページ参照）で取り上げたことで、注目されるようになった。これは化学史と周期表の物語の両方における決定的な瞬間で、手に負えない混乱状態に陥っていた化学を何とか整理しようとの意図で開催されたものだ。しかし、会議に先立ち、混乱は一層深まる。

すでに見たように、アヴォガドロは同じ物質の原子が複数個結合して分子を形成する可能性に気づいていた。だとすると、たとえば1ℓの水素に、2ℓに相当する水素原子が含まれている可能性が出てくるわけで、化学の数学にまったく新しい次元が加わる。2ℓ分の水素原子は、さしあたって結合しあい、1ℓ分の水素分子を形成しているが、これらの分子から解放される可能性も持っている。アヴォガドロは、自らの同一体積同一分子数という洞察に、気体は二原子分子からなるのかもしれないというひらめきを結び付け、ゲイ－リュサックが行った、水素と酸素を反応させて水蒸気を生成する実験で確認された体積の関係を説明付けた。ゲイ－リュサックは、水素も酸素も原子の形態をしていると仮定したので、反応式は、

$2H + O \rightarrow 2H_2O$ （2原子の水素が1原子の酸素と結合して2分子の水を作る）

となる。

だがこれでは、左辺にある水素も酸素も、右辺の水を生成するには量が足りない。アヴォガドロが示唆したように、左辺を二原子分子で書き換えると、辻褄を合わせることができる。

$2H_2 + O_2 \rightarrow 2H_2O$ （4原子の水素が2原子の酸素と結合して2分子の水を作る）

ベルセリウス

――電気的に正か負かという電気化学的二元論

デービーがイギリスで電気分解を用いて化合物を分解していたあいだ、ベルセリウスはスウェーデンで同様の研究

を行っていた。彼は、一連の実験を行って多数の化合物を調べ、無機化合物(水素と結合した炭素を含まない化合物)において定比例の法則が成り立つことを示した。彼はまた、当時知られていた47元素すべての原子量を特定し、1818年に出版した(ベルセリウスは新たな元素としてケイ素、セレン、トリウム、セリウムを発見し、さらに彼の生徒たちがリチウムとバナジウムを発見した)。ベルセリウスの元素リストは、水素ではなく酸素を起点としており、彼は酸素に100という値を割り当てた。彼が示した数値は、プラウトのプロタイル説の信頼性を損なうに十分だった。というのも、いくつかの元素の原子量は水素の整数倍ではなかったからだ。

ベルセリウスは元素の英語名またはラテン語名の1、2文字を使った現在の元素記号を提唱した。

ベルセリウスは、自らの研究により、化合物のなかで原子どうしを結び付けているのは電気的な力だとの結論に至った。正の電極に引き付けられる原子もあれば、負の電極に引き付けられる原子もあることを観察し、原子はその振舞いに応じて負または正の電荷をもっているのだろうと考えるようになったのだ。今日私たちは、電荷をもっているのは原子ではなくイオンであることを知っている。だが、イオンが認識されるのは、1834年のマイケル・ファラデーの研究以降のことである。また、イオン溶液の性質が説明されたのは、1884年、スウェーデンの科学者スヴァンテ・アレニウスが、塩(えん)は分解するとイオンに電離すると示したときのことだった。ベルセリウスが提唱した正負に帯電した粒子の理論は、無機的な結合の多くを説明した

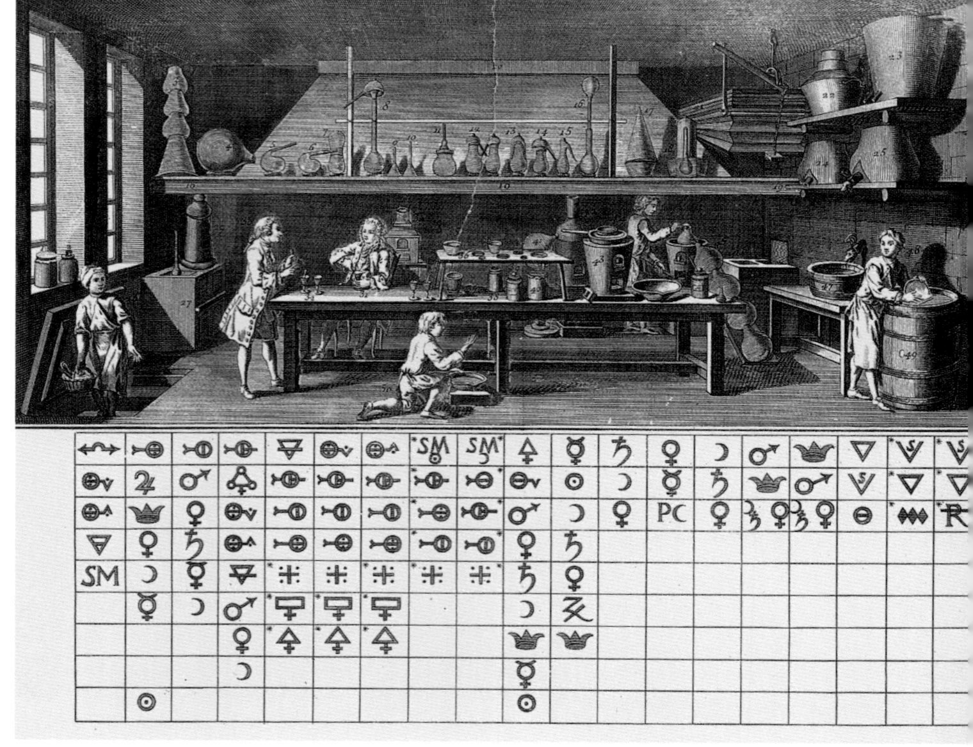

錬金術師たちが使っていた図形による元素記号は、新元素がいくつも発見されるようになると不適切となった。

が、さまざまな誤解へとつながってしまった。

わかりやすい元素記号

ベルセリウスの研究がもたらした成果のひとつが、彼が編み出した、より一貫性があり、より有益な元素の表記法だ。彼が案出した表記法は、今日私たちが使っているものと基本的に同じである。

化学物質の表記法を最初に作ったのは錬金術師たちだった。彼らは、それぞれの物質に対して異なる記号を作った。その物質と関わりが深いとされる天体の占星術記号やそれを基にした形を元素記号としたのだ。記号には特別な必然性はなく、ただ丸暗記して覚えるほかなかった。しかしそれらの記号は、化学物質の名前を書き留めなければならない錬金術師には重宝したし、また、彼らが書いたものを曖昧にし、秘密を維持するにも役立っていた。こ

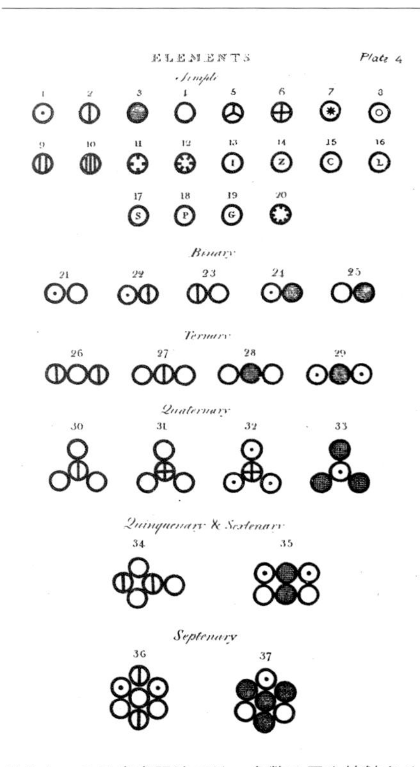

ドルトンの元素表記法では、多数の円を接触させて並べ、化合物を表した。

れらの記号にしても、塩化アンチモンを「アンチモンのバター」、硝酸銀を「銀の腐食剤」などと呼んでいた錬金術師の隠語に比べれば、大きな前進だったのだ。

ラヴォアジエは、それまでの混乱した化学物質命名法に代わる、一貫性のある方法を導入した。すべてのものは元素からできていることが明らかになったのだから、それが何でできているかに従って化合物を命名するのは理にかなっていると思われた。

ジョン・ドルトンは、錬金術の伝統に引き戻されたためか、図形を使った記号に逆戻りした。彼は原子を円で表し、元素ごとに異なるデザインの円を割り当てた。円のなかに文字が書かれているため、一目で何の元素かわかるように思えるものもある。だが、じつは見かけほど簡単ではない。Pはリンではなく白金(platinum)であり、Cは炭素ではなく銅で、Sは硫黄ではなく銀(silver)である。厄介なことに、ドルトンの水素の記号は、錬金術師の金の記号と同じだ。

分子は、それを構成する原子をつなげて描くことで表現した。ドルトンは、水は水素原子1個と酸素原子1個からなり、アンモニアは水素原子1個と窒素原子1個からなると誤解していたため、水とアンモニアは⊙○、⊙⦶で表現した。

原子がさらに加わると、表記はどんどん複雑になり、一目で読み取るのは難しかった。並ぶ記号の数が増えるにつれ、覚えるのも大変になる。そして、この方法の問題はそれだけではなかった。

ベルセリウスは、よりよい表記法を考案し、1813年から翌年にかけて出版した。彼は、特殊な記号ではなく、元素のラテン語名の文字をひとつかふたつ使った記号を採用した。ラテン語は当時の世界共通語だったため、これ

化学の記号は、より容易に書けるように、そして印刷物を見苦しくしないために、文字にすべきだ。後者の理由は大して重要ではないと思われるかもしれないが、可能な場合は常にそうすべきだ。それゆえ私は、各元素物質のラテン名の頭文字を元素記号として使うことにする。だが、同じ頭文字を持つ元素が複数存在する場合は、それらを次の方法で区別することにする。

❶私が半金属と呼ぶ元素グループに対しては、ある頭文字がその半金属と、ある金属の両方で使われている場合も、頭文字だけを使うことにする。

❷金属のグループに対しては、ほかの金属や半金属と頭文字が同じ場合、頭文字とその次の文字の2文字を書いて元素記号とする。

❸2種の金属のラテン名の最初の2文字が共通の場合、両者に共通しない最初の子音を頭文字に添えて元素記号とする。たとえば、S＝硫黄、Si＝ケイ素、St＝アンチモン(ラテン名スチビウム)、Sn＝スズ(ラテン名スタンヌム)、C＝炭素、Co＝コバルト、Cu＝銅、O＝酸素、Os＝オスミウム、等々。——イェンス・ベルセリウス、1813〜1814年

は最も国際的な表記法と言えた。ドルトンの、円の内部に金ならG、銀ならSを記すという表記法は、露骨に英語を公用語とする人々向けだった。

そのうえベルセリウスの表記法は無限に拡張可能でもあった。新たな元素が次々発見されて命名されても、その名称から1、2文字を取れば元素記号になったのだから。第一候補の1、2文字がすでにほかの元素に使われているなら、元素名の綴りの少し後ろのほうにある文字を使えばよかった。そのようなわけで、水銀はHg(「水・銀」を意味するラテン語hydrargyrumから)、鉛はPb(plumbum)となった。

分子を表す式は、ひとつの分子のなかに同じ原子が2個以上含まれる場合には、たとえば「H^2O」などのように、上付き文字を添えることで示された。現在の表記法ではこのような場合には「H_2O」などのように下付き文字を使うので、ベルセリウスのものとは違っている。だが、いずれにせよ、こうして水分子は水素原子2個と酸素原子1個からなることが示されるわけである。

化学が体系化される

化学者の大部分がドルトンの原子論を受け入れ、原子も分子も存在するという事実を認めていたが、原子量に関しては意見の食い違いが相当あった。酸

$C_4H_4O_4$	empirische Formel.
$C_4H_3O_3 + HO$	dualistische Formel.
$C_4H_3O_4 . H$	Wasserstoffsäure-Theorie.
$C_4H_4 + O_4$	Kerntheorie.
$C_4H_3O_2 + HO_2$	Longchamp's Ansicht.
$C_4H + H_3O_4$	Graham's Ansicht.
$C_4H_3O_2 . O + HO$	Radicaltheorie
$C_4H_3 . O_3 + HO$	Radicaltheorie.
$\left.\begin{matrix} C_4H_3O_2 \\ H \end{matrix}\right\} O_2$	Gerhardt. Typentheorie.
$\left.\begin{matrix} C_4H_3 \\ H \end{matrix}\right\} O_4$	Typentheorie(Schischkoff)etc.
$C_2O_3 + C_2H_3 + HO$	Berzelius' Paarlingstheorie.
$HO.(C_2H_3)C_2, O_3$	Kolbe's Ansicht.
$HO.(C_2H_3)C_2, O.O_2$	ditto
$\left.\begin{matrix} C_2(C_2H_3)O_2 \\ H \end{matrix}\right\} O_2$	Wurtz.
$\left.\begin{matrix} C_2H_3(C_2O_2) \\ H \end{matrix}\right\} O_2$	Mendius.
$\left.\begin{matrix} C_2H_2 . HO \\ HO \end{matrix}\right\} C_2O_2$	Geuther.
$C_2\left\{\begin{matrix} C_2H_3 \\ O \\ O \end{matrix}\right\} O + HO$	Rochleder.
$\left(C_2 \frac{H_3}{CO} + CO_2\right) + HO$	Persoz.
$\left.\frac{C_2\left\{\begin{matrix} C_2\left\{\begin{matrix} O_2 \\ H \end{matrix}\right. \\ H \end{matrix}\right. \; H}{H}\right\} O_2$	Buff.

酢酸の化学式として推定されたものの一覧。分子のなかで原子がどのように配置されているかを知る手段がなかった19世紀、化学が陥っていた苦境がうかがえる。

素の原子量は8か16か、どちらだろう？　炭素は6とすべきか、それとも12とすべきか？　さらに、二原子分子の存在を巡っても意見は割れていた。そのような状況で、彼らは水を表す化学式や、水を生じる化学反応をいかに記述するかについて、合意に達することはできなかった。分子の構造を巡って、激しい議論が交わされた。酢酸を表す方法だけでも、少なくとも19通りのものが使われていた。

カールスルーエで訪れた転換点

この混乱を収拾する役割を引き受けたのが、ドイツの若き化学者アウグスト・ケクレだ。ケクレはすでに、炭素原子は4つの原子と結びつくことができるという（正しい）説を提唱していた。彼はさらに、1865年にベンゼン環の構造を提案する。1860年には、化学という学問分野に統一見解と一貫性のある基盤とを樹立することを目指して徹底的に議論するため、彼はドイツの都市カールスルーエにヨーロッパ中の著名な化学者を集めた。カールスルーエの国際化学者会議は、初めての国際科学会議だった。

ヨーロッパの名だたる化学者のみならず、遠くロシアやメキシコからの参加者も含め、127名がこの会議に出席した。ブンゼン、マイヤー、ボロディン（作曲家だが化学者でもあった）ら、化学界の大物が集った。発表された論文のほとんどは伝統的な見解の化学者によるものだったが、最後に、シチリア島出身の若手化学者スタニズラオ・カ

スタニズラオ・カニッツァーロ（1826～1910年）

スタニズラオ・カニッツァーロは、独創的な化学研究と、軍務、革命への情熱、政治的野心を、ほとんど並行して追究した。23歳のとき、自分も砲兵将校を務めたシチリア島独立戦争が失敗に終わると、フランスのマルセイユへと逃れた。2年後イタリアに戻り、ジェノア大学の化学教授に就任した。その後彼は、シチリア島で起こった新たな革命に参加しようとするが、到着が遅くなり戦闘に加わることはできなかった。しかし、新政府に加わるには十分だった。彼は化学分野では、カールスルーエ会議で発表した論文のほか、「カニッツァーロの原理」（原子量が未知の元素の原子量の求め方。その元素を含む多くの化合物の分子量を求め、その元素の量の最大公約数を原子量とする）と「カニッツァーロ反応」（ベンズアルデヒドに炭酸カリウムを加えるとベンジルアルコールと安息香酸カリウムを生じる反応）で知られている。彼の業績に対し、王立協会は1891年にコプリ・メダルを贈った。

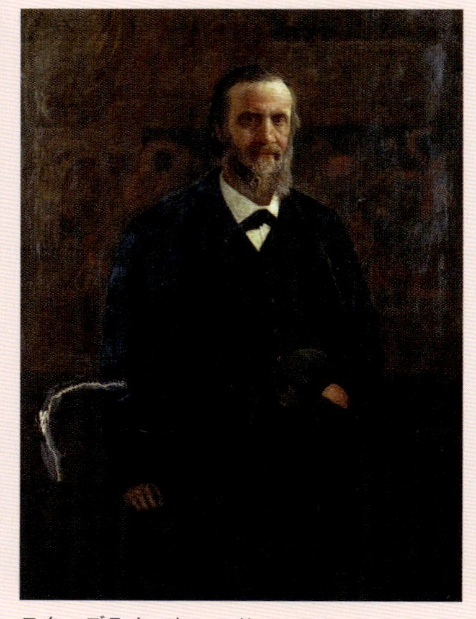
スタニズラオ・カニッツァーロ

ニッツァーロ（囲み参照）が、アヴォガドロが提唱した分子と原子の概念を擁護して、熱烈な説得力ある発表を行った。アヴォガドロの死後4年が経って、彼の画期的な理論がついに好意的に受け止められるようになったのである。

カニッツァーロの衝撃的な論文で締めくくられたにもかかわらず、カールスルーエの会議が即座に大きな影響を及ぼすことはなかった。しかし、種は蒔かれたのだ。会議の前、こんなものは「愚かな教会評議会」だと呼んでいたロータル・マイヤー（1830～95年）は、会議終了後、「まるで私の目からうろこが落ちたようだった。疑いは消え、代わって穏やかな確信が生まれた」。

カールスルーエの会議に参加してい

たひとりに、化学を教えて生計を立てていたロシアの若者、ドミトリ・メンデレーエフがいた。彼はこの直後、混沌とした化学界に秩序をもたらすための重要な歩みを進める。

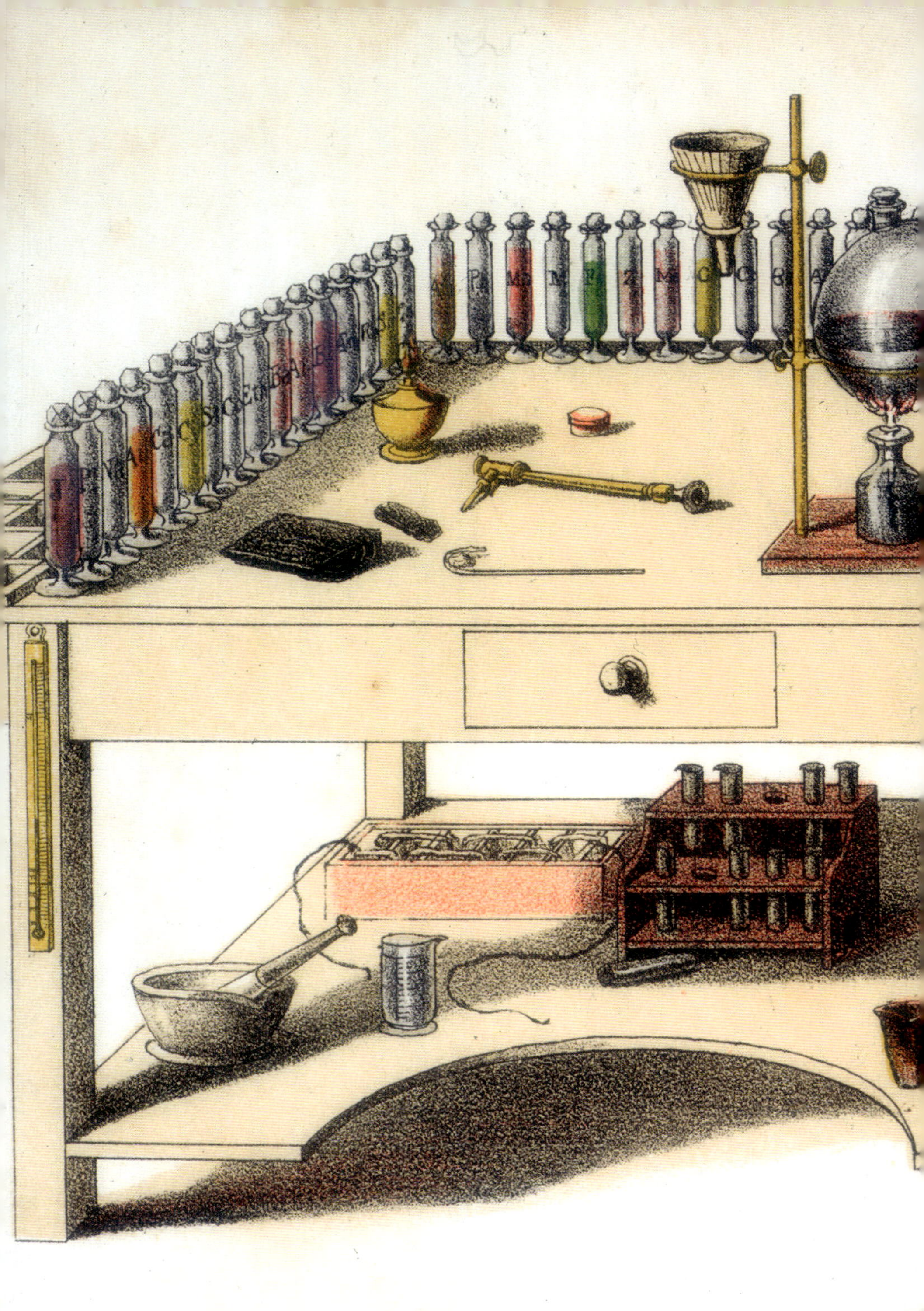

THE LABORATORY AT HOME

第6章

秩序を求めて

> **自然を統べる普遍的な秩序の存在を発見し、その秩序を支配する原因を見出すのが科学の役割だ。**——ドミトリ・メンデレーエフ、1901年

19世紀には、化学者たちの研究により、さらに多くの元素が次々と発見されたが、その一方で、元素があまりに多過ぎないかという疑念も深まっていた。かつて世界は、たった4つの元素に小ぢんまりとおさまっていたのに、今や把握し難いほど多くの元素が存在するように思われたのだ。化学者たちは、急増する元素のなかに自然の秩序が現れていないかと探り始めた。

ジョン・ドルトンが考案した元素記号は、異なる種類の原子は性質が異なるという信念に基づいていた。

修正された原子量概念

19世紀初頭、原子量はまだ信頼性のある値として確立していなかった。元素の周期性を発見しようと取り組む際に、化学者が誤った原子量を使ってしまうこともあった。原子量という概念は、ドルトンが登場し、彼が、原子は小さいけれども堅牢で質量を持っているという確信に至ってようやく生まれた。原子量を特定するために初期に取られた方法は、水素を基準とし、結合する複数の種類の気体の質量を比較することだった。ドルトンは、明確な根拠は与えなかったが、水素と結合して水を作る酸素の原子量を、水素を1として7と特定し、同様に水素と結合してアンモニアを作る窒素の原子量を5だとした。彼が発表した原子量には、他にも同様の誤りが多数あった。

ベルセリウスは原子量を再検討した。1828年に出版された彼の実験の結果は、現在の値とそれほど違わない。彼はドルトンの誤りを正し、リストを正しく拡張したが、それは1819年に出版された、ふたりのフランスの物理学者、ピエール・デュロンとアレクシ・プティの研究成果に負うところが大きい。彼らは、熱力学のデュロン－プティの法則を導き出した。「特定の重さの任意の元素の熱容量にその元素の原子量を掛け合わせたものは一定である」という法則だ。この法則が確立されてからは、それを逆方向に使うのは容易かった。その一定値を出発点にして、各物質の熱容量を測定すれば、元素の原子量(または、化合物の分子量)を計算することができた。つまり、1828年以降は、かなり正確な原子量の値が使えるようになったということだ。だが、それらの値を認めない者もいた。

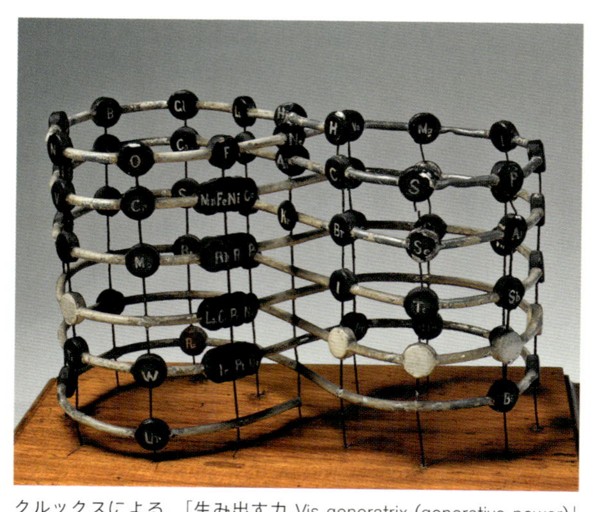

クルックスによる、「生み出す力 Vis generatrix (generative power)」と名付けられた模型は、元素どうしの関係の可視化を試みる三次元モデル。似通った性質の元素が縦に並び、原子量が小さいものが下になるように配置されている。白いピースは当時の未発見元素を表す。

元素の行進

1808年のドルトンの『化学哲学の新体系』(井山弘幸訳、村上陽一郎編、朝日出版社、1988年)の出版からカールスルーエの化学会議までのあいだに、13の元素が新たに発見された。それらは、ヨウ素(1811年)、リチウム(1817年)、カドミウム(1817年)、セレン(1817年)、ケイ素(1823年)、アルミニウム(1825年)、臭素(1826年)、トリウム(1828年)、バナジウム(1830年)、ランタン(1839年)、テルビウム(1843年)、エルビウム(1843年)、ルテニウム(1844年)である。

地のらせん

1863年、フランスの地質学者アレキサンドル－エミール・ベギエ・ド・シャンクルトワは、元素どうしの関係を示そうとした。彼は、自ら「地のらせん(テルリック・スクリュー)」と名付けたものを作り上げた[幾何学的パターンの中央部にテルルが位置したことから命名したもの。テルルは、「地球」や「大地の女神」を意味するラテン語tellusを語源とするので、日本語では「地のらせん」と通称されているようだ]。彼は長いリボン状の紙に、原子量が増加する順序に元素を書いていき、その長いリボンを、性質が似た元素が上下に並ぶように筒に巻きつけて、周期性を目に見える形に表した。16元素ごとに筒を一回巻くと、そのような周期性と一致する配列ができた。しかし、すべての元素が正しい位置にきたわけではなかったので、正確な体系とは言えなかった。元素が正しく並んでいる部分は、何らかのパターンが繰り返して

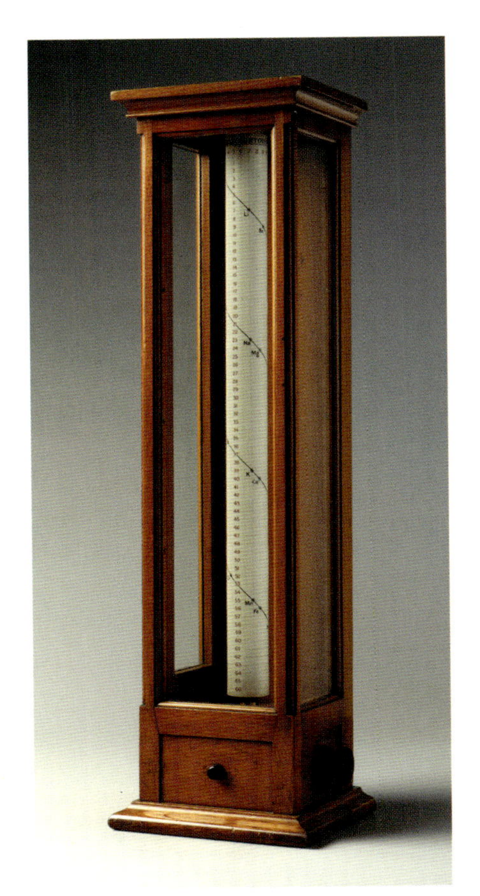

地のらせん。元素の一覧が記された紙が円筒の周囲に巻き付けられている。

いるという手掛かりになったかもしれないが、もっと厳密な確認には耐えられないもので、元素の性質が何らかのパターンにしたがっているという証拠にもならなければ、周期性の原因を示唆するものでもなかった。

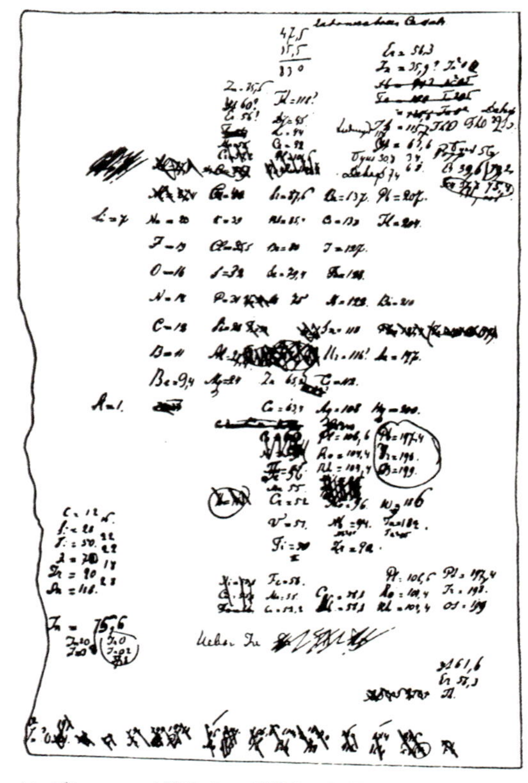
メンデレーエフが記した、周期表の配置に関する初期のメモ。1869年。

元素は音楽的なのか?

カールスルーエの国際化学者会議の4年後、ふたりの化学者が、元素を原子量の順に並べると周期性が現れるという説を提案した。ウィリアム・オドリングは、8元素ごとに類似した性質の元素が現れると示唆し、ジョン・ニューランドもやはり、元素を原子量の順番に並べると、8個おきに似た元素が現れるという説を提唱した。しかし、この体系は最初のふたつの周期には当てはまったが、カルシウム以降の元素には当てはまらなかった。現在の周期表では、これはちょうど、第13族元素の前に、最初の遷移金属の行が始まる位置に当たる。

メンデレーエフによる解決

私たちが知っている形の周期表をまとめあげた人物とされるのは、教師であり化学の教科書の執筆も行った、ドミトリ・メンデレーエフだ。当時の決定的な教科書、『化学の原論』(田中豊助・福渡淑子共訳、内田老鶴圃、1990年)を書いていた時期に、彼は元素の周期性の問題も解決した。実のところ、その教科書を書いていたからこそ、彼はこの問題を考えざるを得なかったのだ。というのも彼は、元素のグループを順番に解説していたからだ。教科書で最初にアルカリ金属について書いたあと、次の部分を書くのに、それらに最も似た元素グループはどれかを決めなければならなかったわけである。科学史家にはありがたいことに、メンデレーエフは自分が書いた文書をきっちり保管することに神経質なまでにこだわり、ほとんど無用の紙屑同然のものまで残していた。

メンデレーエフはまず、アルカリ金属を他のグループの金属と比較してみた。このとき、原子量の違いにも注目した。化学者たちはすでに、性質が似通っていることを基準に元素を大まかにグループ分けしていた。たとえば、アルカリ金属はすべて反応性が高く、水とも反応した。ハロゲンはすべて、アルカリ金属と反応して塩を形成した。動植物が、体の形態や行動に基づいて分類されたのと同じく、この当時の元素も、原子の内的構造ではなく、その性質によって分類されたのだった。多くの性質は内的構造の結果なので、この手法はうまく行ったが、ある程度のところまでだった。メンデレーエフは、元素が持つさまざまな性質は、何か基本的なものの産物だろうと推測していた。

メンデレーエフの初期の取り組みは、あまり成果を生まなかったが、それでも彼は、一旦得た原子量が手掛かりだというひらめきを、決して忘れることはなかった。彼は非金属元素を原子量の順に書き下し、ハロゲン元素を水平な行に並べ、それらに原子量が最も近い元素を、すぐ下の行に並べた。メンデレーエフは実践的化学者として広範囲に及ぶ研究を行っていたので、元素がいかに振舞い、いかに反応するかをよく知っていた。鍵となるのは、グループ分けの際に、どの特徴が重要

ひらめきの瞬間

メンデレーエフが何でも捨てずに取っておく癖の持ち主だったおかげで、彼のひらめきの瞬間が今日まで保存されている。化学者のボニファティ・ケドロフは、サンクトペテルブルグのメンデレーエフ博物館文書館で、メンデレーエフが周期表に関して得た洞察が書きつけられた文書を発見した。メンデレーエフは、当時農業国だったロシアで起こりつつあった農業改革と新しい経済モデルに関心を抱いており、酪農協同組合を訪問する計画を立てていた。1869年2月17日、翌日の訪問のスケジュールを記した手紙を読んでいた途中で、彼はその裏側に、のちの周期表につながる、最初の試験的なグループ分けをメモしたのだった。

なのかを見極めることだった。

彼は当時知られていた63元素のうち42元素を配置することに成功した。残った元素は、性質があまり知られておらず、原子量さえ確定していなかったため、取り組むのは困難だった。新しい位置に元素をひとつ配置しようと取り組むたびに、それまでに作成した表を改めて書き写さなければならず、メンデレーエフの作業はもどかしく、時間がかかった。

ОПЫТЪ СИСТЕМЫ ЭЛЕМЕНТОВЪ.

ОСНОВАННОЙ НА ИХЪ АТОМНОМЪ ВѢСѢ И ХИМИЧЕСКОМЪ СХОДСТВѢ.

			Ti=50	Zr=90	?=180.
			V=51	Nb=94	Ta=182.
			Cr=52	Mo=96	W=186.
			Mn=55	Rh=104,4	Pt=197,4.
			Fe=56	Ru=104,4	Ir=198.
			Ni=Co=59	Pl=106,6	Os=199.
H=1			Cu=63,4	Ag=108	Hg=200.
	Be=9,4	Mg=24	Zn=65,2	Cd=112	
	B=11	Al=27,4	?=68	Ur=116	Au=197?
	C=12	Si=28	?=70	Sn=118	
	N=14	P=31	As=75	Sb=122	Bi=210?
	O=16	S=32	Se=79,4	Te=128?	
	F=19	Cl=35,5	Br=80	I=127	
Li=7	Na=23	K=39	Rb=85,4	Cs=133	Tl=204.
		Ca=40	Sr=87,6	Ba=137	Pb=207.
		?=45	Ce=92		
		?Er=56	La=94		
		?Yt=60	Di=95		
		?In=75,6	Th=118?		

Д. Менделѣевъ

メンデレーエフの最初の周期表

メンデレーエフはカードゲームのソリティアを好み、熱中することが多かったが、最終的にはこの趣味が、元素配列問題解決の突破口となった。何度も書き写した元素表を鬱々としながら再検討していた彼は、元素ごとに1枚のカードを用意し、元素名、原子量、性質を書き記しておき、それらのカードを好きなように動かせばいいのだと気づいた。このころまでには、彼はもう、自分が探し求めていた答えがどのような形なのかを具体的に思い描いていた。それは、似た特徴を持つ元素が水平方向に並べられ、原子量が近い元素が縦方向に並べられたものだ（現在の周期表とは縦横の使い方が逆）。方針は妥当だったが、それぞれのカードの正しい位置を見つけるのは難しかっ

（メンデレーエフは）風変りな外国人で、髪の毛の1本1本が、他の髪とは無関係に動いた。——スコットランドの化学者サー・ウィリアム・ラムゼーがロンドンでメンデレーエフに会ったときの印象

ПЕРИОДИЧЕСКАЯ СИСТЕМА ЭЛЕМЕНТОВ

ПЕРИОДЫ	РЯДЫ	ГРУППЫ ЭЛЕМЕНТОВ I	II	III	IV	V	VI	VII	VIII			0
1	I	H 1 1,008										He 2 4,003
2	II	Li 3 6,940	Be 4 9,02	5 B 10,82	6 C 12,010	7 N 14,008	8 O 16,000	9 F 19,00				Ne 10 20,183
3	III	Na 11 22,997	Mg 12 24,32	13 Al 26,97	14 Si 28,06	15 P 30,98	16 S 32,06	17 Cl 35,457				Ar 18 39,944
4	IV	K 19 39,096	Ca 20 40,08	Sc 21 45,10	Ti 22 47,90	V 23 50,95	Cr 24 52,01	Mn 25 54,93	Fe 26 55,85	Co 27 58,94	Ni 28 58,69	
	V	29 Cu 63,57	30 Zn 65,38	31 Ga 69,72	32 Ge 72,60	33 As 74,91	34 Se 78,96	35 Br 79,916				Kr 36 83,7
5	VI	Rb 37 85,48	Sr 38 87,63	Y 39 88,92	Zr 40 91,22	Nb 41 92,91	Mo 42 95,95	Ma 43 —	Ru 44 101,7	Rh 45 102,91	Pd 46 106,7	
	VII	47 Ag 107,88	48 Cd 112,41	49 In 114,76	50 Sn 118,70	51 Sb 121,76	52 Te 127,61	53 J 126,92				Xe 54 131,3
6	VIII	Cs 55 132,91	Ba 56 137,36	La 57 * 138,92	Hf 72 178,6	Ta 73 180,88	W 74 183,92	Re 75 186,31	Os 76 190,2	Ir 77 193,1	Pt 78 195,23	
	IX	79 Au 197,2	80 Hg 200,61	81 Tl 204,39	82 Pb 207,21	83 Bi 209,00	84 Po 210	85 —				Rn 86 222
7	X	87 —	Ra 88 226,05	Ac 89 227	Th 90 232,12	Pa 91 231	U 92 238,07					

* ЛАНТАНИДЫ 58-71

Ce 58 140,13	Pr 59 140,92	Nd 60 144,27	61 —	Sm 62 150,43	Eu 63 152,0	Gd 64 156,9
Tb 65 159,2	Dy 66 162,46	Ho 67 164,94	Er 68 167,2	Tu 69 169,4	Yb 70 173,04	Cp 71 174,99

近代的な周期表の形に配列しなおされたメンデレーエフの周期表。この配列では、第2族（ベリリウムから始まる縦のグループ）が直接第13族（ホウ素から始まる縦のグループ）に接している。現在遷移元素と呼ばれるものは、希ガス（1890年代までほとんど知られていなかった）のすぐ左に示されている。

た。メンデレーエフは、原子量と元素の性質のあいだには何らかの関係があるに違いないと以前から考えていたが、そのような関係を未だに見い出せないでいた。彼はときおり、まだ表に収まっていないカードと元素記号の配置をメモし、正しい位置に収められると線を引いてメモを消した。彼がこれらのメモを記した紙片を残していたことから、彼がどのような過程で周期表を完成させたかがつぶさにわかる。カードによる作業の初日が終わるまでに、メンデレーエフは56元素の位置を表のなかに特定し、残るは7元素となった。残った元素をいかに配置するかについてはさらなる研究が必要だと、彼は気づいていた。

秩序を逸脱

元素を整理するに当たって原子量を基準としたのはメンデレーエフが最初ではなかった。しかし彼は、原子量と、さまざまな元素の性質に関する直接の知識とを組み合わせて指標に使った最初の人物だった。決定的だったのが、ひとつの位置に来るべき元素がひとつ

ドミトリ・メンデレーエフ(1834〜1907年)

メンデレーエフは、年に一度しか散髪をせず、粗野なマッドサイエンティストじみた風貌を意図的に維持していた。

メンデレーエフはシベリアで、17人兄弟のうち幼少時に亡くならずに成長した14人の子どもの末っ子として生まれた。正教徒として育てられたが、のちに教会を去った。父親はメンデレーエフが生まれた年に失明し、教師の職を放棄せねばならなかった。家族を支えるため母親が、実家が所有していたが閉鎖されていた小さなガラス工場を再開した。母親は苦難に立ち向かう気丈な人だったようだが、生計は苦しかった。メンデレーエフが13歳のとき父親が死去し、ガラス工場は火事で全焼した。母親はメンデレーエフをモスクワに連れていったが、モスクワの大学は彼の入学を認めなかった。ふたりはサンクトペテルブルクに行き、その地でメンデレーエフは1850年に高等師範学校(今日のサンクトペテルブルク国立大学)に入学した。彼の入学の10日後、母親は結核で亡くなった。卒業してまもなく、メンデレーエフ自身も結核に感染した。

それでも彼はくじけなかった。ハイデルベルクの大学でドイツの化学者ロベルト・ブンゼン(1811〜1899年、ブンセン・バーナーの発明者)と共に研究し、1860年のカールスルーエ会議に参加した。1861年にロシアに戻ると、サンクトペテルブルクで化学を教え、33歳で大学の教授になった。学生たちが使う化学の教科書の質が劣悪なことに失望し、自ら教科書を執筆しはじめた。まず有機化学に焦点を当て、次に無機化学を論じた。彼の書いたものは当時の傑出した教科書となり、ロシア以外の国々でも20世紀まで使用された。

周期表を作成しても、メンデレーエフは一夜にして名声を得たわけではない。しかし、それによって彼が予測した元素のうち、まずガリウムが発見されると、彼の名声は確固たるものとなった。メンデレーエフは最高の化学者だったのみならず、旅行鞄の製作者としても優れており、また、造船、石油、農業にも関心をもっていた。1898年に就役となった北極海航路用の砕氷船イェルマークの建造にも関与した。高名なメンデレーエフだったが、誤ったことがないわけではなかった。石油のような炭化水素は地球の奥深くで無機的な過程で形成されたと考えたほか、「エーテル」の成分だとする、水素より軽い不活性元素をふたつ提案した。

I	II	III	IV	V	VI	VII	VIII		
H 1.01									
Li 6.94	Be 9.01	B 10.8	C 12.0	N 14.0	O 16.0	F 19.0			
Na 23.0	Mg 24.3	Al 27.0	Si 28.1	P 31.0	S 32.1	Cl 35.5			
K 39.1 Cu 63.5	Ca 40.1 Zn 65.4		Ti 47.9	V 50.9 As 74.9	Cr 52.0 Se 79.0	Mn 54.9 Br 79.9	Fe 55.9	Co 58.9	Ni 58.7
Rb 85.5 Ag 108	Sr 87.6 Cd 112	Y 88.9 In 115	Zr 91.2 Sn 119	Nb 92.9 Sb 122	Mo 95.9 Te 128	I 127	Ru 101	Rh 103	Pd 106
Ce 133 Au 197	Ba 137 Hg 201	La 139 Ti 204	Pb 207	Ta 181 Bi 209	W 184		Os 194	Ir 192	Pt 195
			Th 232		U 238				

メンデレーエフが到達した周期表。遷移金属(p.105参照)のためのスペースがなく、一部の遷移金属はほかのグループに押し込まれている。希ガスのグループがなく、最後の第7周期(現在の周期表で一番下の横列に当たる、フランシウムで始まる周期)も存在しない。

ではない場合、原子量のみに注目したなら第二位になるはずの元素を優先したことだ。つまり彼は、たとえ原子量の順番は狂ってしまっても、元素の性質から判断して正しい位置に元素が来るようにすることが時々あったということだ。たとえば、ベリリウム(当時は原子量14とされていた)を、もともと置かれていた窒素のすぐ上の位置から動かし、第2族のマグネシウムのすぐ上に置いた。ベリリウムの性質からすれば、この位置こそふさわしかった。しかし、原子量の順番を守りたければ、ベリリウムの原子量は9でなければならなかった。

元素を原子量によってではなく、その性質に従って並べることにより、メンデレーエフは、19世紀に元素を整理しようとしていた化学者が直面していた大いなる限界——原子番号ではなく原子量を基準に作業していたこと——の有害な影響を低減することができた。このあと見るように、20世紀になってそのハードルが取り除かれると、すべてはしかるべきところに収まったのである。

最初というわけではない

メンデレーエフは、原子量によって元素を整理した人物として高く評価され

何かを探すことは――それがキノコであっても――、見て、試してみない限り不可能だ。――ドミトリ・メンデレーエフ

ているが、ドイツの化学者ロータル・マイヤーは、もっとこぶりだが同様の表を1864年に発表している。彼は原子容[元素の単体1モルが固体状態にあるときの体積。当時元素1モルとは、原子量の数字にグラムを付けた質量を持つだけ集めたときのその元素の量のこと]を横軸に、原子量を縦軸にグラフを描き、一連の山と谷を表示し、山にはアルカリ金属が、谷にはハロゲンが位置することを示した(これは、今日では、元素が電子を失って陽イオンになる傾向の強さを示す電気陽性度と呼ばれるもので、アルカリ金属からハロゲンへ向かって低下する)。これを周期性の基盤として、マイヤーは28元素からなる表を作成した。彼は、水平、垂直両方の配列の長所と短所を考慮した。

隙間に注意

メンデレーエフは、将来発見される元素が入るはずの位置を空けたままにし、さらに、それらの元素の性質と原子量を推測した。彼は予測した元素に、エカアルミニウム(ガリウム、Ga)、エカボロン(スカンジウム、Sc)、エカシリコン(ゲルマニウム、Ge)という仮名を付けた。「エカ」はサンスクリット語で「1」を意味し、空の位置の真上にある元素の名称の前に付け、その下に来る元素を指した(同じ族でさらに下に位置する未知の元素には、「2」を意味する「ドビ」や「3」を意味する「トリ」が使われた)。

ガリウムは、1875年にフランスの化学者ポール・エミール・ルコック・デ・ボアボードランによって発見された。スカンジウムは1879年に、ゲルマニウムは1886年にそれぞれ発見されている。デ・ボアボードランがガリウムという名称を選んだのは、愛国心からで、「フランス」を意味するラテン語が語源だと

メンデレーエフの命名	実際の元素名	発見年
エカ－ボロン	スカンジウム	1879年
エカ－アルミニウム	ガリウム	1875年
エカ－マンガン	テクネチウム	1937年
エカ－シリコン	ゲルマニウム	1885年
ドビ－マンガン	レニウム	1925年
エカ－テルル	ポロニウム	1898年
エカ－セシウム	フランシウム	1939年
エカ－タンタル	プロトアクチニウム＊	1917年

メンデレーエフが予測した元素の一覧。左から、彼が付けた名称、最終的な正式名称、発見年。
＊元々エカ－タンタルが来るとされた位置(タンタルの下)は、最終的にドブニウムが占めることになった。プロトアクチニウムはアクチノイドに属するので、現在は周期表の下の別の列に位置する。

いう。ガリウムの性質のほとんどはメンデレーエフがエカアルミニウムの性質として予測したものによく一致したが、デ・ボアボードランが特定したガリウムの密度は、メンデレーエフの予測値よりも低かった。メンデレーエフはデ・ボアボードランに手紙をしたため、自分はこの元素の性質を以前から予測していたと知らせ、デ・ボアボードランの誤りを指摘した。確認しなおしたデ・ボアボードランは、真の値はメンデレーエフの予測のほうに近かったことを見出した。

繰り返された誤発見

メンデレーエフが未発見元素を予測したことで、当然のことながら、それらを発見し、自ら命名しようという化学者たちの競争が始まった。おかげで、誤発見と元素名の変更が相次いだ。たとえば、メンデレーエフが予測したエカセシウムは、最終的にはフランシウムであることが確定した。1939年にマルグリット・ペレーがアクチニウム227の放射性崩壊の産物として特定したのだ。だが、メンデレーエフの予測からペレーの発見までのあいだにエカセシウムは4度「誤発見」された。最初、1925年にソ連の化学者D・K・ドブロセルドフがそれを発見したとし、祖国ロシアの国名から「ロシウム」と命名した。続いて1926年にふたりのイギリスの化学者ジェラルド・ドルースとフレデリック・ローリングが分光法という新しい手法を使って発見したスペクトル線を、エカセシウムのものだとして発表した。彼らはその元素を、最も重いアルカリ元素に当たることから、「アルカリニウム」と名付けた。また1930年には、アメリカでフレッド・アリソンがエカセシウムを発見したと宣言し、自分の出身州ヴァージニアに因んで「ヴァージビウム」と名付けた。1936年、ふたりのフランスの化学者ホリア・フルベイとイヴェット・コショワは、この元素の発光スペクトルに当たるものを発見したと主張し、フルベイの生地であるルーマニアの行政区に因んで「モルダヴィウム」という元素名を提案した。化学者たちは、未発見の数種の元素を発見しようと躍起になっており、最終的な発見に至るまでに、多くの誤発見が起こるのは、フランシウムだけではなかった。

希ガスが収まる場所がない

メンデレーエフの元素周期表に欠けていたのは、将来発見されるはずだと彼がわかったうえで空欄にしていた箇所だけではなかった。もうひとつの重大な欠落が、ハロゲンとアルカリ金属のあいだにあった。当時希ガスはまったく知られていなかったので、自分が特定した第1族と第8族のあいだになにか

ず、化学の重要な分野の多くで極めて重要になっているある手法によって行われたのである。

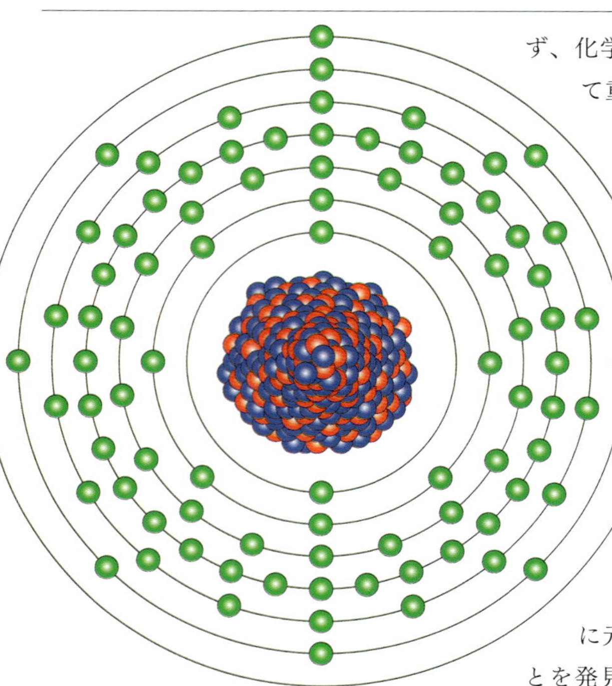

87番元素フランシウムの原子構造。メンデレーエフが予測した87番元素は、予測後70年経った1939年についに発見されるまでに4度誤発見された。

が存在しているなどと、彼が考える理由はなかった。実のところ、メンデレーエフが周期表を提案する前年である1868年にヘリウムが発見されていたが、それを真に受ける者は誰もいなかった。この不当な無視は、イギリスの化学者サー・ウィリアム・ラムゼー(1852〜1916年)の研究によって終わった。のみならず、これによって化学の状況そのものが一変する。ヘリウムの発見と、それが新元素であるとの最終確定は、今では元素の特定のみならず、化学の重要な分野の多くで極めて重要になっているある手法によって行われたのである。

光を調べる

ヘリウムの発見が可能になったのは、それに先立って、傑出したドイツの化学者ロベルト・ブンゼンと物理学者グスタフ・キルヒホッフ(1824〜87年)が、光のスペクトルのなかに元素の「指紋」が残っていることを発見したおかげだ。彼らの研究は、アイザック・ニュートンの研究にはじまる一連の発見を基盤としている。

光のなかの線、闇のなかの線

太陽光は白色のように感じるが、虹を見ればわかるように、じつは多くの色が隠れている。ニュートンは1666年、複数の異なる色の光が混合して白色光を作っており、異なる色の光は異なる角度で屈折すること(屈折とは、媒質の境界で進行方向が変化すること)を示した。彼は、白色光をガラスのプリズムを通過させてスペクトルに分解し、次に第二のプリズムを使って、分解された光から白色光を再現した。

それから100年近く経った1752年、

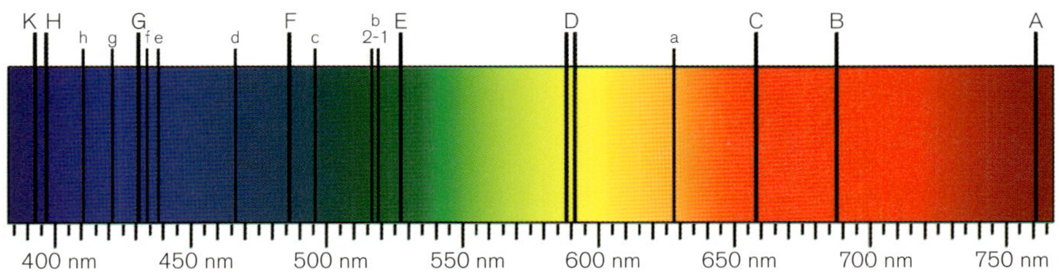

太陽光のスペクトルに存在する暗線を最初に発見したのはフラウンホーファーだった。暗線の位置は、恒星を取り巻く大気に含まれるさまざまな気体によって、特定の波長の光が吸収されていることを示しており、これらの暗線は、今日フラウンホーファー線と呼ばれている。

スコットランドの物理学者トマス・メルヴィルが、さまざまな物質を炎のなかに入れ、その際物質が発した光をガラスのプリズムを通して分解すると、それぞれの物質に固有の「とぎれとぎれ」のスペクトルが得られることを発見した。太陽光を分解する際とは違い、炎の光のスペクトルは、虹の色が部分的にのみ現れ、それ以外は真っ暗であった。ほとんど真っ暗で、色は数本の筋しか見られない場合もあった。やがて19世紀になると、太陽光のスペクトルにも暗線があることが発見される。

1814年、才能に恵まれたドイツのレンズ職人、ヨゼフ・フォン・フラウンホーファーは、ニュートンの発見をさらに一歩進めて、光をごく細いスリットに通してからプリズムにかけると、さらに細かい成分に分解できることに気づき、太陽光のスペクトルに574本の暗線を発見した。フラウンホーファーは暗線を注意深く記録したが、それらの起源を明らかにすることはできなかった。彼に続いた数名の研究者にもそれは解明できなかった。

数年後、イギリスの科学者ジョン・ハーシェルとウィリアム・フォックス・タルボット(ふたりとも写真技術の先駆者)は、物質ごとに炎が固有の色になることから、この現象を利用すれば、物質のなかに特定の元素が存在することを示すことができるかもしれないと示唆した。フォックス・タルボットは、1826年、分光法を化学分析に利用できる可能性に言及した。「私はさらに、プリズムによって、炎のなかに任意の色の均一な光線が現れるときは常に、この光線は特定の化合物の形成もしくは存在を示すという説を提案する」。

だが、納得できない矛盾があり、フォックス・タルボットはこの説の追究をやめてしまった。彼はナトリウムに特有の黄色い光に気づいたが、ナトリウムが存在しないはずの場合にもそ

スペクトル・データを利用して、天体（本図は水星）表面の組成を表す疑似カラー画像が作成されている。

の光がしばしば認められたため、この方法の有用性に不信を抱いたのだ。じつのところ、疑うべきは分光法の有用性ではなく、彼が使った試料の純度だった。とはいえ、フォックス・タルボットとハーシェルは、分光法が元素の特定に利用できる可能性を正しく予見した。現在分光法は、物質の組成を調べる方法として広く使われており、特に遠方の恒星や、ほかの銀河の物質の調査には有用だ。しかし、分光法の有用性が本格的に調べられるのは、タルボットの研究からさらに25年のちのことだった。

線を探す

1859年、ブンゼンとキルヒホッフはドイツのハイデルベルク大学で共同研究を行っていた。ブンゼンは、マグネシウムを燃やしたときに生じる明るい白い光に魅了され、光を利用した化学研究に取り組みはじめた。彼は、今では有名になったブンゼン・バーナーを開発した［ブンゼン・バーナーの発明者は、ハンフリー・デービーとその弟子マイケル・ファラデーだとされる。ブンゼンはそれを改良し、今日の形にしたという］が、それは、彼とキルヒホッフが研究していたスペクトルに干渉しない、無色の炎を得るためだった。彼らの研究のなかで、キルヒホッフは、フラウンホーファーの方法で得られたスペクトルの特徴的な暗線が、その逆の過程で生じた色付きの輝線スペクトルと一致することを発見した。

炎を裏側から明るい光で照らすと、暗い背景に明るい色の輝線が現れる代わりに、明るいスペクトルのなかに暗線が現れることにキルヒホッフは気づいたのだ。言い換えれば、ある物質の発光スペクトルは、その吸収スペクトルを反転させたものだったのだ。

フランスの物理学者レオン・フーコーは、すでに1849年に発光スペクトルを観察していた。2本の炭素電極間で起こったアーク放電のスペクトルを調べていた彼は、フラウンホーファーが太陽光のスペクトルで「D」と

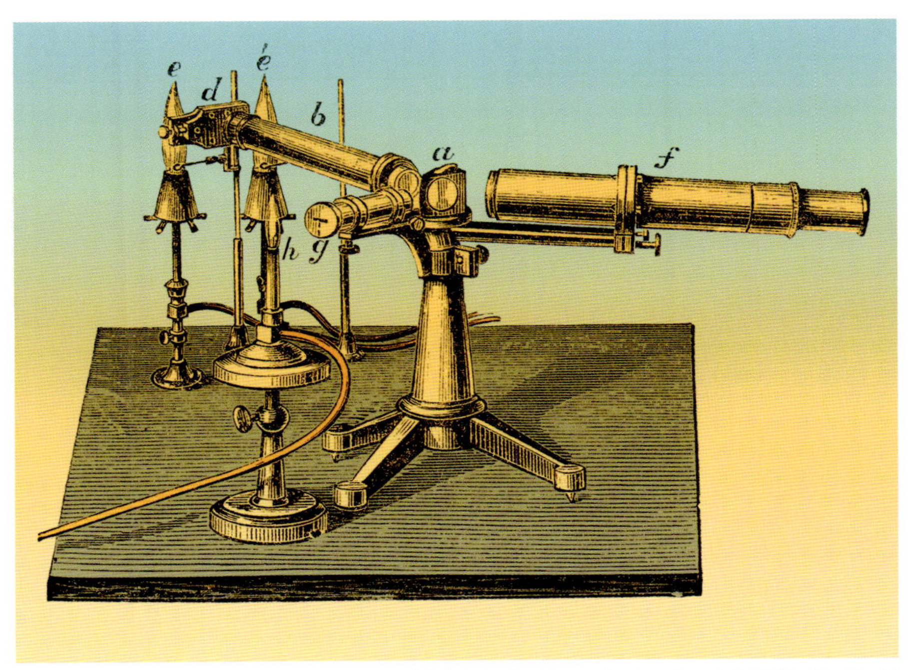

この分光器は、不輝炎を得るため、ブンゼンが改良したブンゼン・バーナー(b、e)を採用している。炎は、筒(f)を覗き見て、プリズム(a)越しに観察される。

名付けた暗線の波長と一致する明るい黄色の二重線を見つけた。さらに実験を重ねた結果フーコーは、アーク放電は、それが発する光と同じ振動数の光を吸収すると結論付けた。

ブンゼンとキルヒホッフは、できる限り多くのスペクトルを記録しはじめ、手あたり次第物質を炎に入れて分光器にかけて、夜更けまで熱心に研究をつづけた。

1860年に出版された彼らの画期的論文、「スペクトル観察による化学解析（Chemical analysis by spectral observations）」には、リチウム、ナトリウム、カリウム、カルシウム、ストロンチウム、そしてバリウムの塩（えん）のスペクトルが記録されていた。彼らは新元素の発見も行っている。ドイツのバート・デュルクハイムという土地にあった鉱泉の水を濃縮して炎にさらし、生じる光を分光する（炎光分析）ことによりセシウムを、また、レピドライト（リチア雲母）という鉱物からルビジウムを発見した。その後分光法は、新元素を探すための重要な手段となる。

私たちは、（恒星の）形状、距離、大きさ、そして運動が決定できる可能性はあると考える。しかし、恒星の組成、あるいは、鉱物学的構造は、いかなる手段によっていかに研究すればよいのかは、決してわからないだろう。――フランスの科学哲学者オーギュスト・コントが、分光法が発見される25年前の1835年に記した文章。

星の光、明るい恒星

1860年の論文で、ブンゼンとキルヒホッフは、分光法を使えば太陽の組成が調べられるのではないかと示唆した。「太陽や、最も明るい恒星の大気にも、同じ分析方法が適用できるに違いないことは明らかだ。……多数の暗線を含む太陽スペクトルは、太陽の大気だけが生じるスペクトルを反転させたものにほかならない。したがって、太陽大気の化学分析を行うには、炎に入れた際に太陽スペクトルの暗線と一致するスペクトル線を生じる物質を見つけさえすればいいのだ」。

キルヒホッフは、太陽スペクトルを詳細に調べ始め、プリズムを4つ備えた改良型分光計を製作し、太陽スペクトルと、その暗線に一致する輝線を生じるかを確認したい物質のスペクトルとを、並べて比較できるようにした。彼は鉄、カルシウム、マグネシウム、ナトリウム、ニッケル、そしてアルミニウムの証拠を、太陽の外側の層で発見した。彼はさらに、コバルト、バリウム、銅、亜鉛もおそらく存在するだろうと考えた。最も良い証拠が得られ

リチア雲母は、灰紫または桃色をした、リチウムその他の金属に富んだ鉱物。ブンゼンとキルヒホッフはリチア雲母の研究を通してルビジウムを発見した。

たのは鉄で、60本の線を特定することができた。

太陽を見つめる

それから数年経った1868年、日食があり、科学者たちが太陽の外周部分のスペクトル分析を行う機会が訪れた。太陽大気のうち、彩層とコロナは、太陽本体からの光が遮られる日食の間しか見ることのできない領域だ。

この機会をつかんだのがフランスの天文学者ピエール・ジャンサンだ。彼は皆既日食を観察するため、インドのグントゥールに行った。大部分の観察者と同様、彼は水素の存在は確実だと結論付けた。しかし、ジャンサンが得たスペクトル線のなかに、既知のスペクトル線のパターンには一致しない不

現在私は、キルヒホッフと共に、徹夜続きの研究を行っている。キルヒホッフは、まったく予期していなかった、素晴らしい発見を行った。彼は太陽スペクトルの暗線の原因を突き止め、さらに、太陽スペクトルのなかでこれらの線を人為的に強化することにも、これらの暗線を炎のスペクトルのなかに、フラウンホーファー線とまったく同じ位置に生じさせることにも成功した。かくして、試薬を使って硫酸や塩素の存在を特定できるのと同じ確実さで、太陽や恒星の組成を突き止める方法が得られたのである。——ロバート・ブンゼン、1859年

高齢になった天文学者ピエール・ジャンサン

キャーも太陽スペクトル内の不可解な黄色い線に気づき、それは地球上ではまだ知られていない新元素を表していると結論付けた。彼はそれをギリシア語で「太陽」を意味するheliosにちなんで「ヘリウム」と名付けた。ほかの化学者たちは、ロッキャーやジャンサンに比べはるかに冷ややかだった。新元素が発見され、しかもそれは太陽にしか存在しないかもしれないという発表は、冷笑で迎えられた。ヘリウムの発見が認知されるには、30年近い歳月と、もうひとつの希ガス、アルゴンの発見が必要であった。

可解な黄色い線が1本あった。誰もがそれはナトリウムだと考えたが、ナトリウムの線とは一致しなかった。ジャンサンは、日食でないときにも太陽の大気を調べることができる装置の開発に着手し、この問題の研究を続けることにした。

ジャンサンは、イギリスの科学者ジョゼフ・ノーマン・ロッキャーが同じテーマの研究に乗り出し、1868年に太陽のプロミネンスの観察に成功していたことを知らなかった（太陽プロミネンスとは、太陽表面から外に向かって伸びる、巨大な明るい炎のようなもの）。ロッ

未発見の大気成分——そしてさらに

ヘンリー・キャヴェンディッシュは、18世紀後半に実験を行い、大気には酸素と窒素のほかに1パーセントほどの何らかの成分があることに気づいたが、それが何かを特定することはできなかった。足りなかった成分は、地球の大気に窒素・酸素に次いで3番目に多く含まれるアルゴンだった。アルゴンは最終的に、スコットランド出身の化学者ウィリアム・ラムゼーとイギリ

地球だけではなく

ジャンサンとロッキャーが太陽に注目していた一方で、ウィリアムとマーガレットのハギンズ夫妻は、望遠鏡に分光器を取り付けて、ほかの恒星の組成を調べていた。ハギンズ夫妻は、助手のウィリアム・ミラーと共に、銀河系の恒星のひとつ、アルデバランのスペクトルをとらえ、70か所に暗線があることを突き止めた。1864年、彼らはアルデバランにはナトリウム、マグネシウム、水素、カルシウム、鉄、ビスマス、タリウム、アンチモン、水銀が存在することを報告した(彼らは暗線を読み誤ったため、最後に挙げた4元素については間違っていた)。彼らは次に星雲の研究を始め、恒星とは組成がまったく異なっており、星雲は巨大な雲のような物体で、いくら高性能の望遠鏡で見ても雲でしかなく、恒星が確認できる見込みはないだろうと結論付けた。彼らは1899年に、『代表的な恒星の4870オングストロームから3300オングストロームまでのスペクトルのアトラス An Atlas of Representative Stellar Spectra from 4870 to 3300』を出版した。

彼らの研究は、ある重要な事実を明らかにした。私たちの太陽のみならず、ほかの恒星たちも、地球と同じ元素でできている、という事実だ。化学は全宇宙で有効であることが示されたのである。

スの物理学者レイリー卿(ジョン・ウィリアム・ストラット)によって発見された。ふたりは別々に研究を始めたのだが、のちに連絡を取り合うようになり、アルゴンを1894年に発見した功績を分かち合っている。

レイリー卿は、大気から窒素を単離すると、アンモニアを分解して得た窒素よりも密度が高いことを発見した。その差はごくわずかだったが(大気から単離した窒素が1.257g/ℓに対し、アンモニアから分離した窒素が1.251g/ℓ)、調べる価値はあった。

ラムゼーはレイリー卿に、アンモニアから分離した窒素に不純物として混入している、窒素より密度が低い気体を探すようにと促した。その間ラムゼーは、大気から単離した窒素に混入している、窒素より密度が高い気体を探した。どちらかが、窒素に混入している謎の気体を見つけるに違いない、というわけである。

ラムゼーは、大気から得た試料を、熱したマグネシウムの上を繰り返し通過させることによって、窒素成分をすべて除去した(熱したマグネシウムと窒素

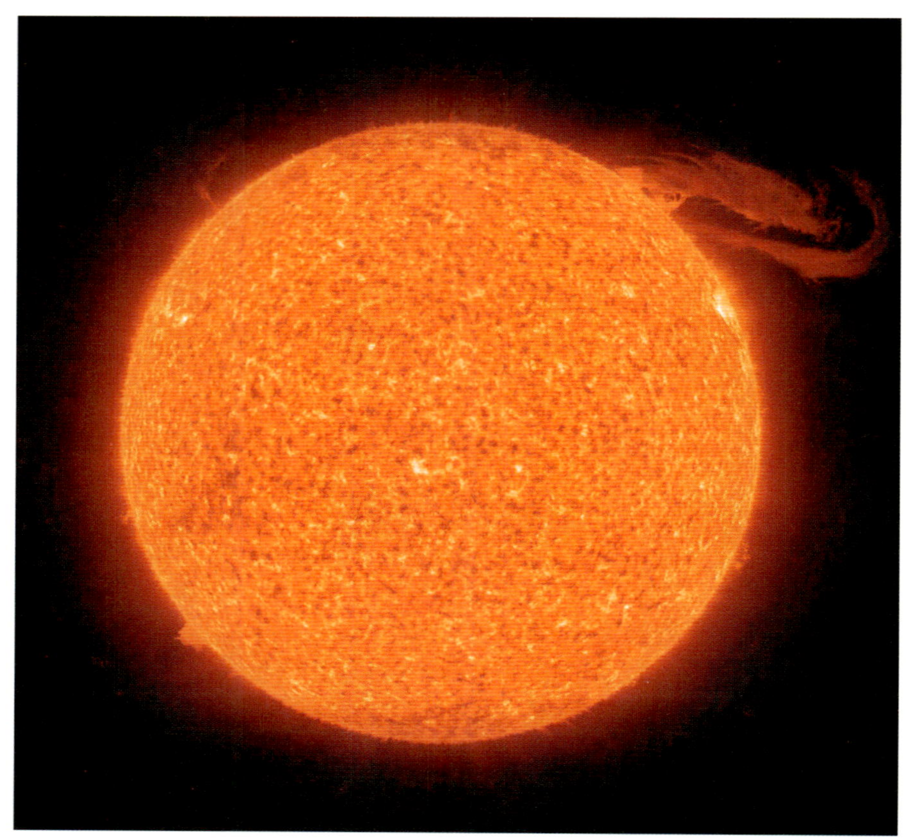

NASAのSTEREO宇宙船が2008年にとらえた、太陽の表面から立ち上がるプロミネンス(右上)。プロミネンスはイオン化したヘリウムの雲である。立ち上がった雲は、太陽表面に比べれば低温で、すぐに崩れて数時間のうちに宇宙空間に散逸する。

が反応して窒化マグネシウムを作るので分離できる)。残されたのは、大気の1パーセントに当たる、非反応性の気体だった。その密度は1.784g/ℓで、窒素より高密度だった。これは、大気由来の窒素の密度を少し高くするに適切な値だった。分光器にかけると赤い輝線が確認され、この気体はそれまで知られていなかった元素であることをラムゼーは確認した。彼はレイリー卿と共に、この元素の名称としてアルゴンを提案した。この気体が完全に非反応性であることから、「働かない」、「怠惰な」を意味するギリシア語のargosを語源としたという。

裏付け

一年後ラムゼーは、地球上でヘリウム

深海ダイビングに使われるタンクにはヘリオックスと呼ばれるヘリウムと酸素の混合ガスが入っている。ヘリオックスは呼吸器系に疾患がある患者の治療にも使われる。

を特定した。ウランの研究を行っていた彼は、ある不活性の気体を見出した。その気体は一見するとアルゴンのようだった。分光学的に解析してもらうために、彼は試料をひとつ、ロッキャーの下へと送った。ロッキャーは、それが実際にはヘリウムであることを確認し、喜んだ。そしてこれを契機に、ヘリウムは地球以外の場所で発見された最初の元素として正しく認識されるようになった。ヘリウムは今なお、そのような唯一の元素である。

ヘリウムがウラン鉱石のなかに存在していたことは、まだ知られていない元素がいくつもあり、ある日発見される可能性があることを示していた。しかし、この手掛かりが直接有用になるのはまだ先のことだった。というのも、1895年時点では、放射能も原子核の性質もまったく知られていなかったからだ。同様に、元素ごとに特有のスペクトルが生じるメカニズムもわかっていなかった。化学者たちはこの現象を、理解することなしに、ありがたく利用していたのである。

ラムゼーの元素

奇妙な気体がひとつだけなら、例外だ

と片付けられそうだが、ふたつとなれば、そこにはパターンがあるらしいと思える。ラムゼーは、アルゴンとヘリウムは周期表の新しいグループを代表しているのではないかと示唆した。メンデレーエフは、自分が提案した周期表のなかに確固たる位置が即座に見つからない元素の存在に、最初は悩まされた。彼は、アルゴンは元素ではなく、窒素の分子だとさえ主張した。しかし、ハロゲンとアルカリ金属のあいだに、不活性ガス元素のグループ全体が収容される場所が存在することがはっきりすると、希ガスはメンデレーエフの構想の正確さを強化する新たな要素となり、メンデレーエフはこれらの元素を第0族と名付けた。これらの元素が周期表に収まり、続く原子番号の空欄が埋まると、メンデレーエフの周期表はいよいよ確かなものに見えてきた。

今や希ガスの存在が確定的になったので、ラムゼーは残りの希ガスを発見すべく取り組み始めた。助手のイギリス人化学者モリス・トラバースと共に、凝集して液化するまで低温にした空気を使って実験を行った（空気が初めて液化されたのは、1883年、ポーランドのふたりの化学者ジグムント・ヴルブレフスキーとカロル・オルシェフスキーによる）。ラムゼーとトラバースが1898年に最初に発見したのはネオン（沸点−246°C）で、

ヘリウム――今日はここに、だが、明日は消え去る

ヘリウムは（水素と同様）質量が非常に小さいため、地球の重力から容易に逃れて、宇宙へと拡散していく。大した時間もかからず逃れ出ていくので、地球が誕生したときに存在していたヘリウムはまったく残存していない。地球の奥深くで、放射性元素がヘリウム原子核（アルファ粒子――170ページ参照）を放出しながら崩壊することにより、新たにヘリウムが絶えず補給されているのでなければ、地球上にヘリウムはまったく存在しないだろう。

アルファ粒子は、2個の陽子と2個の中性子が融合してできた、ヘリウムの原子核だ。正電荷（+2）をもっているので、電子を容易に引き付け、ヘリウム原子となる。ヘリウムはやがて地球の表面まで上ってくる。小さな原子なので、どんなに細い隙間でも通り抜けることができる。ラムゼーがウランを含む鉱物のなかに発見したヘリウムは、放射性崩壊によって生成されたものだった。産業に利用されるヘリウムは、主にアメリカ（テキサス、オクラホマ、カンザス）の地下天然ガス田で採取されている。

とても貴重なヴァルトゼーミュラーの地図(『世界地図 Universalis Cosmographia』)。アメリカという名称を使った最初の地図である。1507年に作成されたもので、アメリカの首都ワシントンの米国議会図書館で不活性ガスのアルゴン雰囲気中に保存されている。

液体空気の実験で発見された。ネオンは宇宙で4番目に多く存在する元素だが、地球では大気の0.0018パーセントを占めるにすぎない。次に発見されたクリプトンは地球大気の0.0001パーセントしか占めない。クリプトンは大気の他の成分よりも揮発しにくく(つまり、沸点が高く)、温度を下げていけば、沸点が低いほかの成分がまだ気体の状態でも、先に液化してしまう(クリプトンの沸点は−153°C。窒素と酸素の沸点はそれぞれ−196°Cと−183°C)。1898年の夏に発見された第三の元素キセノンも彼らによって発見された

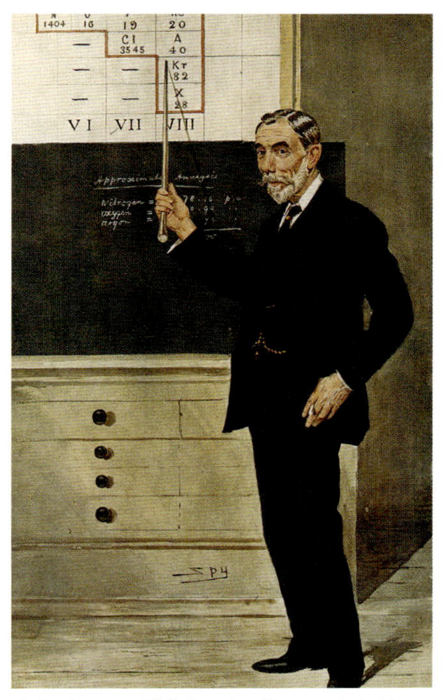

希ガスについて講義するウィリアム・ラムゼー

メンデレーエフのプロト−ヘリウム

1902年、メンデレーエフは水素より

軽い元素を提案した。それは、周期表に新たに追加した第0族ガス元素の一番上に位置し、そのころ発見されたばかりの放射能の現象(190ページ参照)を説明するという元素だ。彼は、水素より軽い元素はふたつある可能性があると考えており、それらの元素は、少なくともアリストテレスの時代から繰り返し提案されてきた、真空を満たしているという謎の物質エーテルの正体であろうという説を提唱したのだ。メンデレーエフは、これらの極めて軽く、質量はほとんどないに等しい気体はすべての物体に充満していながら、それらのものと相互作用することはめったにないと考えた。これらの元素の粒子は極めて高速で運動するため、ごく薄くても濃度が高く感じるのだと、彼は信じていた。彼は、宇宙の星間空間を満たしているエーテルの実体である、水素より軽い二種類かそれ以上の気体に関する自らの知見を『エーテルの化学的理解の試み An Attempt Towards a Chemical Conception of the Aether』(1904年)という小冊子に発表した。

「ニュートロニウム」

1926年、アンドレアス・フォン・アントロポフは、「原子番号ゼロの元素」(陽子を持たないので原子番号ゼロ)を提案し、それを「ニュートロニウム」と呼び、周期表の先頭に配置した。中性子星の超高密度状態のコアを「縮退ニュートロニウム」と呼ぶことがある。

錯綜する重さと数

元素は基本的に原子量の順に並べるが、それでうまくいかないところでは順序を変えるというメンデレーエフのやり方は、ふたつの可能性を示唆していた。ひとつには、原子量の数値が間違っている可能性があった。そしてもうひとつ、結局原子量は真の組織化原理ではないという可能性である。

メンデレーエフは、前者を支持した。19世紀のほとんどの期間、ベルセリウスによる1828年の原子量が基準値として計算に使われていたが、当時の原子量の測定法は信頼性に問題があった。メンデレーエフは、化学者たちに、自分の測定値を繰り返し確認するように呼びかけた。値の間違いに気づき、よりよい値で計算しなおさねばならないことも珍しくなかった。しかし、いくつかの組の元素は、いつまでたっても順序が入れ替わったままで、メンデレーエフの周期表で軽いほうの元素が重いほうの元素の後ろに来ているのだった。

モーリーによる酸素の原子量の測定

原子量の測定で切望されていたブレークスルーは、まさに19世紀の終わりに登場した。エドワード・モーリー(1838〜1923年)は、彼の世代で最も注意深く、多才で技能に優れた実験化学者だった。酸素の原子量の特定に取り組みはじめた彼は、彼らしく徹底的で正確な方法を取った。

モーリーは3つの異なる方法を使った。そのため彼は、自分が出した3つの結果を照合することができた。先人たちと同じく、酸素と水素から水ができる反応に注目した。だが、先人たちとは違い、彼は反応前のふたつの物質と反応生成物の、3つすべての重さを測定した(それまでは、3つのうちふたつだけの重さを測定し、3つ目の重さは計算によって求めるのが普通だった)。モーリーはさらに、より純度の高い水素と酸素を生成する方法も開発した。そのため、モーリーが得た酸素の原子量、15.879は、今日の酸素対水素の原子量比15.8729:1に極めて近い。

彼の測定の正確さと同じく重要だったのは、その値だ。酸素の原子量は、水素の原子量の整数倍ではなかった。これによってついに、1815年にプラウトが提唱した、水素より重い元素の原子は、水素原子(原質(プロタイル))が何らかの方法で結合、凝集、あるいは圧縮されてできたものだという説が否定されたのである。

改善された原子量

原子量を決定する信頼性の高い方法は、ようやく1912年にイギリスの物理学者J・J・トムソン(1856〜1940年)によって見出され、彼の研究は質量分析計の発明をもたらした。質量分析計ではまず、イオン化した気体を管のなかに送り、そこで磁場と電場をかける。電場はイオンの速度を変え、磁場はその方向を変えて、イオンの経路を曲げる。イオンは管の出口側にある「ファラデー・カップ」に回収される。ファラデー・カップは、マイケル・ファラデーが発明した、真空中で荷電粒子を捉え、カップに接続したワイヤーに電流を生じさせる装置だ。生じた電流の大きさと、イオンがどのカップに入ったかによって、経路がどれだけ曲げられたか、そしてどれだけ加速したかが求められる。そしてニュートンの運動の第二法則、F=ma(力=質量×加速度)を使えば、粒子の質量を特定することができるわけだ。

モーリーのおかげで相対原子量の議論に正確な数値が使えるようになったのは確かだが、重要なのは原子量ではなく、原子番号だったのである。

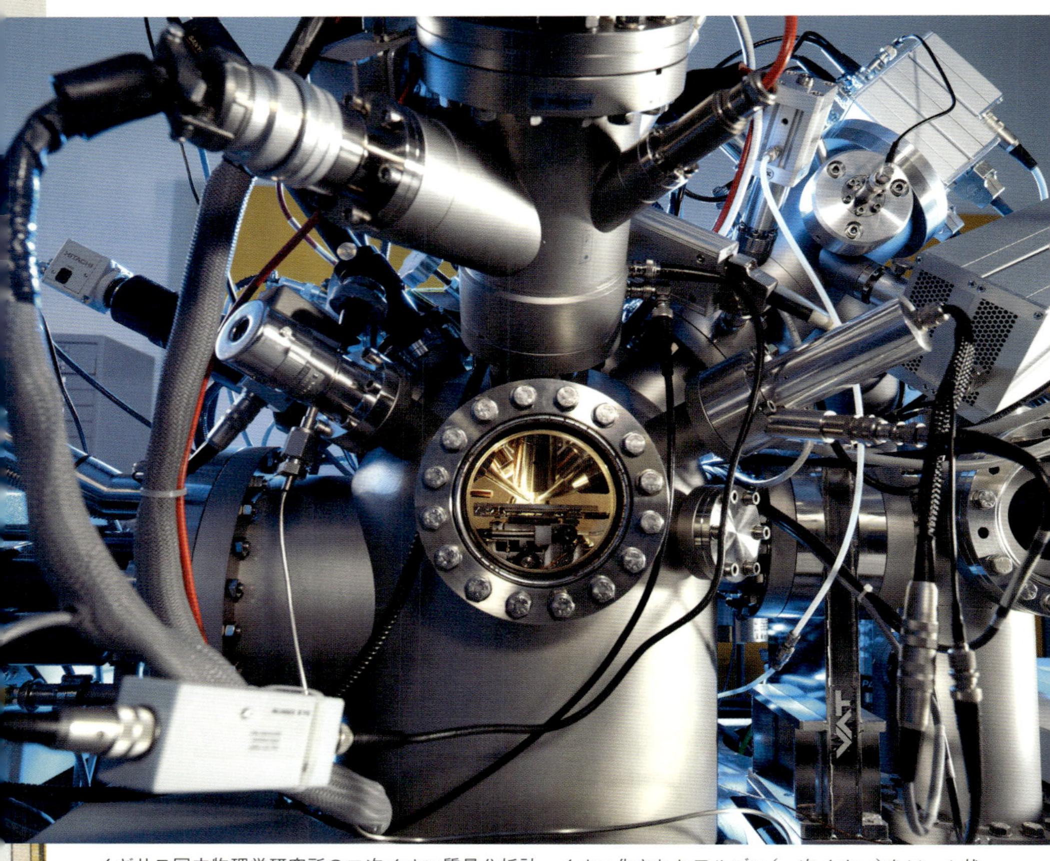

イギリス国立物理学研究所の二次イオン質量分析計。イオン化されたアルゴン(一次イオン)をビーム状にして試料に照射し、表面層の分子等を弾き飛ばす。弾き飛ばされた分子はイオン化しており(二次イオン)、検出器に向かって加速される。二次イオンが検出器に到達するまでの時間からその質量を計算し、試料表面の組成を突き止める。

光を見る

元素が周期表に原子量の順に並ばないことがある原因の、ふたつの可能性のうち後者——結局原子量は真の組織化原理ではない——が、正しい解釈であることが判明した。

原子を定義するうえで重要な数がもうひとつあるという認識は、メンデレーエフの研究から自ずと出現した。元素の順序が決まりさえすれば、ただその順に番号を振ればいい。だが、当初原子番号は、原子の実際の物理的属性のなかに特定できる根拠を持たない、どちらかと言えば恣意的なものだと考えられていた。原子番号とは、ただ原子量と大まかな相関があるだけのもので、元素を正しい順序に並べるのに役立つだけのものだった。原子番号の、恣意的でない真の本質が理解されるには、原子の性質が徹底的に研究されるのを待たねばならなかった。パズルの最後のピースが正しい位置に収まったのは、トムソンが原子量を判別する方法を完成させた翌年の1913年のことで、イギリスの若き物理学者ヘンリー・モーズリーの功績による。

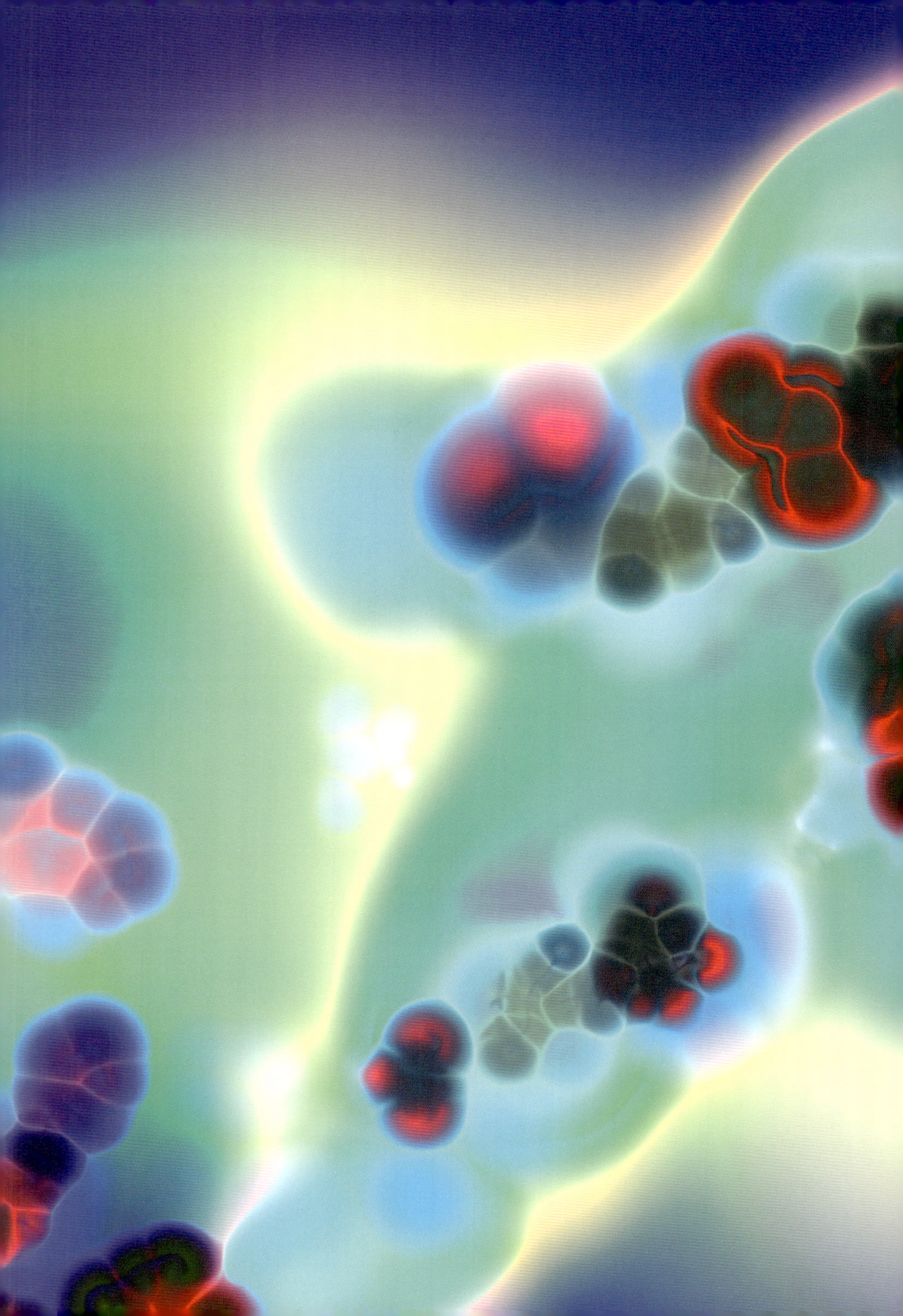

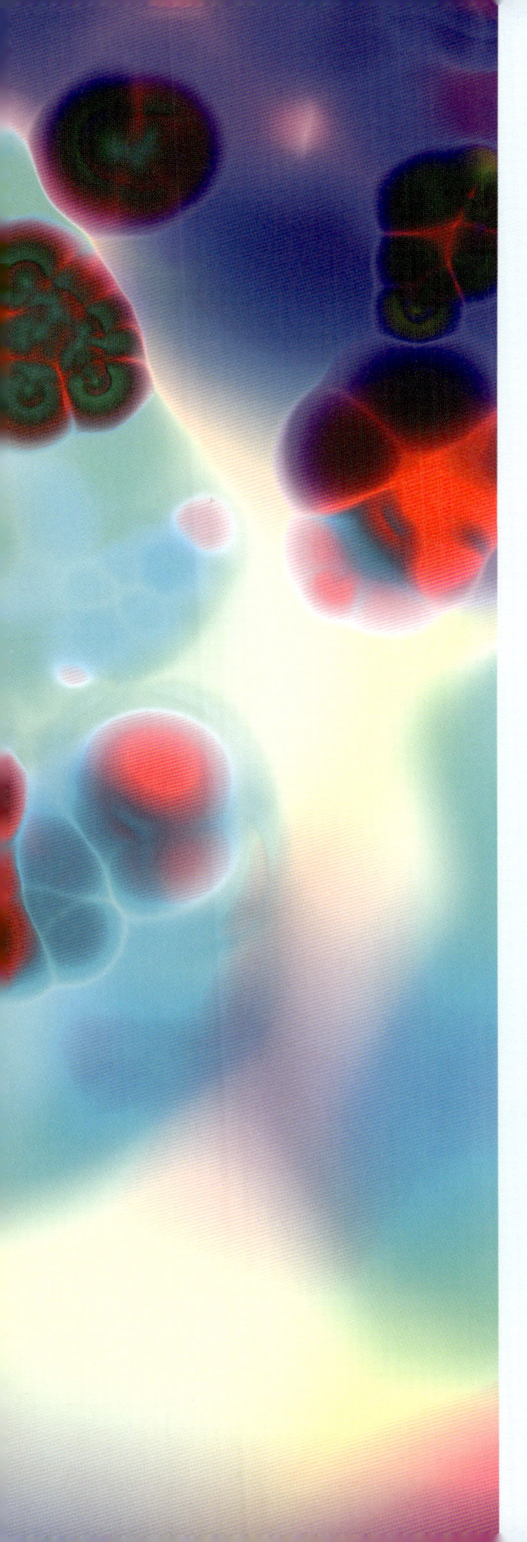

第7章

原子の謎、解明される

> **ひとつの原子から次の原子に移るたびに、ひとつずつ規則的に増加する基本的な量が原子にはあると、私たちはここに証明する。この量は、原子の中心部にある正に帯電した原子核の電荷そのものである。原子核の存在については、確固たる証明がすでに存在している。**——ヘンリー・モーズリー、1913年

19世紀が終わるまでに、ほとんどの化学者は原子の存在を信じるようになっていた。また、ほとんどの者が、個々の元素は、固有の構造を持った原子でできた物質だというラヴォアジエのモデルを受け入れ、原子が何らかの方法で結びついて分子を形成すると考えていた。謎として残ったのは、原子そのものの性質と、原子が単独、あるいは他の原子と共に、どのように振舞うかだった。この謎の答えは、周期表の謎も解明することになる。

透過型電子顕微鏡は、個々の原子のレベルまで構造を明らかにすることができる。

「線」から粒子へ

ドルトンは原子を、「中空でない塊で、硬く、貫通できないが、動くことのできる粒子」だとした。原子のほとんどは何もない空間なので(ボスコヴィッチが予見したように)、原子が「中空でなく」「硬い」とした点で彼は間違っていた。彼はまた、原子が分割不可能だとした点でも間違っていた。原子は、原子核が分裂するだけの破壊的なエネルギーを必要とする核分裂においてのみならず、もっとありふれたエネルギーでも、それを構成する素粒子を分離することができるのだから。

ドルトンの説では、原子どうしがどのようにして結合して分子を作るのかを説明するのは難しかった。ベルセリウスはこの問題に取り組み、何らかの電気的な力が原子どうしを一体に保っているのだとの結論に達した。彼はある意味で正しかったことがやがて明らかになるのだが、真実に至るまでには遠回りせねばならなかった。その遠回りの道は、19世紀中ごろに電磁エネルギーの波が発見されたことから始まった。

エネルギーや物質のビーム、解明される

ジェームズ・クラーク・マクスウェルによる電磁気の研究を受けて、物質が発する光や何らかのエネルギーなどのさまざまなビーム状の「線」は19世紀後半、知的探求のテーマとして人気が高まった。1865年、マクスウェルは、電場と磁場は波として空間を伝わり、光も電場・磁場と同じ現象であり、これらはすべて同じ速度で伝わることを示した。一見、元素とは何の関係もなさそうだ。せいぜい分光法で光を使うぐらいのものだ。全般的には、物理学者のほうが化学者よりも「線」が気にな

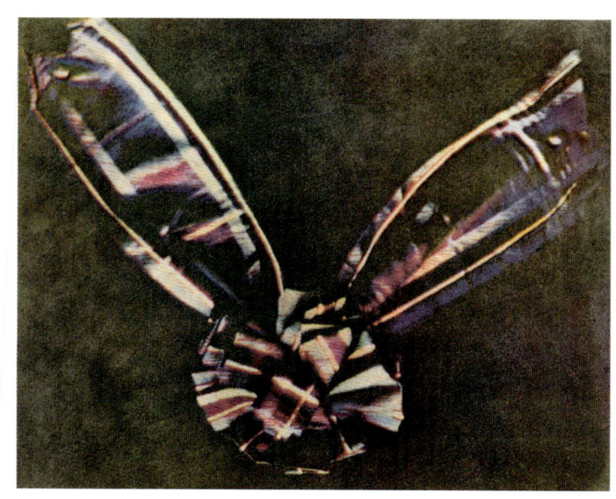

ジェームズ・クラーク・マクスウェルは、16歳でエディンバラ大学に入学し、在学中に色の混合や知覚について関心を抱くようになった。1861年には、光りの三原色、赤、緑、青それぞれのフィルターをつけて撮影した3枚の写真を重ねることにより、世界初のカラー写真を作成した。被写体はタータンリボンだった。

るようだった。だが1895年、ドイツの物理学者ヴィルヘルム・レントゲンがX線を発見すると、物理学と化学の距離は接近した。

レントゲンは、誘導コイルによる高圧の直流電圧を利用したクルックス管と呼ばれる実験用放電真空管（真空度はそれほど高くない）から管外に漏れ出ている、当時「電気的な放射線（electrical ray）」と呼ばれた正体不明の、陰極線に似た放射の経路を研究していた。その際彼は、これらの線が蛍光物質に当たると蛍光が生じることを発見した。さらに調べると、これらの線は、ある種の物質を通り抜けるが、それ以外の物質には遮蔽されることもわかった。また、写真乾板を使うことにより、レントゲンは、これらの線を遮蔽する物質の影を像としてとらえることにも成功した。彼はこの方法で自分の骨を見、また、最初のX線像を撮影した。それは、彼の妻の手の像で、結婚指輪がはっきりと見分けられる。X線は一年も経たないうちに、患者の骨折箇所や、X線を遮蔽する何らかの障害物を明らかにする手段として、多くの病院で使われるようになった。

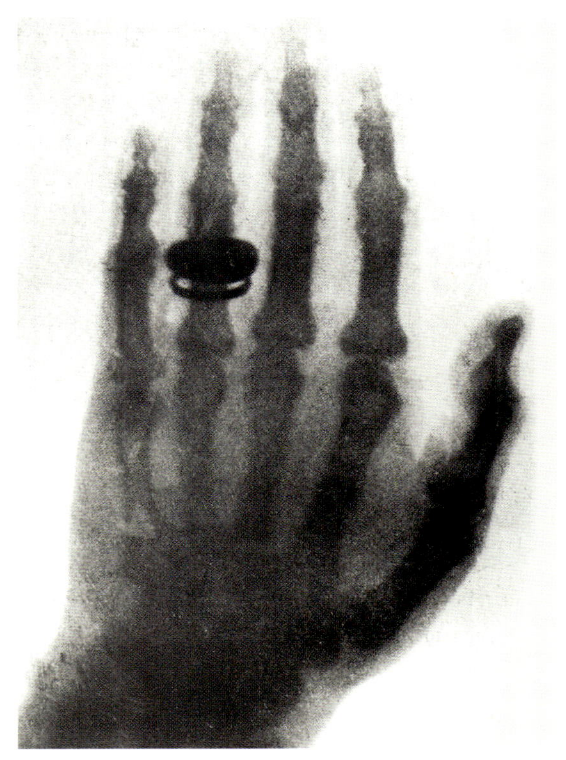

公の場で撮影された世界初のX線写真。1896年1月23日、ヴュルツブルク医学物理学協会での講演中にレントゲンが撮影した解剖学者アルベルト・フォン・ケリカーの手のX線写真。

翌年、フランスの物理学者アンリ・ベクレルは、ウラン塩などのリン光性物質は、レントゲンが発見したX線に近いある種の放射を出しているのだろうという彼の仮説を検証すべく実験を行った。ベクレルはすぐに、ウランが何らかの放射線を発生していることを発見した。しかしその放射線は、磁場をかけると曲がったので、X線ではなかった［X線は磁場では曲がらない］。より

ウラン——見掛けとは違っていた

ドイツの化学者マルティン・クラプロート(1743〜1817年)は、1789年にウランを発見した。いや、実のところ、彼はそう思い込んでいた。クラプロートは、ピッチブレンドと呼ばれていた瀝青ウラン鉱を研究していた。この鉱物は、主に亜鉛と鉄からなると考えられていたが、実際には、ウラン酸化物のウラナイト(UO_2と、一部U_3O_8)が主成分だ。クラプロートは、この鉱物を硝酸に融かしたあと、炭酸カリウムで中和すると、黄色い沈殿物が生じ、さらに炭酸カリウムを加えると、沈殿が融けることを発見した。彼は、ピッチブレンドには新元素が含まれていると結論付け、その元素を、1781年にウィリアム・ハーシェルが発見した天王星(Uranus)にちなんでウランと名付けた。黄色い沈殿物をアマニ油と練ったものを、炭素るつぼ内で熱すると、金属光沢をもつ黒い粉末が得られた。彼はこれをウランだと発表し、ほかの化学者たちもそれを認めた。だが実際には、ウランは光沢のない銀色の金属で、クラプロートはその酸化物(二酸化ウラン)を得たにすぎなかった。クラプロートやほかの化学者たちがこの物質を酸化物と気付かなかったのには十分な理由があった。二酸化ウランは水素や炭素では還元できないというのがその理由だ。

広範囲に研究を進め、彼は3種類の放射線が存在することを見出した。磁場の元でそれぞれ反対の向きに曲がる2種類と、磁場ではまったく曲がらない第3の放射線だ。つまり、電気的に正、負、中性の放射線が存在するということだった(144ページも参照のこと)。

電子に向かって

マクスウェルの研究の中心には電気があった。電気は、1800年にボルタにより、化学研究の対象としてその概念が広められた(109ページ参照)が、その性質を理解していた者は誰もなかった。18世紀中ごろ、ベンジャミン・フランクリンは電気を正と負の電荷として説明し、19世紀中頃までには、科学者たちは電気を大いに活用していた。しかし、電気を媒介する電子は、まだ発見されていなかった。

物理学者と化学者は、電気をいくつもの異なる方法で研究した。最も大きな成果をあげたのは、微量の低圧気体が封じ込められたガラスのフラスコの内部で放電を起こす方法だった。

自らの名前を冠してクルックス管と呼ばれる、放電のための真空管を持つウィリアム・クルックス。クルックス管の内部には少量の空気が残存している。

1869年、ドイツの物理学者ヨハン・ヴィルヘルム・ヒットルフは、フラスコ内の気体の圧力を下げると、負に帯電した端子(カソード)が発する輝きが強まることを発見した。1876年、また別のドイツ人物理学者、オイゲン・ゴルトシュタインは、輝きをもたらした放射線を「陰極線」と名付けた。イギリスの物理学者で化学者でもあったウィリアム・クルックスは、さらに放射線を詳しく知らべ、「クルックス管」というものを製作した。これはのちに、LCDスクリーンに取って代わられるまでテレビで使われたブラウン管などの陰極線管(CRT)となった。

クルックスは、陰極線は負に帯電した陰極から正に帯電した端子(陽極)へと進むこと、ならびに、この輝くビームが磁場によって曲げられることを発見した。彼はこのビームをなす物質を「放射物質(radiant matter)」と呼び、それは負に帯電した分子が陰極から高速で押し出され、物質の第四の状態(固体、液体、気体に加えて)を取っているものだという説を提唱した。ドイツ生まれでイギリスで研究していた物理学者アーサー・シュスターは、ビームを横切る方向に電場をかけるとビームは陽極に向かって曲がることを示した。これにより、クルックスが提唱したとおり、陰極線は負に帯電していることが確かめられた。

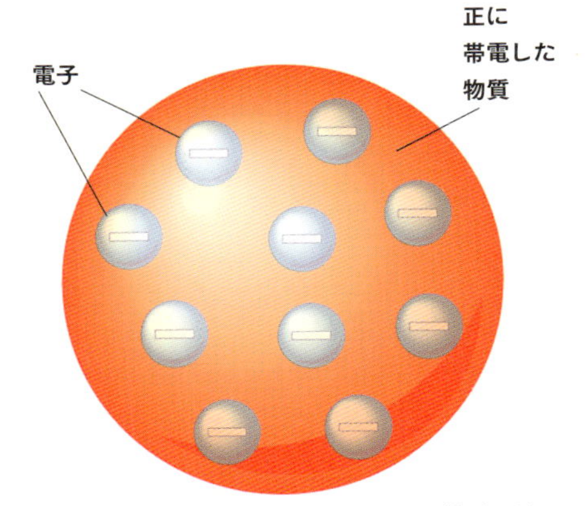

トムソンのプラムプディング型の原子模型では、正電荷を持った球の内部全体に、負電荷を持った点(電子)が散在していた。

しかし、依然としてこの「陰極線」の正体は何なのか、誰にもわからなかった。波だと考えた者もいれば、帯電した原子や分子だと考えた者もいた。1896年、J・J・トムソンがこの謎を解いた。彼の実験により、陰極線は彼が「微粒子(corpuscle)」と呼んだものからなっていることが明らかになったのだ。彼はその微粒子の質量と電荷の比を推測し、驚くべきことに、その質量が1個の水素原子の1000分の1に満たないことを発見した。やがて彼は、この微粒子の比電荷(質量に対する電荷の比)が、陰極にどのような物質を使おうが同じであり、また、さまざまな方法で生み出されたこの「微粒子」がまったく同じであるように見えることを示した。

トムソンは原子の構造を再検討しはじめた。彼が考案したものは、イギリスの伝統的なプディングにちなみ、「プラム・プディング」モデルと呼ばれる原子模型だ。彼のこの模型は、やがてドルトンの分割不可能な原子という理論に取って代わる。トムソンは、原子の本体は正の電荷を持っていなければならない、なぜなら、原子が電気的に中性であるためには、微粒子が持つ負の電荷を相殺するものが必要だから、と結論付けた。また、原子本体は、原子の質量の大部分を持っているはずだった。

イギリスのプラムプディングは、スエットと呼ばれる牛などの腎臓周りの油を混ぜたダウ(ケーキ生地)にスグリなどのドライフルーツを満遍なく混ぜて球形に焼いたもの。トムソンの原子モデルでは、ダウに当たるのがふんわり球形に広がった正に帯電した物質で、ドライフルーツに当たるのが、高速で飛びまわる電子である。

ラザフォードの発見

1898年、ニュージーランド生まれの物理学者、化学者であるアーネスト・ラザフォード(1871〜1937年)は、磁場によって曲げられる放射線をアルファ線、ベータ線と名付けた。両者は、エネルギーの「放射線」ではなく粒子のビームであることを彼はまもなく発見した。アルファ粒子は正の電荷を持っていた。ベータ粒子(のちに電子だと判明する)は負の電荷を持っていた。彼がガンマ線と名付けた第3の放射線は、実際には電磁波だった。彼はウランからの放射に「アルファ線とベータ線」が含まれていることを発表し、これらの放射線の性質もいくつか特定した。

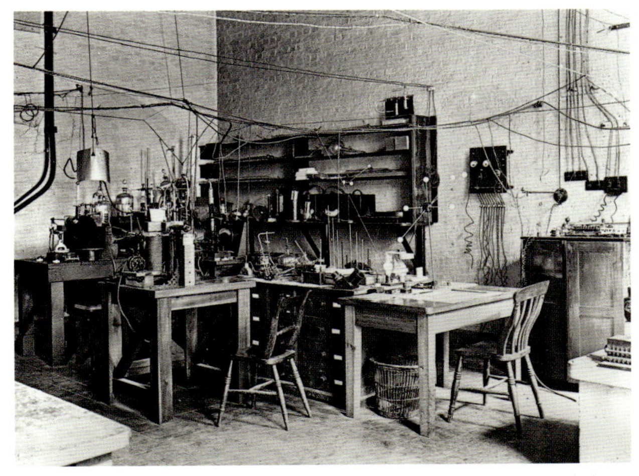

ケンブリッジ大学物理学研究所のアーネスト・ラザフォードの研究室

イギリスのマンチェスター大学に移ったラザフォードは、アルファ粒子の研究をさらにつづけた。1908年から1913年にかけて、ハンス・ガイガーとアーネスト・マースデンを指導し、正電荷を持つアルファ粒子をごく薄い金箔に照射し、金箔を通過してきたアルファ粒子の分布を記録するという、世界を変えるような結果をもたらす一連の実験を行わせた。ラザフォードは、アルファ粒子のごく一部は進行方向をわずかに変えるかもしれないが、大部分はまっすぐ金箔を通過するだろうと予測した。ところが、驚くべきことが起こった。一部のアルファ粒子は大きな角度で進行方向を変え、なかには元来た方向へと戻るものまであったのだ。ラザフォードはこれを、「15インチ砲弾を薄葉紙に向けて撃ったところ、弾は戻ってきて自分に当たってしまったかのようでした」と述べた。

プディング・モデルから ボーアの原子モデルへ

原子のプラムプディング・モデルには、このような結果を説明することはできなかった。それなら、そのモデルは間違っているにちがいない。原子のほぼ全体が、拡散した正電荷の雲のようなものなら、アルファ粒子をこれほど偏向させるだけの反発力など生じる

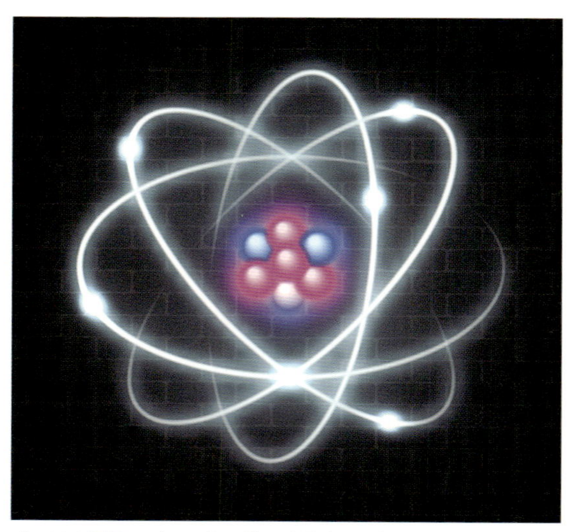
ボーアの原子モデルでは、電子は固定した軌道上で運動する。

はずがないからだ。したがって、正電荷は小さな空間に極度に集中していなければならない。こうして原子核という概念が生まれ、それと共に新しい原子モデルも誕生した。

ラザフォードは計算により、原子核は原子の直径の約1万分の1を占めるに過ぎず、したがって電子は、原子核のかなり近くまで入り込めることを突き止めた。つまり、原子は大部分が空虚な空間で、正電荷を帯びた小さな原子核を、負電荷を帯びた粒子が取り巻いているのだ。これでガイガーとマースデンの実験結果に説明がつく。原子核が占めている空間は非常に小さいので、大部分のアルファ粒子は、原子核にまったく出会うことなく金箔を通過したのだ。しかし、一部のアルファ粒子は正電荷を持った原子核に衝突し、大きな反発力を受けて、進行方向を劇的に変えた。より重い原子核は、正電荷が一層集中しており、アルファ粒子はより大きく偏向した。ラザフォードはこの驚くべき結果を1911年に発表した。

2年後、デンマークの物理学者ニールス・ボーア(1885～1962年)は、今日ではよく知られている、新しい原子模型を提案した。ラザフォードの実験では、電子は小さくまとまった原子核からかなり離れたところまで動いたが、彼は電子の運動をまったく制約しなかった。一方ボーアは、電子に限定された軌道を与え、そこから電子が逃れることはできないとした。彼の理論では、原子の質量の大部分が正電荷を帯びた原子核に集中しており、その周囲を原子ごとに異なる数の電子が、固定された軌道の上に配置されて取り巻いていた。軌道は、原子核からかなり離れたところまで及んでいる場合もあり、したがって原子は、原子核の直径に比べ、かなり大きな体積を占めることができた。このモデルはのちに、軌道を、具体的な物理的位置ではなく、エネルギー準位として定義することによって精緻化された。量子論の登場により、電子の物理的位置は決して厳密に特定できないことが明らかになったのである。軌道とは実は、確率の領域であり、電子は、それらの領域の内部に見出される確率が最も高いのだ。

原子は実在する

原子が存在する証拠が最初に確認されたのは、1827年にイギリスの植物学者ロバート・ブラウンが顕微鏡で花粉を観察していたときのことだとされるのが普通だ。ブラウンは、破れた花粉のなかから漏れ出た微粒子がランダムに運動しているのを見た。微粒子のなかには、まるで片側から押されたように、進行方向を突然変えるものがあった。彼は最初、粒子は生きており、自らの意志で動いているのだと考えた。これを検証するため、彼は枯れた植物——100年以上前のものも含め——から取った花粉を調べた。彼はさらに、石炭、ガラス、金属をはじめ、生き物が含まれない多くの種類の物質を調べた。そのすべてで、粒子は運動した。ブラウンは、彼が発見した運動する微粒子を「分子(molecules)」と呼び、一部の大きさを測定し、1インチの3万分の1という小ささであることを突き止めた。

ブラウン運動のことが知られるよう

ロバート・ブラウンは、ホソバナサンジソウ(*Clarkia pulchella*)という植物の花粉粒子を観察していたときに、のちにブラウン運動と呼ばれ、原子が存在する証拠として使われる動きを発見した。

になっても、当初は誰もそれを説明することができなかった。しかし、19世紀の中頃になって登場した分子運動論が、モデルを提供した。

液体は、目に見えない小さな分子でできており、それらの分子は常に運動している。小さな固体粒子が一個、液体のなかに入れられると、運動する液体分子が絶えずその粒子と衝突し、小突き回す。分子の経路はランダムなので、ときには、粒子が目に見える動きをするに十分な力で、粒子の片側が十分な力で押されることもある。一方、四方八方から分子に衝突されて、すべての力が打ち消しあうこともある。温度が上昇するとブラウン運動は激しくなることから、この分子運動論による説明は、納得できると思われた——少なくとも、原子や分子を受け入れる人々には。

この問題は、1905年に、ドイツ生まれの物理学者アルベルト・アインシュタインが発表した論文によって最終的に解決された。彼は、異なる温度における液体中の粒子の運動を表す数学的なモデルを構築し、1908年にフランスの物理学者ジャン・ペランが実験によってこれを検証した。アインシュタインの予測はペランの実験結果により確認され、分子の存在を示す初めての実験による証拠となった。2500年の歳月を経て、物質は原子からなるのか、それとも連続体なのかという論争がついに決着したのだった。

電荷、数、原子

これまでの話は、周期性とは何の関係もない。だが、物理学者ヘンリー・モーズリー(176ページ参照)が原子番号

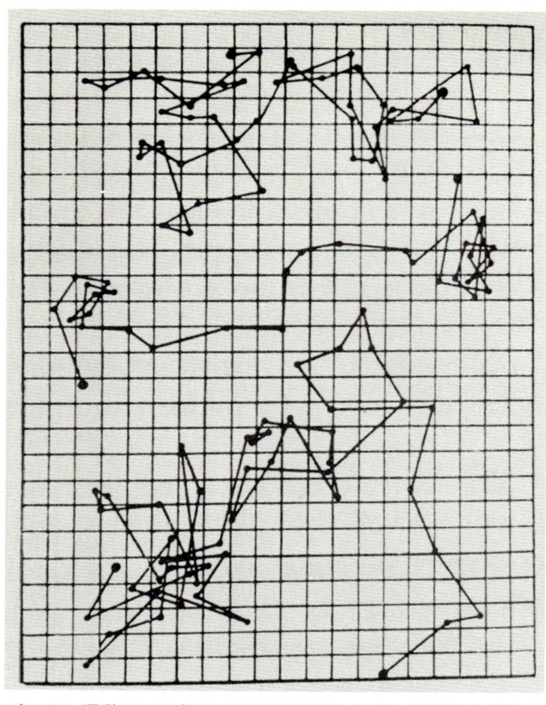

ブラウン運動をする粒子の経路を記録した図。経路は完全にランダムであることがわかる。

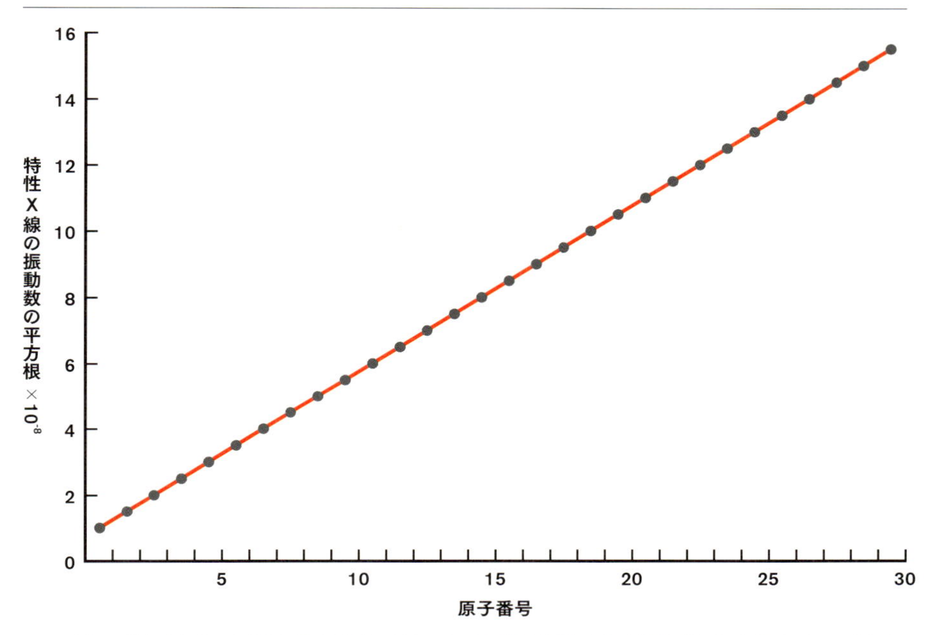

モーズリーが作成した、元素の原子番号に対し、その元素の特性X線の振動数の平方根をプロットしたグラフは、原子番号は単に化学者たちが考え出した便利な番号ではないことを決定的に示した。

は何らかのかたちで原子核の物理的状態に関係していると確信するに至って、この状況は一変する。

1911年、オランダのアマチュア物理学者アントニウス・ヴァン・デン・ブロークは、原子番号は原子の実際の性質、すなわち、原子核の電荷と関係があるという説を提唱した。「すべての原子を、順に原子量が増えていくように並べると、ある原子がその列の何番目に位置するかという番号が、その原子の内部の電荷に等しくなっているはずだ」というのだ。だがヴァン・デン・ブロークは、この説を支持する証拠を一切持っていなかった。そこでモーズリーが、この説の正しさを証明すべく取り組み始めた。

モーズリーはマンチェスター大学のラザフォードと共に研究を始めた。モーズリーはX線分光法(177ページ参照)を使って課題に取り組んだ。イギリスの物理学者チャールズ・バークラが、元素は個々に異なる特性X線を放出することをすでに示しており、バークラはそれらの線をK線、L線と呼んでいた。これは、X線が元素ごとに異なるということであり、したがってX線は何らかのかたちで原子核に関連しているということだった。モーズリーは電子線を一連の元素に照射し、各元

ヘンリー・モーズリー（1887～1915年）

ヘンリー・モーズリーの母は、高名な生物学者の娘だった。彼の父は、オックスフォード大学の解剖学・比較解剖学の教授だったが、ヘンリーがまだ幼いころに死去した。ヘンリー・モーズリーは小中学生のころから優秀で、奨学金を得てイートン・カレッジに進学した。1906年、彼は物理学と化学で賞を受賞し、その後オックスフォード大学のトリニティー・カレッジに入学した。卒業後、マンチェスター大学のアーネスト・ラザフォードのもとで研究をはじめた。初年には教員助手としての勤めもあったが、翌年からは教職から解放され、研究助手となった。

1912年彼は、実験により、放射能が電池の動力源として使えることを示した。実験のそもそもの目的は、ベータ崩壊によって放射線源から放出された高エネルギー電子を、放射線源に引き戻すことにより、アインシュタインが特殊相対論で予測した、速度とともに質量が増加することを証明することだった。放射線源にはラジウムを使った。そして、ラジウムを絶縁することにより、ベータ崩壊によって負電荷が失われるにつれ、ラジウムが持つ正電荷が大きくなるようにしようと考えた。ラジウムの電位が100万ボルトに達したなら、どんなに高エネルギーのベータ粒子でも即座に源に引き戻されるだろうと期待したのだ。しかし、ラジウムを十分に絶縁することができず、100万ボルトは達成できなかった。それでも彼は15万ボルトを実現し、世界初の原子力電池を作製した。彼はそれをラジウム電池と呼んだ。現在原子力電池は、寿命の長い電源が要求される、宇宙探査機に搭載されている。1960年代には心臓ペースメーカーの電源としても使われていた[現在心臓ペースメーカーの電源にはリチウム電池が使用されている]。

ヘンリーとローレンスのブラッグ父子から、高エネルギー電子線に照射された固体がX線を放出する現象について学んでいたモーズリーは、原子番号の本質をつきとめ、当時の周期表を巡る混乱を収拾するため、X線を使って原子の内部の状況を調べようとした。オックスフォードに戻った彼はX線分光装置を独自に製作した。彼はこの研究を1年で完了し、モーズリーの法則を導出した。こうして科学者としての輝かしいスタートを切った彼だったが、これが彼の最大の業績となる。第一次世界大戦がはじまると、1914年8月、彼はイギリス軍に入隊し、通信担当技術士官としてトルコに派遣された。1915年8月、ガリポリの戦いで狙撃兵に頭部を撃たれた。27歳という若さで、彼の世代の最も有望な科学者のひとりが死去した。

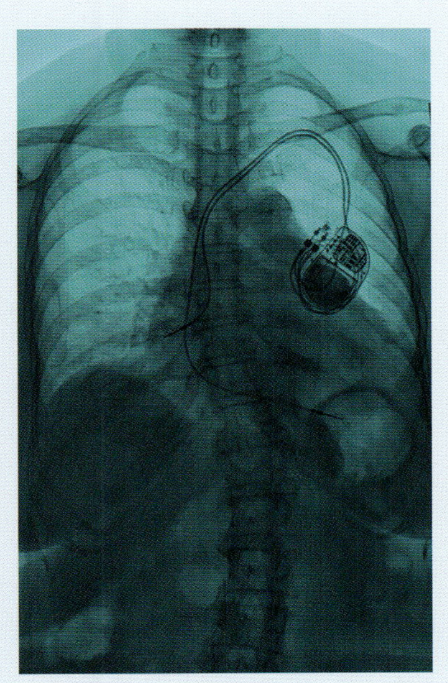

患者の胸部レントゲン写真に写った、原子力電池駆動型ペースメーカー。

素が発するX線のK線の波長を測定した。彼はまず、カルシウムから亜鉛までの、スカンジウムを除く10元素を調べた。スカンジウムは試料が入手できなかったのである。予測どおり、元素の相対的な原子番号に一致する線形的な関係が得られた。原子番号に対してK線の振動数の平方根をグラフに描くと、原子番号が増えるにつれ、X線の振動数が一定の間隔で上昇する、明確な相関が得られた。1914年、モーズリーはアルミから金までのほぼすべての元素に対して同じことを調べた。結果は初期の発見と一貫していた。

原子核がどのようなものか、まだ完全には理解されていなかったので、K線の間隔が一定になる理由を説明することはできなかった。しかし、モーズリーの発見は、原子番号は、化学者が元素を順番に並べるのに便利なだけでなく、原子が持つ重要な性質であることを明らかにしたのである。

次になすべきは、原子の何が原子番号を決めているか、つまり、原子番号の真の意味を明らかにすることだった。

ギャップと幽霊

モーズリーのグラフは、X線分光法にかけられるようなかたちで得るのが難しい元素や、未発見の元素の位置では途切れてギャップになっていた。反応

原子量と原子番号

原子量(または相対原子質量)とは、炭素12原子の質量の12分の1を単位とする、ある元素の「特定の状態(natural、stable、terrestrial)の試料」における原子の平均質量である(IUPAC、すなわち国際純正・応用化学連合による)。このように「特定の状態の試料」に対して定義されているのは、多くの元素に同位体――中性子の数が違うので、質量が異なる原子――が存在するからだ。

原子番号は、ある原子の原子核内に存在する陽子の数である。電子の数は常に陽子と同じである。原子番号は常に整数だ。陽子のかけらを持つことのできる原子は存在しない。

性が極めて低い希ガス元素については、彼はまったく数値を示さなかった。得られたグラフがもたらした成果のひとつは、メンデレーエフの場合と同様、未発見の数種類の元素の存在を予測できたことだ。モーズリーがグラフ上で特定したギャップは、原子番号が43、61、72、75の元素に対応していた。これらの元素は、テクネチウム(1937年に発見)、プロメチウム(1942年に

試料が放出するX線を調べることで、その組成がわかる。これが化学分析で広く使われているX線分光法の基礎である。火星探査車にもX線分光器が搭載されており、火星の岩や塵が調べられた。

コロニウムとネブリウム

1864年、イギリスの天文学者ウィリアム・ハギンズは、キャッツアイ星雲のスペクトルに説明のつかない緑色の輝線が存在することを発見した。

1868年、太陽のスペクトルの解析からヘリウムが発見され、元素であると認められたことから、ハギンズが発見した緑色の輝線も新元素に対応している可能性が高いと考えられ、「ネブリウム」という名称が提案された。

極度にイオン化された鉄が生じる緑色の光は、非常に目立ち、日食の際に観察できることもある。

1869年、アメリカのふたりの天文学者チャールズ・アウグストゥス・ヤングとウィリアム・ハークネスは別々に、皆既日食の最中に太陽コロナのスペクトルを観察し、明るい緑色の輝線を発見した。彼らは、この輝線は新元素によって生じたものだと考え、その元素を「コロニウム」と名付けた。60年後、スウェーデンの天文学者ベングド・エドレンは、この輝線は新元素ではなく、太陽コロナの極度な高温によって電子を半数も奪われた鉄のイオンであることを突き止めた。

1927年、アメリカの物理学者で天文学者のアイラ・ボーエンは、ネブリウムが実は2階電離した酸素(O^{2+})であることを突き止めた。このイオンは地球上には存在しないが、星雲には多く存在する。

生成された可能性があるが、単離されたのは1945年)、ハフニウム(1922年発見)、レニウム(1908年に発見されたものの、原子番号43の元素と誤解される。1925年に再発見され、正しく特定される)であることが今日知られている。このうち、原子番号43と75のふたつの元素は、メンデレーエフも予測していた。

モーズリーは周期表に関するほかの謎の解決にも貢献した。科学者たちは、しばらくのあいだ、水素とヘリウムの間にひとつ、またはふたつの未知の元素があるのではないかと考えていた。ヘリウムは水素の4倍の原子量をもっているため、原子量が2と3の、ふたつの元素が存在する余地があるように思えたのだ。このふたつの幽霊元素には、名前まで与えられていた。ネブリウムとコロニウムだ。だが、モーズリーの発見により、この種の憶測は放棄されることになった。決定的な要因は、原子量ではなく、原子番号なのだ。ヘリウムの原子番号は2で、リチウムの原子番号は3なので、それ以上の元素が存在する余地はないのである。

電子と陽子

ここまで見てきたように、モーズリーは、ある元素の原子核の電荷(すなわち、陽子が提供する電荷)と原子番号に結びつきがあることを発見した。陽子の数は、電子の数と一致するので、これはとりもなおさず、観察されている元素の性質と、その周期表内の位置とのあいだに結びつきがあるということだ。元素の化学的・物理的な性質は、電子の配置によって決まる。モーズリーは事実上元素の謎を解いたのだが、それがなぜ、いかにして可能だったかが完全にわかるには、原子の構造をさらに解明しなければならなかった。その仕事は、モーズリーの早すぎる死のあと、続けられた。

陽子がいつ発見されたかを正確に言うのは難しい。ラザフォードは、1911年に、電子の負電荷を相殺する正電荷を持った原子核を仮定していたが、原子核のなかに、電子と一対一に対応する個々の正電荷を持った粒子が含まれているとまでは特定しなかっ

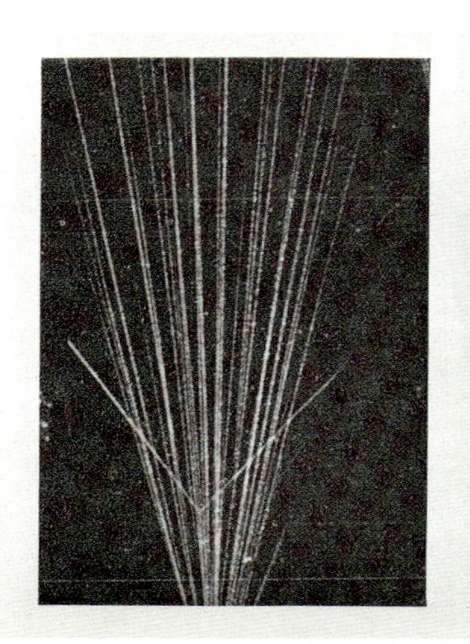

[左]ヘリウムガス中に撃ち込まれたアルファ粒子の経路。一か所で衝突が起こっていることがわかる。
[右]窒素ガス中にアルファ粒子を打ち込み、酸素と自由中性子を生成するプロセス。

た。1917年、窒素にアルファ粒子(ヘリウム原子核)を照射すると水素原子核を分離できることを発見すると、彼は水素原子核が窒素原子に含まれているに違いないと断定した。このとき窒素は、水素原子核を失い、$^{14}N + \alpha = {}^{17}O + p$という反応で酸素17に変化していた。これは初めて観察された核反応である。ラザフォードは、任意の原子核の正電荷は、常に水素原子核の電荷の整数倍で表されることを発見した。彼は1920年、ウィリアム・プラウトがかつて提唱した、すべての元素の構成要素である仮説上の粒子「プロタイル」にちなんで、「プロトン」という名称を提案した。プロトンは日本語では陽子と呼ばれる。

原子のパズルには、まだ見つかっていないピースがひとつあった。中性子である。ラザフォードは、原子核の内部には、電荷を持たず、質量が陽子に等しい別種の粒子が存在するはずだと提唱していたが、この粒子が発見されたのは1932年になってからのことだった。

ちょっとした新しい原子

原子を分解しようというラザフォードの研究で繰り返し直面したのは、原子量は常に原子番号よりも大きいということだった。原子番号は、原子核内にある陽子の数なので、余分な質量を説明するためには、原子核内に何か別のものが存在しなければならなかった。第一次世界大戦から戻った若手研究者ジェームズ・チャドウィックは、ケンブリッジ大学でラザフォードと共に研究をしていた。彼はこの余分な質量を説明する未知のもののことを常に頭の片隅に留めていた。

同じころフランスでは、イレーヌとフレデリックのジョリオ－キュリー夫妻(マリー・キュリーの娘とその夫)が、新しい手法を使って放射性粒子を追跡していた。彼らの研究に刺激を受けたチャドウィックは、新しい核子の証拠を探し求めて、彼らの実験の追試を行った。1932年、チャドウィックは待望の新核子、中性子を発見し、陽子の質量が中性子のそれの99.9パーセントであることを示した。ドイツの物理学者ヴェルナー・ハイゼンベルクは、この電気的に中性の粒子は、陽子と電子が結びついたものではなく、新しいまったく別の種類の素粒子であることを示した。

反応性に説明がつく

ある元素は容易に化合物を作るのに、ほかの元素はそうではないのはなぜだろう？　さまざまな元素が、さまざまな異なる比率で化合物を作るのはなぜだろう？　トムソンが電子を発見すると同時に、原子がどのようにして他の原子と結びつき化合物を作るかや、原子どうしが観察されているようなやり方で互いに結合するのはなぜかを探求することが可能になった。化学者たちは、さまざまな元素が、観察されているような状況にある理由を探り始めた。

立方体と頂角

アメリカの化学者ギルバート・ニュートン・ルイス(1875〜1946年)は、原子が電子を一種の「接着剤」として使って結合しあう様子を表すモデルを構築した。1902年、学生たちに原子価(ある原子がほかの何個の原子と結合するかを表す数)を説明していた際に、ルイスは、原子を立方体で表し、頂角に電子が位置するという図を用いた。このモデルでは、どの原子も8個の電子を持つことができた。中心を共有する多数の立方体が入れ子になっている状況もありうるが、この場合、最外層のみが結合の形成に関与する。ルイスは、もしもある原子の頂角のひとつに電子が存在しなかったとすると、そこに収まる電子が必要になるだろうと考えた。同様に、ある原子のふたつの頂角が空だった場合、その原子は2個の電子を取り込むことができるはずである。

ルイスは1916年、原子どうしは電子を共有することによって結合するという、共有結合の基本的概念を記した画期的な論文で、自らの考えを発表した。このころまでには、ボーアが彼自身の原子モデルを発表していた。それは、立方体をした原子の頂角を電子が占めているというものではなく、電子は中心にある原子核の周囲を、許された特定の領域内で周回しているというものだった。このモデルでは、電子は同時にふたつの原子核の周囲を周回でき、容易にふたつの原子に共有され

1	2	3	4	5	6	7	8
H							He
Li	Be	B	C	N	O	F	Ne
Na	Mg	Al	Si	P	S	Cl	Ar
K	Ca	Ga	Ge	As	Se	Br	Kr
Rb	Sr	In	Sn	Sb	Te	I	Xe

ギルバート・ルイスが、周期表内の一部の元素に対して提案した最外殻電子の配置。

て、それらの原子を結合することができた。このように、原子価とは、その原子が他の原子に与えたり、他の原子から受け取ったりして、共有できる電子の数である。

ルイスは1923年に、共有結合とイオン結合を明確に区別し、酸を1個以上の電子を受け取る性質を持つ物質と定義した。また塩基を、電子を他の原子に提供する物質と定義した。酸と塩基はどちらも、自らの最も外側の殻が電子で満たされた状態にしようとして、余分な電子を捨て去るか、または、足り

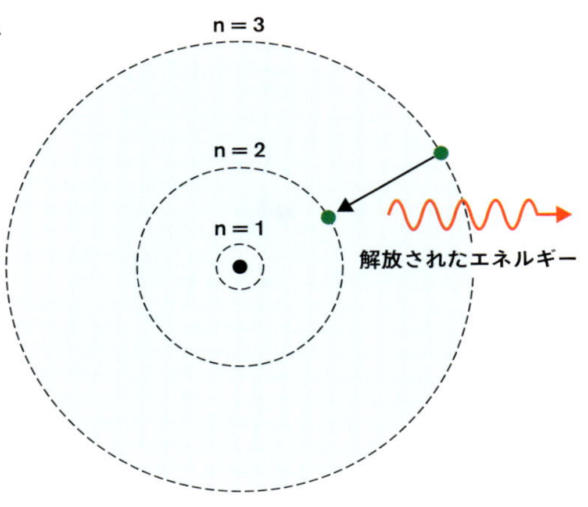

ボーアの原子模型では、電子は固定された軌道だけしか占有できない。電子は、エネルギーが高い軌道から低い軌道(より原子核に近い軌道)へと移動する際にエネルギーを放出する。

イオン結合と共有結合

分子を作るために原子どうしが結合する方法はふたつ存在する。イオン結合では、一方の原子が1個または複数の電子を提供し、もう一方の原子がそれを受け取る。どちらの原子も、最外殻に電子が満員になった状態になろうとするのだ。たとえば塩化ナトリウム(食塩)の場合、ナトリウム原子は最外殻に電子が1個存在し、塩素原子は最外殻に電子が7個存在する。ナトリウムが最外殻の電子を塩素に与えると、塩素は最外殻に電子が8個になる。こうして両者とも最外殻に電子が満員の状態になる。

共有結合では、原子どうしが電子を共有する。たとえば、水素原子2個からなる水素分子では、各原子が自らが持つ1個の電子を相手の原子と共有することにより、どちらの原子でも電子殻に電子が2個存在する満員状態が実現する。

水素分子(H_2)では、2個の水素原子が共有結合により結びついている。

ない電子を取り込もうとし、互いに結合しあうことで共に欲求が満たされるのである。

電子をあれこれ使いまわす

電子が特定の軌道に閉じ込められているというボーアの原子モデルは、電子は原子どうしの結合の仲介者だというルイスの説とぴったり合致した。両者により、周期表での並び方で形成される元素のグループごとに、反応性のパターンが現れることの説明がついた。1923年、原子構造に量子論を適応するボーアの研究によって、この問題は完全に解決され、さらに、分光法で得られた光のパターンも説明された(148ページ参照)。

ボーアの説明の要は、電子は殻内の異なる軌道を占めており、しかも、軌道ごとにそのレベルが異なっているということにあった。原子は、最もエネルギーの低い(原子核に最も近い)電子軌道から、徐々によりエネルギーの高い軌道へと順次電子によって満たされていく(これが、ボーアと、オーストリア生まれの物理学者ヴォルフガング・パウリによって提案された構造原理である)。

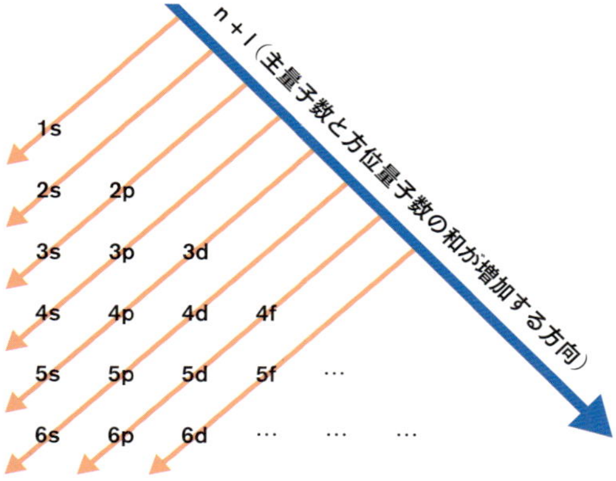

満員になることを切望する

原子は、占有されている軌道がすべて2個の電子で満たされている場合に安定(不活性)になる。最も安定な元素である希ガスでは、最外殻までの軌道がすべて2個の電子で満たされているため、最も安定である。

元素が示す周期的な性質は、各原子の最外殻の電子の数を反映していることがわかった。たとえばアルカリ金属はどれも、原子の最外殻に電子が1個しか存在しない。たとえばナトリウムの電子配置は2.8.1だ——ナトリウムは、最も外側の1個の電子を塩素に与えて、塩化ナトリウムを形成する。リチウムの電子配置は2.1、そしてカリウムの場合は2.8.8.1だ。ナトリウムと同様、これらの元素は余分な最外殻の電子を捨て去る必要があるため、反応性が高い。

一方ハロゲン元素はすべ

電子軌道のエネルギーが増加する様子。原子核から遠ざかるにつれ、軌道のエネルギーは高まる。

て、最外殻に7個の電子をもっており、電子を1個獲得して最外殻を満たすことができさえすれば安定になる。ハロゲンとアルカリ金属は、即座に反応してイオン結合を形成し、一方が電子1個得、他方が電子を1個捨てることにより、最外殻を完全に満たすという必要を満たす。

原子はタマネギのような層構造をしている

ある原子に属する電子が占有することができる軌道は、エネルギーの範囲ごとにいくつかのグループに分かれ、殻と呼ばれる構造をしている。殻はK殻(原子核に最も近い殻)からQ殻(原子核から最も遠く、第7周期の元素においてのみ占有される)までがある。周期表の行を下に移動するにつれて、行ごとにひとつの殻が新たに加わる。1行目は、水素とヘリウムだけからなる。これらの原子の電子は、エネルギーが最低の、基底状態と呼ばれる状態ではK殻にしか存在しない。水素は1個、ヘリウムは2個の電子を持つ。このK殻は、他の殻とは違い、2個の電子だけで満員になる。水素は、もうひとつの水素原子と結合して二原子分子(H_2)を形成することにより、この状態を達成する。

殻は、原子核を中心とした同心球を形成している。当然ながら、原子核から離れるほど、球状の殻はより大きな容積を包含するようになる。K殻には2個の電子しか収容されないが、L殻には8個の電子が収容できる。この8個は、4組のペアの形で収容される。原子を取り巻く電子軌道は、ひとつの殻の、内側の軌道から順に埋まっていくわけではない。電子は、エネルギーの低い軌道から順に埋まっていくが、電子が複数個存在する元素では、電子どうしの反発力の効果が大きくなり、軌道のエネルギーの大きさが、殻の順序と逆転する場合が多々生じる。したがって、外側の軌道に先に電子が収容されるケースも珍しくない。また、どの電子軌道にも、電子が2個収容できるが、エネルギーが同じ電子軌道が複数存在する場合、各軌道に電子が1個ずつ収まったあとに、次の電子が、既に電子が1個存在している軌道に入ってペアを形成する。その後順次新たなペアが形成されるように電子が収容されていく(フントの規則)。

モーズリーの研究が説明される

ボーアの研究のおかげで、モーズリーの発見に説明がついた。ある原子に拘束されている電子が高いエネルギー準位から低いエネルギー準位へと落ち込むとき、そのエネルギー差に相当するエネルギーを持った電磁波が放出される。モーズリーの実験では、元素を電子線で照射することにより、K線と呼

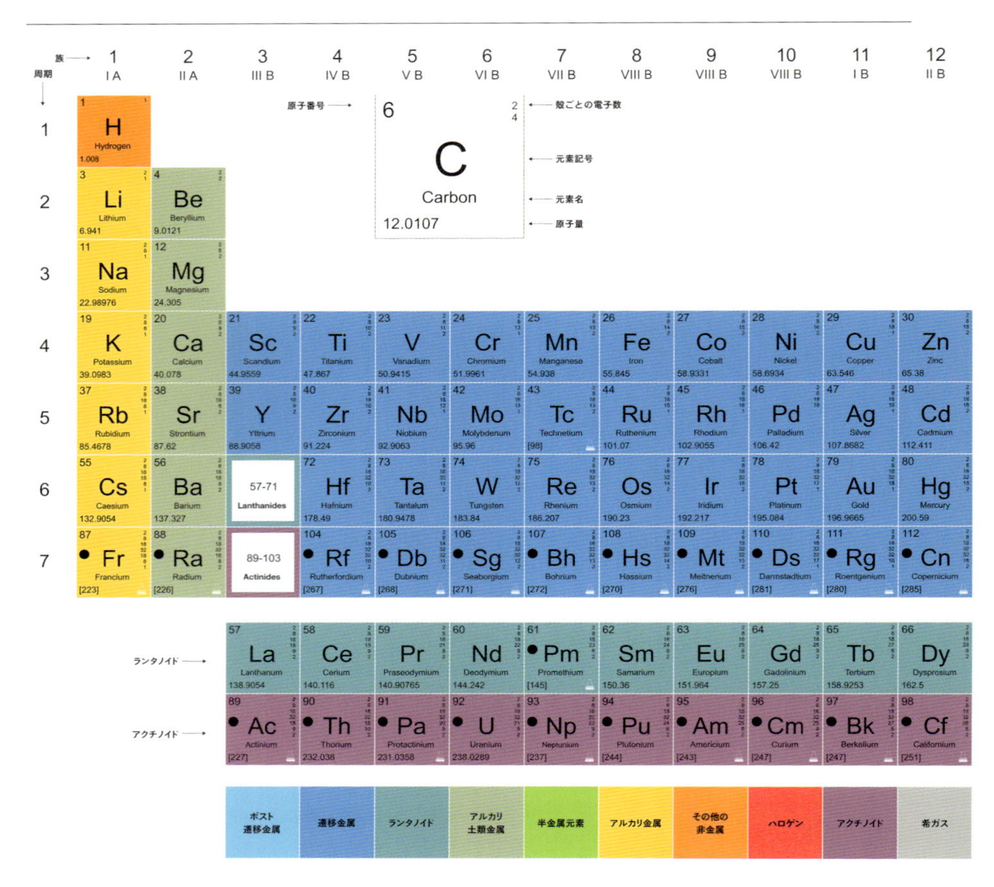

現在の、水素からオガネソンまでの周期表。

ばれるX線が発生した。これは、電子線によって元素のK殻にあった電子がはじき出され、そこに外側の殻から電子が落ちてきた際に、軌道のエネルギーの差に相当するエネルギーのX線が放出されるためである。このX線によって放出されるエネルギー（X線の波長に対応する）は、はじき出された電子が原子核により強く拘束されていたほど、すなわち、より内側におり（つまりK殻にいるときに最大になる）、かつ、拘束されていた原子核の正電荷が大きいほど、大きくなる。したがって、K－X線のエネルギーは、原子核の陽子の数（すなわち原子番号）によって決定され、原子番号が大きくなるほどK－X線の波長は短くなる。

再び質量と数について

原子の原子量が、陽子の質量と中性子

13 IIIA	14 IVA	15 VA	16 VIA	17 VIIA	18 VIIIA
					2 He Helium 4.0026
5 B Boron 10.811	6 C Carbon 12.0107	7 N Nitrogen 14.0067	8 O Oxygen 15.9994	9 F Fluorine 18.9984	10 Ne Neon 20.1797
13 Al Aluminium 26.9815	14 Si Silicon 28.0855	15 P Phosphorus 30.9737	16 S Sulfur 32.065	17 Cl Chlorine 35.453	18 Ar Argon 39.948
31 Ga Gallium 69.729	32 Ge Germanium 72.64	33 As Arsenic 74.9216	34 Se Selenium 78.96	35 Br Bromine 79.904	36 Kr Krypton 83.798
49 In Indium 114.818	50 Sn Tin 118.71	51 Sb Antimony 121.76	52 Te Tellurium 127.6	53 I Iodine 126.9044	54 Xe Xenon 131.293
81 Tl Thallium 204.3833	82 Pb Lead 207.2	83 Bi Bismuth 208.9804	84 ● Po Polonium [209]	85 ● At Astatine [210]	86 ● Rn Radon [222]
113 ● Nh Nihonium [286]	114 ● Fl Flerovium [289]	115 ● Mc Moscovium [288]	116 ● Lv Livermorium [293]	117 ● Ts Tennessine [294]	118 ● Og Oganesson [294]

67 Ho Holmium 164.9303	68 Er Erbium 167.259	69 Tm Thulium 168.9342	70 Yb Ytterbium 173.054	71 Lu Lutetium 174.9668
99 ● Es Einsteinium [252]	100 ● Fm Fermium [257]	101 ● Md Mendelevium [258]	102 ● No Nobelium [262]	103 ● Lr Lawrencium [262]

の質量の総和で、陽子と中性子の質量が等しいなら、原子量は必ず原子番号の2倍になるはずだと思われるかもしれない。だが、ラザフォードも気づいたように、そうでない場合が多々ある。大きな原子では特にそうだ。実際、原子の質量は、その構成要素の質量の和ではないのである。質量の一部は、結合エネルギー――原子核を一体に保つために必要なエネルギー――として費やされてしまうのだ。

アインシュタインが彼の有名な方程式、$E=mc^2$で示したように、エネルギーと質量は原理的には変換可能だ。構成要素の質量の一部は、エネルギーに変換される。これは質量の損失として表れるため、原子の質量は私たちが予想するより小さいことがある。また、周期表に示されている原子量の数値が、たいてい原子番号の2倍よりも大きいのは、各元素の同位体の質量をその存在比で重みづけした平均値を標準原子量として表示しているからだ(200ページ参照)。

第8章

元素を変化させる

科学的な研究は、それが直接役に立つかという観点から捉えてはなりません。それは、それ自体として、その科学としての良さから捉えなければなりません。しかし、科学的な発見がラジウムのように、人類の利益になるという可能性も常にあるのです。——マリー・キュリー、1921年

錬金術師たちの目的は、物質を変換すること、ある物質の性質を根本から変えて、別の物質にすることだった。20世紀、彼らの夢は実現した。だが、それは無限の富をもたらしてはいない。現代の「錬金術」の応用のひとつには、ほとんど無限の破壊をもたらす可能性がある。

核兵器が起こす大規模な爆発は、元素が変化する際に解放されるエネルギーによってもたらされる。

新しい見方

歴史を通して、化学者たちは周囲の世界のなかに、新しい物質を探し求めてきた。元素という概念が生まれてからは、元素が探し求められるようになった。何世紀ものあいだ、彼らの主要なツールは火と溶媒だった。20世紀が始まるまでに、これらのツールで発見可能な元素の大部分はすでに発見されていた。だが、その頃、新元素を探し求める化学者たちは、有用な新しいツールをふたつ手にしていた。分光法と放射能である。

分光法は、科学者たちがある物質が新しい元素かどうかを判別するのを助けた。スペクトルの特徴が既知の元素と一致しないなら、何か新しいものが発見されたということになる。一方放射能は、新しい元素を発見する手がかりとなった。ここから、新たな疑問が湧き上がった。もしも元素が放射性崩壊によって自然に発生するなら、同じ方法で人為的に元素を生み出すことができるのではないか？　20世紀のうちに、最初の元素合成——人間が物質の根源を操作して強制的に元素を生み出すこと——が行われる。

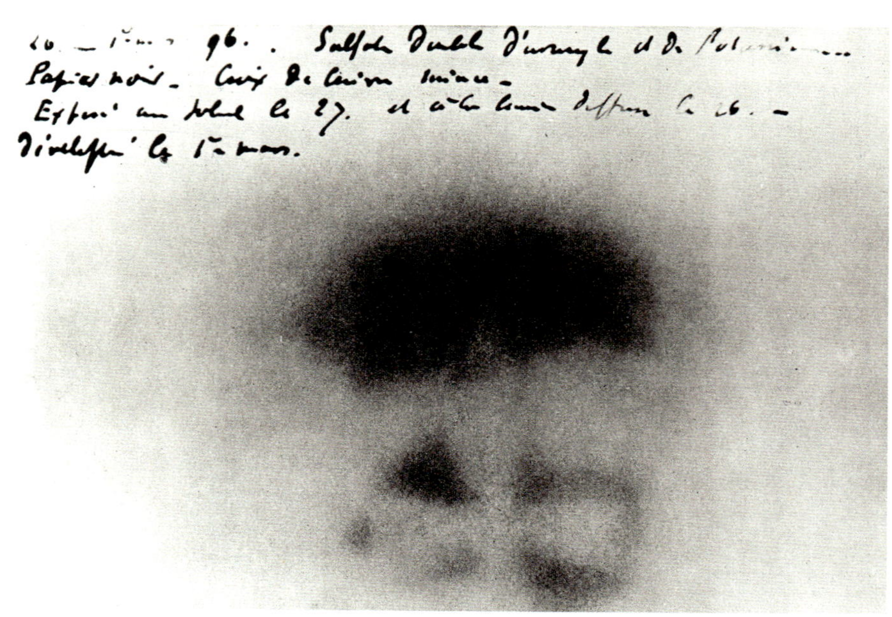

アンリ・ベクレルを放射能の発見へと導いた彼の写真乾板の1枚。

X線、U線、そして パリのとある暗い引き出し

1896年、フランスの物理学者アンリ・ベクレルは、蛍光物質(蓄えていた光を放出して、暗闇で光る物質)の研究をしていた際に放射能を発見した。彼は、蛍光とX線に関係があることを突き止めようとしていたのだが、代わりに、さまざまなウラン化合物が写真乾板を黒化することを発見した。発見にはよくあることだが、この発見もまったく偶然に行われた。

ベクレルは、ウラン塩(硫酸ウラニルカリウム)を日光にさらしたあと、黒い紙に包んだ写真乾板の上に置いた。その後写真乾板を現像すると、影が写っていることがわかった。ベクレルは、何らかの「線」がウラン塩によって放射されたのだと結論付けた。天気が変化し、ウラン塩に日光を吸収させる実験を行うには日差しが弱まりすぎた日、ベクレルは実験は延期しようと考え、ウラン塩と写真乾板を引き出しのなかにしまった。数日後、写真乾板を引き出しから取り出した彼は、ウラン塩を

電磁スペクトル

電磁スペクトルとは、存在しうるすべての電磁波をその波長(または周波数)の順に並べたものである。私たちが見ることのできる光(赤から紫までの可視光)は、このスペクトルの一部であり、また、電子レンジで食べ物を温めてくれるマイクロ波や、ラジオ放送やワイヤレスのインターネット通信を媒介するラジオ波もそうだ。これらはただ波長——電磁波の山と山、あるいは谷と谷のあいだの距離——が違うだけである。X線とガンマ線も電磁スペクトルの一部だ。しかし、アルファ線とベータ線は電磁波ではなく、高エネルギー粒子の流れなので、電磁スペクトルには属さない。

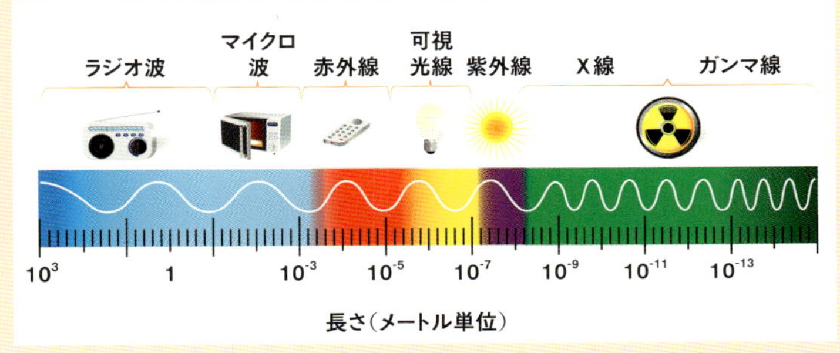

最も長い波長(ラジオ波)から最も短い波長(ガンマ線)までの電磁スペクトル

日光にさらしてはいなかったが、その乾板を現像することにした。彼が驚いたことに、「線」が包み紙を貫通して乾板にウラン塩の痕跡を残していた。そのウラン塩は日光のエネルギーを吸収する機会はまったくなかったにもかかわらず。彼はその後、金属ウランもやはり同じ効果を持つことを発見した。

ベクレルは最初、その「線」はX線に似たものだと考えていたが、さらに調べると、両者はまったく異なることが明らかになった。彼は磁場を利用して、これらの放射を検出する装置を製作した。X線は磁場では曲がらないが、彼が発見した線は曲がった。ベクレルはこれをU線(ウラン線)と呼び、ウランとの関連でしか考えなかった。ほかの研究者たちはこれを「ベクレル線」と呼び、もっと広い範囲を視野にその本質を探ろうとしていた。

隠れていた元素の出現

ベクレル線を出す元素はウランだけではないことがまもなく明らかになった。ポーランド出身の化学者マリー・スクウォドフスカ・キュリー(194ページ参照)は、トリウムもU線を発生することを発見した。彼女は夫のピエールとともに瀝青ウラン鉱(ピッチブレンド)と呼ばれるウラン鉱石について研究し、それがウランよりも高い放射性を持っていることを見出した。

ウランを抽出したあとに残った、普通なら廃棄する物質さえもが、ウランよりも放射性が高かった。瀝青ウラン鉱には、ウランのほかに少なくともひとつ、別の放射性元素が含まれるはずだと結論付け、ふたりは研究をつづけた。数千キログラムの瀝青ウラン鉱を大釜で融かし、マリーは自分の身長ほどもある長い棒でこれをかき回した。努力は報われ、彼らは新しい放射性物質を2つ発見した。そのひとつ目のポロニウムをふたりが分離したのは1898年で、マリーの祖国にちなみ、ポロニウムと名付けた。ポロニウムは、ウランの100万倍も放射性が高いことが明らかになった。しかし、ポロニウムを分離したあとの残留物は依然として

瀝青ウラン鉱は、閃ウラン鉱(酸化ウラン)という鉱物の一形態。ウランの原料。

安全は後回し

放射性の高い物質を熱しているなべをかき回す仕事は、決して健康にはよくない。マリーは結局、再生不良性貧血で亡くなるが、科学者人生を通して放射能に被曝していたことが原因だと推定される。パリにあったキュリー夫妻の実験室では、潜在的な危険性など気にしないという態度が当たり前で、安全性を気にするのは、科学と進歩に十分に身を捧げていない証拠だと見なされた。マリーについて研究していた人々の多くも健康を害した。彼女とピエールは、1903年ごろから放射線障害の兆候を示していた。

高い放射性を示しており、未知の放射性元素がもうひとつ存在することを強く示唆していた。

ウランの原料として使われている瀝青ウラン鉱は、高価だった。そしてキュリー夫妻には大量の瀝青ウラン鉱が必要だった。マリーはオーストリアのウラン工場に連絡し、ウランを抽出したあとの瀝青ウラン鉱を数トン購入した。キュリー夫妻は再び大釜で作業をはじめ、ついに、第二の放射性元素を1902年に発見すると、ラジウムと名付けた。ラジウムはウランの250万倍も放射性が強いことが明らかになった。ポロニウムとラジウムの抽出は、相当な労働だ。1トンのウラン鉱石からは、0.14gのラジウムと、100マイクログラム、すなわち0.0001gのポロニウムしか取れないのだから。

燐光のパターンに現れるエネルギーの吸収と放出を追跡し、マリーは、放射性物質は、常時存在している背景放射のうち、特定の種類のものを吸収しているのではないかという説を提唱した。燐光性物質が光を吸収したり放出したりできるのなら、これらの物質も放射線を吸収したり放出したりできるはずだ。「放射能」という言葉を作り出したのはキュリー夫妻である。

ラジウムの恐怖

放射能の危険性は、早くから浮上していた。1901年、ベクレルはポケットに入れて持ち歩いていたラジウムのせいで常に火傷を負っていた。トーマス・エジソンのX線透視装置開発の助手だったクラレンス・ダリーは、両手に放射線障害を負い、ガンの進行を阻止しようと両腕を切断したにもかかわらず1904年に亡くなった。しかし、無知と「沈黙の共謀」によって、ラジウムの安全性に疑問があったとしても、それでラジウムの扱い方を変える者はなかった。

20世紀初頭には、微量のラジウム

マリー・キュリー(1867-1934)

マリー・キュリーは、ポーランドでマリア・スクウォドフスカとして生まれた。両親はともに学校の教師だった。彼女が10歳のとき、母親が死去した。それでも彼女はギムナジウムを優秀な成績で卒業したが、当時女子に進学の道は開かれていなかった。マリアは家族を経済的に支えるため、家庭教師として働き始め、余暇には貪欲に読書と勉学を行った。1891年、彼女はワルシャワからパリへと向かい、数学と物理学を学ぶためにソルボンヌ大学に入学した。大学の登録用紙には、名前をフランス語風の「マリー」に変えて記入した。

やがてピエール・キュリーと出会い、1895年に結婚した。ふたりはパリの工業物理化学市立大学で研究するなかで、放射能は元素の化学的な状態には依存しないことを発見した。つまり、放射性を持つ原子は、それが化合物になっていようが、元素として存在しようが、同じプロセス、同じペースで放射線を出すのだった。

彼らはウラン鉱石の研究を続け、体力と根気を要する実験を続けて、ポロニウムとラジウムを相次いで発見した(1898年)。1903年夫妻は、「アンリ・ベクレル教授が発見した放射現象に対する共同研究において、特筆すべきたぐいまれな功績をあげた」ことによって、ベクレルと共にノーベル物理学賞を受賞した。1906年、ピエールが不慮の死を遂げると、マリーは夫と取り組んできた研究を継続し、また、ピエールに準備されていたパリ(ソルボンヌ)大学の物理学部教授の職位をマリーが受けることになり、パリ大学初の女性教授となった。1911年、マリーは「ラジウムとポロニウムの発見と、ラジウムの性質およびその化合物の研究において、化学に特筆すべきたぐいまれな功績をあげた」ことでノーベル化学賞を受賞した。

第一次世界大戦がはじまると、マリーと、17歳になっていた娘のイレーヌ(彼女もやがて原子物理学者となる)はX線撮影装置を搭載した車を運転し、戦闘の負傷者が収容された国内各地の病院を回って、負傷兵たちの骨折の状況や、体内に残る銃弾や破片を調べ、治療に貢献した。マリーはふたつのノーベル賞を受賞した最初の人物で、今日なお、女性としてその栄誉に浴した唯一の人物である。

マリーとピエールのキュリー夫妻。共に写っている娘のイレーヌも、のちに放射能に関する研究でノーベル化学賞を受賞する。

を添加した商品が、健康増進を謳って販売された。ラジウムで強化されたという物品には、ミルク、バター、チョコレート、そして美顔クリーム、アイシャドー、口紅などの化粧品(ユーザーの美しさを「真に輝かせる」と宣伝していた)などがあった。ラジウムは、カップルのラブライフをより深めると称してランジェリーにまで使用された。人々はラジウムの錠剤を飲んで健康の向上をはかり、頭にラジウム配合薬をつけて白髪を元の色に戻そうとした。病院では外科医たちがラジウム入りの小型カプセルを、手術の終わったガン患者の手術創部に縫いこんだ。

化粧品から下着に至るまで、ラジウムを含むさまざまな製品が宣伝された。

ラジウムの人気が衰えるには時間がかかった。リスクが知られていたにもかかわらず、利益を守ろうとする強欲な産業界は、ラジウムの最悪の影響をひた隠しにした。ユナイテッド・ステーツ・ラジウム・コーポレーション

最初の死者

USラジウム会社の従業員モリー・マッジャは、ラジウム中毒の恐ろしい症状が進行してとうとう亡くなったとき、たったの24歳だった。最初の異常は歯痛で、やがて歯が1本抜けた。だが、痛みは治まるどころか、別の歯へと移った。こうして彼女は何本もの歯を失った。まもなく、彼女の口のなか全体に悪臭を伴うじくじくした潰瘍が生じた。そのうち、彼女の顎全体、口、そして耳の一部が血膿の塊となった。歯科医が彼女の顎に触れると、顎骨が砕けた。このころまでには、彼女の手足は耐えられないほど痛むようになっており、彼女はもはや歩くこともできなかった。ついに彼女の頸静脈が破れ、口から血が溢れた。彼女は、最初の症状が現れてから1年以内に亡くなった。ほかの従業員たちにも同じ症状が現れはじめた。彼女の死因は梅毒だったと記録された。それは間違っていたが、USRCはおかげで責任を否定することができ、雇用者側には都合がよかった。

(USRC)は、1917年からニュージャージー州のオレンジにあった工場に大勢の女性を雇い入れ、掛け時計や腕時計の文字盤が暗闇でも光るように、ラジウム塗料を塗る作業をさせるようになった。女性たちは、細かい作業をする際に筆先をとがらせるため、ラジウムが含まれた筆先をなめるように指示されていた。ラジウムの安全性への疑いが浮上してからも、USRC側は、健康にリスクはないと請け合い続けた。だが、その一方で、同じ工場のほかの(男性)作業員たちは、大量のラジウムを取り扱う際には、鉛のエプロンを着用して身を守っていた。

やがて女性作業員たちは、歯が抜けたり、顔に著しい腫瘍を生じたりしはじめた。特発性骨折を起こしたり、その他さまざまな病気を発症した。最初の死者が出たのは1922年である。誰もが首をひねるばかりだったが、ついに1925年、ハリソン・マートランド

時計の文字盤に塗料を塗る作業は、危険には見えないが、USラジウム会社に勤めていた女性たちにとって、それは命にかかわる仕事だった。

という病理学者が、人体がラジウムをカルシウムと同様に処理することを発見した。つまり、ラジウムは女性作業員たちの骨のカルシウムと入れ替わって蓄積し、ほかの組織を損傷していたのだ。

工場の所有者たちは、ラジウムの危険性を否定し、すべての研究をもみ消そうとし、作業員たちに危険はないと請け合いつづけた。女性作業員たちの一部は、会社を相手取って訴訟を起こし、「ラジウム・ガールズ」と呼ばれるようになった。彼女らは困難な闘いに直面することになったが、その理由は既得権を持つ者たちに立ち向かったからだけではなかった。大恐慌時代に、運営を続け雇用を提供しつづけているわずかな企業のひとつを攻撃することは、世論からまったく支持されなかったのだ。

ラジウム・ガールたちは1939年に勝訴し、企業は重大な過失により有罪となった。ほかの労働者たちを守るための法改正がUSRCの判決から直接もたらされた。

ついに元素を変化させる

放射能の謎は、たった数年のうちに解けた。ベクレルの発見から4年後の1900年、ラザフォードと、イギリスの化学者フレデリック・ソディは、カナダのモントリオールにあるマギル大学で研究していた際に、放射性崩壊ではひとつの元素が別の元素に変化していることを発見した。まさに、昔の錬金術師たちが成し遂げようとしていたことそのものだ。ひとつの元素はゆっくりと、まったく別の元素に変化していたのだが、このプロセスでは、「ベクレル線」の放出が要(かなめ)になっていた。ふたりは、発見したことを1902年に発表した。

ラザフォードは、放射性元素はそれぞれ異なる速度で放射性崩壊すること

丘と同じくらい古い

地球上に存在するアルゴンのほとんどが、地殻内のカリウム40の放射性崩壊により生じたアルゴン40だ。カリウム40の半減期は12億5000万年と極めて長く、このため、カリウム40とアルゴン40の比をみれば、地質学的・考古学的試料の年代特定に役立つ。カリウムの崩壊はマグマ内で常に起こっているが、アルゴン40は気体であるため大気中へと散逸する。しかし、マグマが地表に出て冷え固まると、アルゴン40は岩石内に閉じ込められる。したがって岩石中のアルゴン40の比率を測定すれば、その岩石の生成年代を求めることができる。

を見出し、1907年に、崩壊の速度を表す「半減期(half-life period)」という言葉を作った。半減期とは、ある放射性物質の所与の試料の半分が、別の元素に崩壊するのにかかる平均時間である(今日、英語では半減期を意味して単にhalf-lifeと言うのが普通である)。ラザフォードは、岩石の年代を、そのなかに含まれていたラジウムがどれだけ鉛206に崩壊したかを調べることによって判定する方法も提案した。

今日ここにあっても、明日はなくなってしまう

放射性崩壊の当然の結果として、一部の元素は一時的にしか存在しない。ただし、ウランなどの元素の場合、「一時的」という言葉はあまり事実に即していない。というのも、ウラン238の半減期は45億年で、太陽系の年齢とほぼ同じだからだ。

ほかの放射性元素は、半減期がこれよりはるかに短く、そのため、非常に見逃されやすい。気体のラドンは、1900年に、ウランの崩壊系列を調べていたドイツの化学者フリードリヒ・

アルファ、ベータ、ガンマ

アルファ線は、原子核から放出されたアルファ粒子からなる放射線だ。アルファ粒子は、2個の陽子と2個の中性子からなる——つまり、ヘリウムの原子核である。放射線のうち最も透過性が低く、1枚の紙、もしくは数センチの厚みの空気層で遮ることができる。

ベータ線は高エネルギーの電子(または、電子とそっくりだが正電荷を持つ粒子である陽電子)が放出されるものだ。空気中を数メートル飛び、皮膚を数ミリメートル透過するが、厚さ1cm程度のプラスチック板で遮蔽できる。

ガンマ線は光子として放出される、波長が極めて短い電磁波である。光子には質量も電荷もないので、空気中を数百メートル飛ぶことができる。鉛などの高密度物質の分厚い壁以外に遮蔽することはできない。

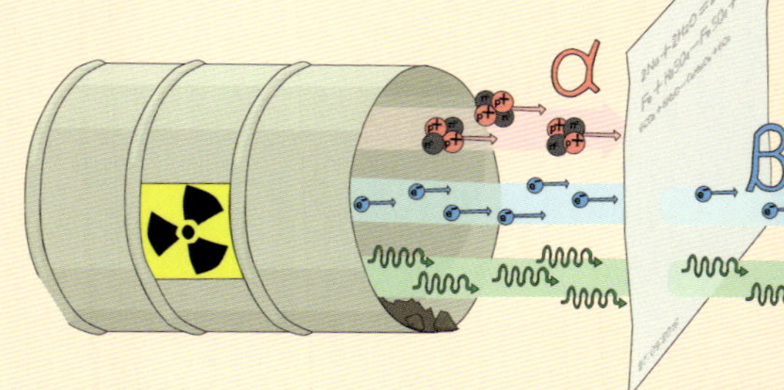

アルファ線、ベータ線(図中、赤と青で表示)、ガンマ線(緑で表示)の貫通力。

ドルンによって発見された。彼はこれを「ラジウム・エマネーション」[ラジウムから得られる気体状の放射性物質の意。ラジウムが接した空気が放射性を持つことが知られていたが、ドルンがこれをラジウムの放射性崩壊で生じる放射性の気体だと突き止めたことから]と名付けたが、1923年にラドンに改称された。ラドンの半減期はたった3.8日だ。これほど半減期が短い元素を発見したと証明するのは困難なことだろう——だが、じつのところ、人工的に作り出される元素のなかには、1秒足らずのあいだしか存在しないものも多いのである。

ラドンを発見することが困難だったとしたら、フランシウム223の発見は一層困難だった。フランシウムは、自然界に存在する放射性元素としては最も半減期が短い——たった22分である。また、フランシウムは自然界で発見された最後の放射性元素だ。1939年、マリー・キュリーの助手だったマルグリット・ペレーによって発見された。ちなみに、自然界で発見された最後の非放射性元素は、1923年に発見されたハフニウムである(200ページ参照)。

フランシウムは、ウランやトリウムの鉱石のなかに存在するが、量は極めて少ない。地殻の内部には、つねに20〜30gしか存在しないと推測されている。マルグリット・ペレーは、ウラン鉱石からアクチニウムを分離していた際にフランシウムを発見した。キュリー夫妻が発見したウランに含まれる他の不純物と同様、アクチニウムはごく微量しか存在しない。1トンのウラン鉱石から採取できるアクチニウムは1、2ミリグラムのみだ。フランシウムは、ペレーが分離した微量のアクチニウムに不純物として含まれていた。このアクチニウム試料から、既知の不純物をすべて除去したペレーは、その試料がなおも、純粋なアクチニウムにしては放射性が強すぎることを発見した。このなかに、さらに別の放射線源が含まれているに違いないと考え、ペ

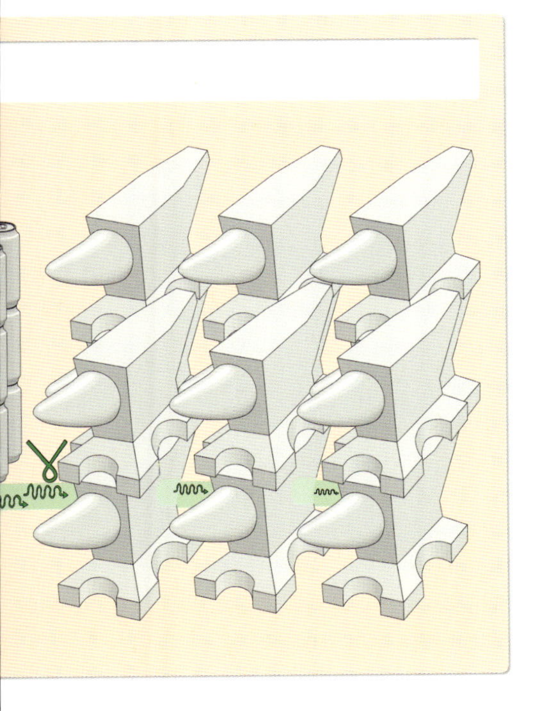

フランシウム223を発見したのはマルグリット・ペレーである。フランシウム223は、半減期が22分と、自然に産出する元素のなかで最も短い。フランシウムは、自然界で最初に発見された元素として最後のものである。

レーはそれを分離しにかかった。分離されたものは、ペレーが主張したとおり、メンデレーエフが予測していた未発見の87番元素だった。だが、他の科学者たちはこれに異議を唱え、彼女がフランシウムを発見したことは1946年まで認められなかった。

ひとつの崩壊系列のなかで、多くの放射性元素が生成され、それぞれの生成時間には長短があるが、系列はいつかは停止し、安定な元素に到達する。既知の放射性崩壊系列の安定な最終生成物が、ある試料のなかに存在する比率がわかれば、科学者たちはその試料

最後の安定元素

最後に発見された安定元素は、1923年に確認された遷移金属のハフニウム(72番元素)だった。それ以降に発見または合成された元素はすべて放射性である。オランダの物理学者ディルク・コスターとハンガリー生まれの化学者ゲオルグ・ド・ヘヴェシーが、X線分光分析法を使って、ノルウェー産のジルコン[ジルコニウムのケイ酸塩鉱物]という鉱物のなかにハフニウムを発見した。ハフニウムをジルコニウムから分離するのは非常に難しかった。ジルコニウムを含む鉱物のほとんどにハフニウムも含まれていることを発見したヘヴェシーは、それまで使われていたジルコニウムの原子量が間違っていたことに気づいた。彼はほかの科学者たちの協力も得て、ハフニウムが含まれていないジルコニウムの試料を作成し、原子量の再測定を可能にした。

1923年に発見されたハフニウムは、最後に発見された安定元素である。

の年代を計算することができる。これが放射性炭素年代測定を始めとする、放射性同位体の自然崩壊を標識として使う年代測定法の基盤である(203ページ参照)。

同位体——同じだけど違う

放射性崩壊の研究は、必然的に同位体の発見をもたらした。同位体とは、ある元素の変種である。ひとつの元素のすべての原子は、電子ならびに陽子の個数が同じだが、原子核内の中性子の個数は、異なる場合がある。同位体の存在が初めて認識されたのは、1910年ごろ、フレデリック・ソディによる。彼は、自分が発見した数種類の物質が、放射性が異なり、原子量も異なるにもかかわらず、実は同じ元素であることに気づいた。彼はそれらを「同位体」と名付けた。放射性同位元素を化学的な手段で分離しようとしても、必ず挫折した。それもそのはず、同位体は化学的性質がまったく同じなので、そんな手段で分離できないのは当然だ。それでも化学者たちは、必ず失敗するとは知らずに、数年間この取り組みを続けた。「原子量」という言葉は、ある元素の各同位体の原子質量に、その存在比で重みをつけて平均した、その元素の平均原子質量を指す。「原子質量」とは、特定の同位体の質量を指す。つまり、たとえば塩素の原子量は35.5だが、それは、塩素の同位体

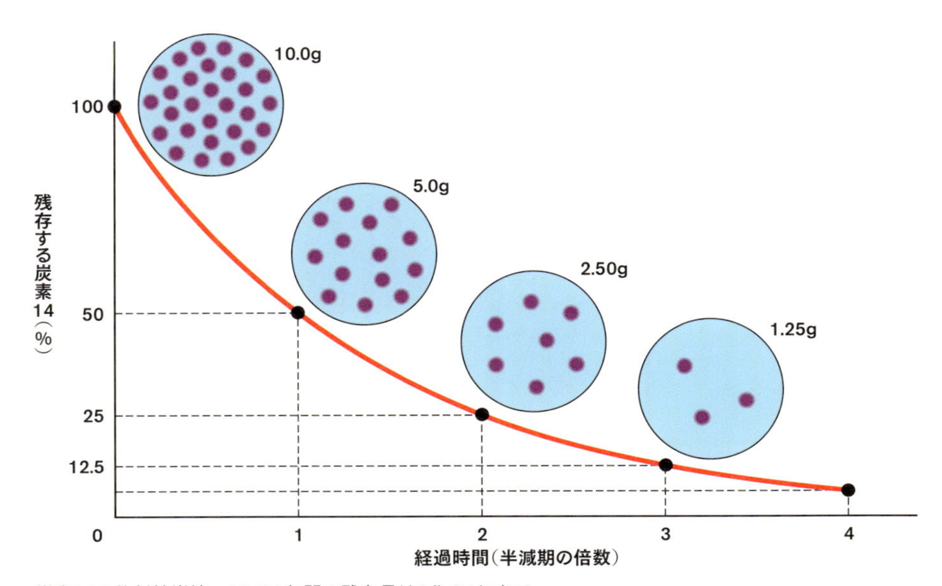

炭素14の放射性崩壊。17,190年間で残存量は8分の1になる。

の原子質量を、その存在比で重みづけして平均した値である。今日、ある元素の同位体には、その原子質量を表す数字が添えられている。たとえば、炭素12は原子質量が12で、炭素14は原子質量が14だ。中性子は電荷を持たないので、中性子の数が変わっても原子の電荷や、いくつの結合を形成できるかにかかわる化学的振る舞いには影響しないが、原子の質量は変化してしまう。

半減期の長短

半減期が最も長い放射性同位体はテルル128で、その半減期は宇宙の年齢の160兆倍の長さである。あなたが1gのテルル128をもっていたとすると、平均で674年に1個ずつのペースで原子が崩壊すると考えられる。したがって、14世紀にペストが大流行したころに存在した1gのテルル128は、おそらくそれ以来1個の原子しか失っていないことだろう。

半減期が最も短い放射性同位元素は七重水素で、半減期は23ヨクト秒、すなわち2.3×10^{-24}秒である。これがどのくらい短い時間なのか、思い描くのは難しい。仮にあなたが宇宙が誕生した瞬間に秒を数え始めたとすると、今あなたは10^{24}秒の1000万分の1の秒数しか数えていないことになる。10^{-24}秒というのは、その逆数である。七重水素は、それほどの時間しか存在しない。2003年に合成された。

放射性同位元素	半減期
ポロニウム215	0.0018秒
フランシウム223	22分
ビスマス212	60.5分
バリウム139	83分
ナトリウム24	15時間
ヨウ素131	8.07日
コバルト60	5.26年
ラジウム226	1,600年
ウラニウム238	45億年

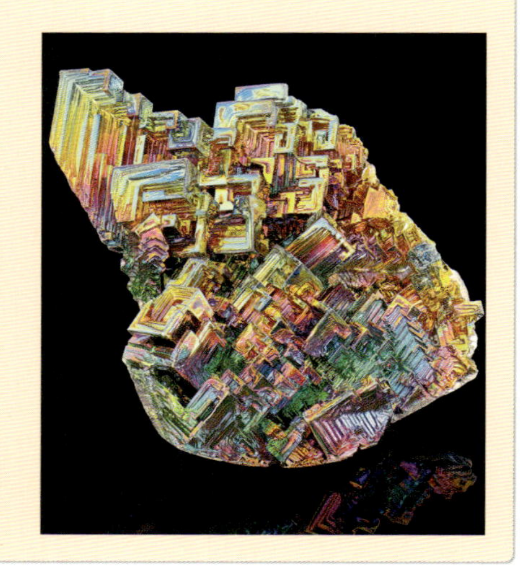

ビスマス209の半減期は1900京(1.9×10^{19})秒である。これは、宇宙の年齢の10億倍以上の長さの時間である。

> **原子番号=陽子の個数**
>
> 相対原子質量=質量数12の炭素原子の質量の12分の1で各元素の質量を割ったもの。
> 原子量=ある元素のすべての同位体の相対原子質量を、存在比で重みをつけて平均した値

順序正しく崩壊する

ソディ(と、彼とは独立に、ポーランドの化学者カシミール・ファヤンス)は、放射性崩壊を支配する法則を明らかにするための研究に取り掛かった。そのような法則が明らかになれば、ある放射性元素が崩壊すると、どの同位体が生じるかが予測できるようになる。

・アルファ崩壊では、親同位体よりも原子番号がふたつ小さく、原子量が4小さい原子が生じる。たとえば、ウラン238がアルファ崩壊すると、トリウム234が生じる。

$$^{238}_{92}\mathrm{U} \rightarrow {}^{234}_{90}\mathrm{Th} + \alpha$$

・ベータ崩壊では、生じた原子は親同位体よりも原子番号がひとつ大きいが、質量数は変化しない。たとえば、鉛212はベータ崩壊してビスマス212となる。

炭素14は大気中で自然に生成され、放射性でない炭素12と共存している。炭素14は、生物が生きている間、その体に取り込まれるが、死亡した時点でそれ以上取り込まれなくなる。炭素14は半減期5,730年で崩壊する。したがって、残存する炭素14の存在比率を、その生物が死んで以来経過した時間の指標として使うことができる。これが放射性炭素年代測定法の基礎である。

$\beta + {}^{212}_{82}Pb \rightarrow {}^{212}_{83}Bi$

ある元素をどうやって作るか

このことが明らかになったことによって、化学者と物理学者は、最終的にはある元素を別の元素に変えることのできる重大な発見に至った。それよりなお驚異的なことに、彼らは既知の元素を、まったく新しい未知の元素に変えることができるようになった。その結果、周期表の物語の新たな一章が開かれる。

核反応の実験

実験室内で引き起こされ観察された最初の核反応は、1919年にラザフォードが行った。気体にアルファ粒子を照射する装置を使って、彼は当時の言葉で「原子を分裂させる」ことに成功した。

アルファ粒子を窒素14の原子にぶつけることにより、彼はアルファ粒子を原子核に融合し、核子(陽子と中性子)の数を3つ増やして酸素17を作り、水素原子核(陽子)を1個はじき出した。これを式で表すと次のようになる。

$^{14}N + \alpha \rightarrow {}^{17}O + p$

その後数年間、ラザフォードは他のさまざまな気体を使って同様の実験を行い、多くの生成物を得た。彼が発見した事実は確実だったが、彼にできることは限られていた。もっと野心的に実験を行えるようなエネルギーをアルファ粒子に与える手段が彼にはなかったのだ。というのも、彼が使えるアル

分裂と融合

核反応にはふたつの形態がある。核分裂と核融合だ。

◉核分裂は、不安定な原子核が分裂して、より原子番号が小さい2つ以上の原子核を作る過程である。不安定核は、電子または陽電子、あるいはヘリウム原子核(アルファ粒子)を放出して少し軽い核になる場合もあり、これを原子核崩壊と言う。ウランなどの重い不安定核は、重さが同程度だが、まったく異なる2つの原子核に分裂するのが普通である。たとえば、ウラン235に中性子を1個吸収させると、クリプトン92とバリウム141に分裂する(同時にいくつかの中性子も放出する)。

◉核融合は、2つの軽い原子核が結合して、より重い原子核を作る過程である。核融合の結果、原子番号がより大きい原子核が生じる。

粒子を途方もない高速まで加速すると、衝突で劇的な結果が生じる場合がある。

ファ粒子は、放射性物質が自然崩壊で生じるものだけだったからだ。もっと劇的なことをするには、もっと大きなエネルギーが必要だった。

線形加速器と円形加速器

物理学者たちは、粒子加速器の製作に取り掛かった。加速器を使えば、スピードの遅いアルファ粒子を加速し、原子に衝突させて、原子核を激しく損傷するに十分なエネルギーを与えることができる。加速器では、強力な磁場を使って粒子を加速し、収束させ、高エネルギービームとして放出する。このビームを物質に照射するわけだ。

最初の加速器を製作したのは、イギリスの物理学者ジョン・コッククロフトとそのアイルランド人の同僚アーネスト・ウォルトンだ。ふたりの考案した装置で1928年から実験を始め、1932年、ふたりは0.5MeVに加速した陽子（水素イオン）をリチウムに照射し、アルファ粒子を生成した。

$$^{1}H + ^{7}Li \rightarrow ^{4}He + ^{4}He$$

これは大きな進展だったが、コッククロフトとウォルトンの加速器では粒子を直線に沿って加速させていた。つまり、達成できるスピードは装置の長

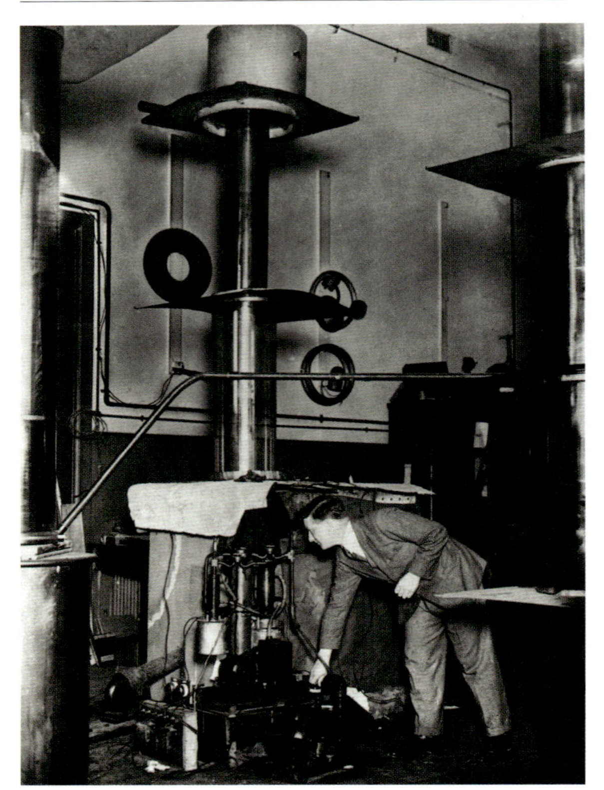

イギリスのケンブリッジ大学で、コッククロフト－ウォルトン型加速器の作業をするコッククロフト。

間に設置されたらせん状の経路に沿って粒子を加速させた。強力なふたつの電磁コイルにはさまれた、密封真空チャンバーの中心部から出発してらせん上を回転する粒子は、同一の磁場のなかで繰り返し加速された。線形加速器よりも、空間と磁場の両方の使い方がはるかに効率的だ。ローレンスと彼の研究生スタンリー・リビングストンは、陽子を100万電子ボルト(1MeV)まで加速することに成功した。コッククロフトとウォルトンが線形加速器で達成した速度の2倍である。

さによって制約されてしまうわけで、途方もなく長い加速器を製作するのは到底無理だった。

この問題は、1932年(コッククロフトがリチウムを分裂させたのと同じ年)カリフォルニアで、物理学者アーネスト・ローレンスがサイクロトロンを開発したことによって解決した。ローレンスの装置は、まっすぐな管のなかを進む粒子を加速するのではなく、電磁石の磁極に相当する2枚の励磁コイル板の

意外なものからの発見

ローレンスはサイクロトロンの開発と実験をさらに進め、1937年にはモリブデン(原子番号42)に重水素(陽子と中性子のペア、すなわち、ヘリウム原子核の半分)を照射していた。この頃、イタリア生まれのユダヤ系物理学者エミリオ・セグレがローレンスを訪問し、稼働中のサイクロトロンを見学した。セグレは、このとき照射された金属屑を一部譲ってほしいと頼み、それをシチ

電子ボルト

1電子ボルトとは、1個の電子が1ボルトの電位差を抵抗なしに通過する際に得るエネルギーの量である。約1.6×10^{-19}ジュールに相当する。

リアにあった自分の研究室に持ち帰った。その後まもなく、ローレンスはもう一枚金属板をセグレに送ったが、これは、偏向電極に使われていたモリブデン薄膜で、予期せぬ放射性を示した。じつはこの偏向電極は、繰り返し放射線に照射されており、セグレはこの電極板から、テクネチウム(原子番号43)という元素を単離した。テクネチウムの名称は、人工的に作られた最初の元素であることから、「人工の」を意味するギリシア語のteknetosを基に付けられたものである。

セグレが、テクネチウムの同位体のうち半減期が短いものについて研究するため、1938年に再度バークレーを訪れていた際、イタリアのファシスト独裁者ベニート・ムッソリーニが、ユダヤ人がイタリアの大学で教職員になることを禁じる法律を成立させた。セグレはアメリカに留まる決心をし、助手としてローレンスと共に研究を続けた。セグレは1940年に、ふたつめの元素、アスタチンを発見した。アスタチンの名称は、「不安定」を意味するギリシア語を基に作られた。アスタチンの最も安定した同位体ですら、半減期はたったの8.1時間だ。セグレは次

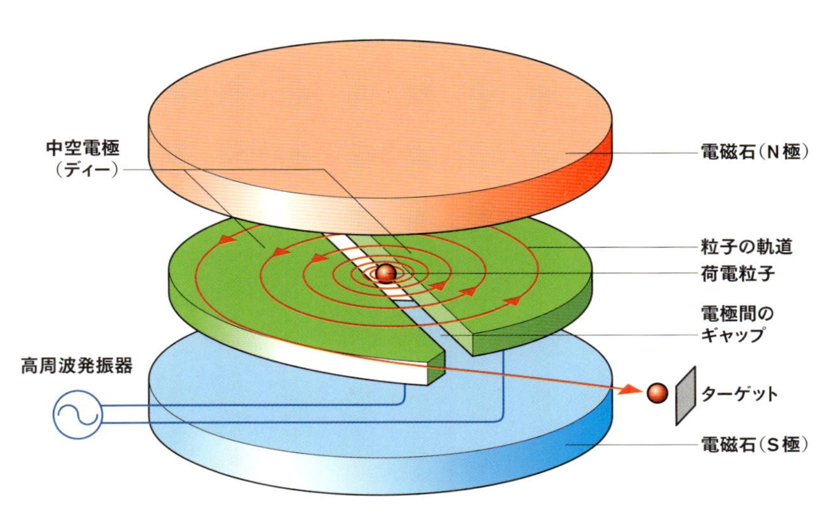

サイクロトロンは、帯電した粒子を、強力な2枚の電磁石に挟まれた渦巻型の軌道を運動させながら加速する装置である。

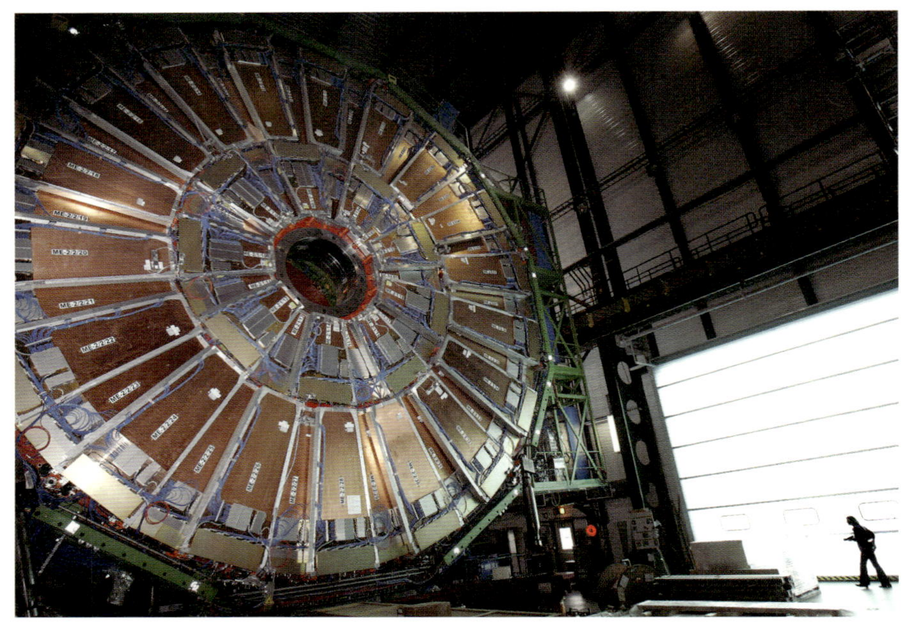

ジュネーブ近郊のスイスとフランスの国境をまたぐ地下深くに建設された大型ハドロン衝突型加速器は、ローレンスのサイクロトロンの子孫と呼べる。円形の軌道に沿って加速された粒子は、初期の原子核物理学者には想像もつかないレベルの速度とエネルギーで衝突する。

に、周期表にまだ記載されていない、非－超ウラン元素(原子番号が92未満の元素)に関心を寄せるようになったが、それを単離することはできなかった。

二度発見された元素

テクネチウムは、ローレンスのサイクロトロンで生み出される前に、自然界で発見されていたようだ。1925年、地球化学者のイーダ・ノダック－タッケ、ヴァルター・ノダック、オットー・ベルクは、原子番号43の元素を発見したとする論文を発表し、ヴァルター家の出身地で現在はポーランド領の町にちなんで、この元素を「マスリウム」と名付けた。彼らは同じ論文で、レニウムも発見したと主張した。しかし、彼らはその主張を正当化するに十分な「マスリウム」を分離することができず、科学界はこれを拒否した。

ところが、1999年に化学者のデイヴィッド・カーティスがノダックらが使ったものと同種のコルンブ石と呼ばれる試料のテクネチウム濃度を測定すると、ノダックらが電子線照射により発生したX線の解析で得たデータと一致する濃度であることが確認された。

テクネチウム誤発見の歴史

43番元素はメンデレーエフが予測した元素のなかで最後に発見された。彼がエカマンガンと名付けたこの元素は、セグレが1936年にサイクロトロンでの生成を特定するまでに、少なくとも一度誤発見されている。1908年には、日本の化学者小川正孝が43番元素を発見したと発表した。彼はこれを日本の国名にちなみ「ニッポニウム」と名付けたが、この元素は43番元素ではないことがやがて判明し、小川が発見した元素はレニウムだったことがのちに明らかになった。レニウムは1925年に発見されたと正式に認められ（179ページ参照）、小川はレニウム発見者の名声も得られなかった。

ノダックらは自然界に存在するテクネチウムの濃度として妥当な値を得ていたことが裏付けられたわけだ。コルンブ石は最大10パーセントまでのウランを含むが、ウランは1kg当たり約1mgのテクネチウムを含む。ノダックらはセグレが使用済みモリブデン箔のなかにテクネチウムを発見する12年前に、実験によって「マスリウム」を発見していたようだ。

宇宙空間で生涯を終えつつある星

テクネチウムはもうひとつ驚くべき事実を明らかにした。1952年、ウィルソン山天文台とパロマ天文台で研究していた天文学者のポール・メリルは、赤色巨星（恒星としての生涯の終盤にある星）のスペクトルに、テクネチウムのスペクトル線が存在することを発見した。つまり、赤色巨星にはテクネチウムが存在するということだ。半減期が最も長いテクネチウムの同位体でも、半減期は420万年なので、これは一種のパラドックスだ。もしもテクネチウムがこれらの恒星に誕生時から存在し

赤色巨星は、生涯の終盤に中心部で重い元素を生成する。

ていたとしても、それらは赤色巨星になるころにはまったく残っていないはずだからだ。唯一可能な説明は、これらの恒星が自らテクネチウムを生成したということである。そしてこの知見は、さまざまな元素がどこから来たかを知る手がかりとなった。

原子に手を加えるさらなる手段

1933年、ジョリオ－キュリー夫妻は、粒子線照射を新しい元素を作るのとは違う用途に使って、誘導放射能を発見した。ホウ素やアルミニウムなどの軽い元素(普通は放射性を持たない)にアルファ粒子を照射すると、それらの元素の原子は放射線を発生するようになり、アルファ粒子の照射を停止しても放射能が続くことをふたりは発見したのだ。このとき発生した放射線は、一種のベータ粒子であることがわかった。電子と質量は同じだが正電荷を持つ粒子、すなわち陽電子だったのである。放射能がアルファ粒子照射停止後も続いたという事実は、彼らが、通常は安定した同位体であるものを放射性に変える方法を発見したということを示していた。彼らは、安定なアルミニウム27を放射性のリン30に変えることに成功したのだ。彼らの発見はすぐに、生物学的プロセスや、その他の複雑な反応連鎖を明らかにするための放射性トレーサーとして応用された。元々放射性のなかった元素を放射性にしてしまうことによって、その元素の活動の追跡ができるようになったのだ。だがこれは、放射化学者には、また別の用途があった。

なかなか越えられないウラン

1940年以降に発見された元素はすべて、粒子加速器を使った核反応で生成された。これらの元素のいずれかが、人工的にではなく、超新星の内部で生まれていたとしても、これまでに科学者たちが調べた惑星や恒星の組成には含まれてはいない。これらの元素の大部分は半減期が極めて短い――そしてここで「極めて短い」とは、たった1秒だとか、1000分の1秒、あるいはそれ以下を意味する。したがって、これらの元素は超新星の内部で生成されるとしても、長い間生き延びることはない。

1932年に中性子が発見されるまでは、ウランより重い元素――超ウラン元素と呼ばれる――が存在する可能性を真剣に検討した者はほとんどいなかった。しかし、中性子の発見により、原子核に照射する新たな粒子ビームが登場した。超ウラン元素の存在が現実味を増し、まもなくそれは数名の放射化学研究者たちの最大の関心事となった。

1 H																	2 He
3 Li	4 Be											5 B	6 C	7 N	8 O	9 F	10 Ne
11 Na	12 Mg											13 Al	14 Si	15 P	16 S	17 Cl	18 Ar
19 K	20 Ca	21 Sc	22 Ti	23 V	24 Cr	25 Mn	26 Fe	27 Co	28 Ni	29 Cu	30 Zn	31 Ga	32 Ge	33 As	34 Se	35 Br	36 Kr
37 Rb	38 Sr	39 Y	40 Zr	41 Nb	42 Mo	43 Tc	44 Ru	45 Rh	46 Pd	47 Ag	48 Cd	49 In	50 Sn	51 Sb	52 Te	53 I	54 Xe
55 Cs	56 Ba	*	72 Hf	73 Ta	74 W	75 Re	76 Os	77 Ir	78 Pt	79 Au	80 Hg	81 Tl	82 Pb	83 Bi	84 Po	85 At	86 Rn
87 Fr	88 Ra	**	104 Rf	105 Db	106 Sg	107 Bh	108 Hs	109 Mt	110 Ds	111 Rg	112 Cn	113 Nh	114 Fl	115 Mc	116 Lv	117 Ts	118 Og
*＝ ランタノイド		57 La	58 Ce	59 Pr	60 Nd	61 Pm	62 Sm	63 Eu	64 Gd	65 Tb	66 Dy	67 Ho	68 Er	69 Tm	70 Yb	71 Lu	
**＝ アクチノイド		89 c	90 Th	91 Pa	92 U	93 Np	94 Pu	95 Am	96 Cm	97 Bk	98 Cf	99 Es	100 Fm	101 Md	102 No	103 Lr	

青＝安定な同位体が少なくともひとつ存在する元素。緑＝最も安定な同位体の半減期が200万年以上の元素。黄色＝最も安定な同位体の半減期が800～34,000年の元素。オレンジ＝最も安定な同位体の半減期が1日～103年の元素。赤＝最も安定な同位体の半減期が1日以下の元素。紫＝最も安定な同位体の半減期が数分以下の元素。

中性子は、原子核の外では数分しか存続しない[β崩壊を起こして陽子になる]ので、中性子線を照射するには、核反応または粒子加速器において原子を分解し、原子から逃れ出た中性子が陽子に崩壊する前に手早く加速しなければならない。これらの方法はやがて研究の焦点となり、新しい元素への道へとつながっていく。

エンリコ・フェルミ。彼の研究室にて。

中性子が助ける番

イタリアの化学者エンリコ・フェルミは、ジョリオ－キューリー夫妻はアルファ粒子を使ったが、新たに発見された中性子を使えば、より良い結果が出るかもしれないと気づいた。陽子が正電荷を持つため[アルファ粒子には陽子が2個含まれる]、アルファ粒子は標的の物質の原子核から反発力を受けてしまうが、中性子は電荷を持たない(電気的

93番元素はずっと存在していたのだろうか?

93番元素(ネプツニウム)を発見しようと努力していた科学者たちのなかに、ルーマニア出身の物理学者ホリア・フルバイとフランスの物理学者イヴェット・コシュワがいた。1938年、分光器で鉱物を調べていたふたりは、新元素を発見し、これが93番元素だと考え、「セクアニウム(sequanium)」と名付けた。しかし、彼らの主張は、93番元素は天然には存在しないと広く考えられていたことから無視されてしまった。後年、ネプツニウムは微量ながらウラン鉱石に含まれていることが判明し、ふたりが実際に93番元素を発見していた可能性が否定できなくなっている。

に中性)ので、反発されることはない。

1934年、フェルミは放射性を持たない元素に中性子を照射し、何が起こるか調べ始めた。彼は、比較的軽い元素は陽子を放出する(そしてその結果、原子番号が小さくなる)が、比較的重い元素は低速の中性子を原子核に吸収し、陽子に変換することを発見した。その結果それらの元素は原子番号が大きくなり、周期表のなかでどんどん先のほうへと移動する。一方、高速の中性子には、原子核から粒子をはじき出す傾向がみられた。

超ウラン元素を厳しく調べる

フェルミの実験で得られたもののひとつに、既知のどんな元素にも一致しない半減期を持った核種[原子核の種類。原子番号、質量数、原子核のエネルギー状態によって区別される]がひとつあった。彼が、中性子を1個強制的にウランに打ち込み、その中性子がウラン原子核内で陽子と電子に崩壊したことで、93番元素が生成したのだろうか? 1934年、彼が注意深く論文を書いて発表すると、当時の科学者たちからは多くの反論があがった。既知の同位体とは一致しない半減期を持つ核種を彼が得たのは間違いなかったが、その93番元素――今ではネプツニウムと呼ばれている――である可能性のある元素を単離することはできなかった。混乱は数年間続いた。

その後、1938年にフェルミが「中性子線照射によって生成された新たな放射性元素の存在」を示したことでノーベル賞を受賞した1か月後、核分裂が発見され、フェルミが生成しながら特定できなかった元素も核分裂の生成物であることが示された。この可能性は実はイーダ・ノダックが以前から示唆していたのだが、長い間核分裂は起こ

カリフォルニア大学バークレー校の敷地内に設立されたローレンス放射線研究所の60インチ・サイクロトロン。1939年、装置完成直後に撮影。左から3人目がローレンス。彼はサイクロトロンの発明によりノーベル物理学賞を受賞した。

りえないと考えられていたため、無視されていたのだった。

思い違いと正しい理解

フェルミが得た核種の中に93番元素が含まれていた可能性はあるのだが、それを単離できなかったため発見者とはならなかった。一方、エドウィン・マクミランは、実際には自ら超ウラン原子を発見していたのに、そうではないと結論付けてしまった。マクミランは、カリフォルニア大学バークレー校で60インチのサイクロトロンを使い、核分裂で生じたものを調べる目的でウランを照射した。彼は、自分が使っていた三酸化ウランの内部で、新しい半減期を持つものを2種類発見した。ひとつは、ウランの同位体(ウラン239)だとわかったが、もうひとつの、半減期が2.3日のものは何かはわからなかった。彼は、これが93番元素なのかどうかを調べ始めた。人々は93番元素がレニウムに似た振舞いをすることを期待していたが、マクミランの生成物はそのようには振舞わなかったのだ。

翌年、フィリップ・アベルソンと共に取り組みながら、マクミランはその生成物が、むしろアルカリ土類元素の

新しい惑星、新しい元素

93番元素は、周期表でウラン(同時期に発見された天王星(ウラヌス)にちなみ命名)の次に位置していることから、太陽系で天王星のすぐ外側を周回している惑星、海王星(ネプチューン)にちなんで名付けられた。プルトニウムの名前は、1930年に海王星の外側を周回していることが発見され、1940年にはまだ惑星として認められていた、冥王星(プルート)に由来する(冥王星は現在は「準惑星」となっている)。もしもこれらの惑星が違う名前を与えられていたなら、元素名も違っていただろう。

実際、ウィリアム・ハーシェルは、天王星を当時のイギリス国王ジョージ3世にちなんで名付けたがっていた。結局、ドイツの天文学者ヨハン・ボーデが、ギリシア神話の天空神、ウラーヌスにちなんで提案した名称が広まった。冥王星(プルート)の名前は、11歳の少女ヴェネチア・バーニーが、ローマ神話の冥府の王にちなんで提案したものが正式に採用された。彼女もボーデも、惑星を名付けたおかげで、元素の名付け親にまでなってしまうとは思いもよらなかったことだろう。

周期表のなかで、自分にちなんで名づけられた元素シーボーギウムを指さすグレン・シーボーグ。

ように振舞うことに気づいた。ふたりはより多量の試料を生成し、その生成物が2.3日の半減期を持ち、ウラン239が減少するにつれ増加することを決定的に示した。ウランは明らかにこの新元素に変化しており、さらにこの新元素も別のものに変化していた。彼らは93番元素のみならず、それが変化してできた94番元素も発見したのだ。だが彼らは、化学的性質を明らかにするに十分な量の94番元素を分離することができなかった。

94番元素の発見者は、1940年の12月にプルトニウム238を特定した、アメリカの化学者グレン・シーボーグ(1912～99年)とされている。93番元素はネプツニウムと命名されたが、1942年にシーボーグとアーサー・ウォールが、300万年の半減期を持つ別の同位体ネプツニウム237を単離して初めて、丁寧に研究されるようになった。

元素の作り方

自然界で元素を生成する方法は、プルトニウム(94番元素)あたりで尽きてしまう。天然のプルトニウムは世界に約0.05gしか存在しないと考えられており、天然プルトニウムを偶然に見つける確率は極めて低い。プルトニウムより重い元素は、20世紀と21世紀の物理学者の実験室のなかにしか存在しない——そしておそらく、それ以外に存在したことはなかっただろう。

超ウラン元素発見競争始まる

超ウラン元素を発見する取り組みが本格的に始まったのは第二次世界大戦後のことだった。戦時中は、核兵器に利用できるプルトニウムに研究活動が集中していた。高エネルギー中性子をウランに照射し、放射性崩壊のプロセスが必然的に起こるのを待っていれば、ネプツニウムとプルトニウムが生じ、それ以外の超ウラン元素も同様にすぐに作ることができた。シーボーグらは1944年にマンハッタン計画の一環としてアメリシウムを生成したが、その事実は終戦まで公表されなかった。アメリシウムはキュリウム(アメリシウムの直前にシーボーグらによって発見された元素で、やはり秘密にされた)と共に存在することが多く、このふたつを分離するのは極めて困難だったため、研究者の仲間内ではそれぞれ「パンデモニウム(大混乱)」と「デリリウム(精神錯乱)」と呼ばれた。

ついには、キュリウム(原子番号96)がまず単離され、マリー・キュリーにちなんで命名された。アメリシウム(原子番号95)はその後まもなく単離され、アメリカにちなんで命名された。そのわけは、シーボーグが修正しなおした周期表で、ユウロピウム[1896年に

望まれぬ産物

93番元素を発見するために多大な努力が払われたにもかかわらず、発見後はもっぱらそれを取り除く方法が研究されることになったのは残念だ。ネプツニウム237は、さまざまな核種の崩壊の副産物で、深地層埋設処分時に拡散しやすいため、封じ込めが厄介な問題になる、望まれぬ副産物と見なされている。ネプツニウム237の半減期は、今日では214万年と特定されており、その対処のため、数千年は存続できる廃棄物封じ込め施設の開発が進められている。

発見され、ヨーロッパにちなんで命名された元素]の真下に位置したからだ。現在、アメリシウムとキュリウムのほとんどが、原子炉内でウランまたはプルトニウムに中性子を照射することによって生成されている。原子炉燃料1トンを消費して、得られるアメリシウムはたった100g、キュリウムに至っては20gと微量である。アメリシウムは煙探知機に広く使われている[日本製の煙探知機でアメリシウムを使ったものは少ない]一方、キュリウムは人工衛星の電源に使われている。アメリシウムの市場のほうがキュリウムのそれより大きいのもうなずける。これらのように重い元素は、おそらく自然界にはまったく存在しないだろう(微量のアメリシウムが発見されることは稀にあるかもしれないが)。

煙感知器に使用されているアメリシウムが放出するアルファ粒子は、空気をイオン化し、これらイオンの流れによって感知器の電極間に電流が流れる。煙によってイオンの流れが途切れると警報が鳴る。

シーボーグと周期表

シーボーグとその同僚らは、その後も新元素を発見(というよりむしろ生成)しつづけ、総計11種の新元素を発見した。だが、これらの元素は、ただ周期表の最後に付け加えていけばいいとい

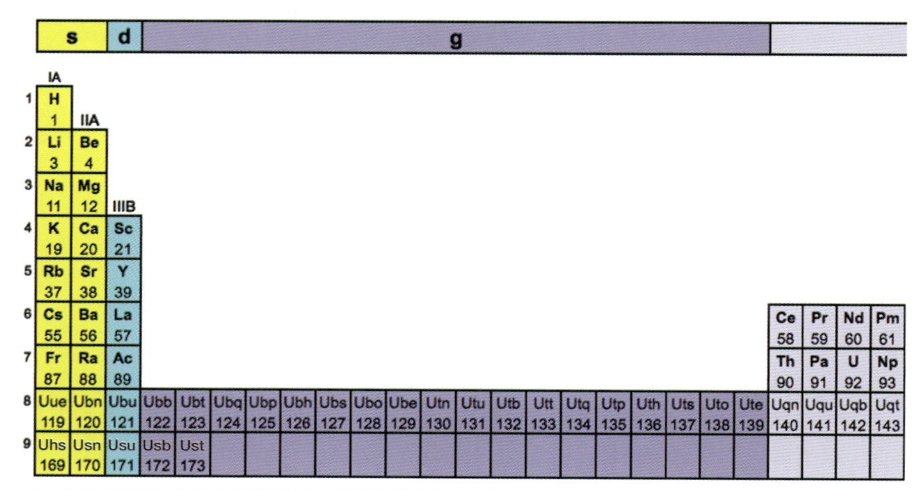

ランタノイドとアクチノイドを正しい位置に書き込んで表示した周期表は、横長になりすぎて使いづらい。

うわけではなかった。これまでにも、一連の遷移金属を載せるためには、メンデレーエフが作成した同一数の元素からなる列を、途中で切ってつなぎなおさなければならなかったし、また、ランタノイドを載せるために、遷移金属の列に同様の修正が必要だった（下図参照）が、今回もまた、アクチノイドに特別な場所を準備せねばならなかった。1944年、シーボーグは「アクチノイド・コンセプト」を提唱し、ランタンから始まる15の元素からなるランタノイド系列と同様に、アクチニウムから始まる15の元素からなるアクチノイド系列という、一連の遷移系列が存在すると予測した。アクチノイド系列は、ラジウムの直後のアクチニウム（原子番号89で、アクチノイドという名称の由来である元素）から始まり、ローレンシウム（原子番号103）で終わる。

化学者たちは、ランタノイド（原子番号57〜71）は例外で、それ以降は、元来の周期性が続くだろうと考えていた。先見の明のあるシーボーグだけが、ランタノイドによって周期性の新しい側面が導入されたのだと認識していた。アクチノイドが独立性を持った一連の系列でなかったとしたら、ネプツニウム（原子番号93）はレニウムの真下に来ることになる。そのように思い込まれていたので、ネプツニウムはレニウムと似た性質をしているに違いないとの期待があり、フェルミが自分は93番元素を発見したと考えたときに、それがレニウムとは似ても似つかなかったため、混乱が生じたのだった。

これら一連の新元素を既存の周期表に無理やり押し込むのではなく、周期

f										d									p					
																								0
																			IIIA	IVA	VA	VIA	VIIA	He 2
																			B 5	C 6	N 7	O 8	F 9	Ne 10
										IVB	VB	VIB	VIIB		VIII		IB	IIB	Al 13	Si 14	P 15	S 16	Cl 17	Ar 18
										Ti 22	V 23	Cr 24	Mn 25	Fe 26	Co 27	Ni 28	Cu 29	Zn 30	Ga 31	Ge 32	As 33	Se 34	Br 35	Kr 36
										Zr 40	Nb 41	Mo 42	Tc 43	Ru 44	Rh 45	Pd 46	Ag 47	Cd 48	In 49	Sn 50	Sb 51	Te 52	I 53	Xe 54
Sm 62	Eu 63	Gd 64	Tb 65	Dy 66	Ho 67	Er 68	Tm 69	Yb 70	Lu 71	Hf 72	Ta 73	W 74	Re 75	Os 76	Ir 77	Pt 78	Au 79	Hg 80	Tl 81	Pb 82	Bi 83	Po 84	At 85	Rn 86
Pu 94	Am 95	Cm 96	Bk 97	Cf 98	Es 99	Fm 100	Md 101	No 102	Lr 103	Ku 104	Ha 105	Sg 106	Ns 107	Hs 108	Mt 109	Ds 110	Rg 111	Cn 112	Nh 113	Fl 114	Mc 115	Lv 116	Ts 117	Og 118
Uqq 144	Uqp 145	Uqh 146	Uqs 147	Uqo 148	Uqe 149	Upn 150	Upu 151	Upb 152	Upt 153	Upq 154	Upp 155	Uph 156	Ups 157	Upo 158	Upe 159	Uhn 160	Uhu 161	Uhb 162	Uht 163	Uhq 164	Uhp 165	Uhh 166	Uhs 167	Uho 168

表の構造を変えてはどうかとシーボーグは提案した。今では彼の方式が標準になっている。ランタノイドとアクチノイドは、それぞれ1行ずつ、周期表の下側に横長に配置され、どの位置に挿入されるべきかが何らかの記号で明示されている。これは、ランタノイドとアクチノイドの位置を示す唯一の方法であるのみならず、現在最も広く使われている方式でもある。シーボーグはさらに、トランス・アクチノイド元素[アクチノイド系列の最後の元素ローレンシウムよりも原子番号の大きな元素]や、スーパー・アクチノイド[周期表でアクチノイド系列の下に配列される一連の元素]の存在までも予測している。トランス・アクチノイドは、原子番号が104〜121の元素であり、スーパー・アクチノイド原子番号122〜153の元素である。これまでのところ、スーパー・アクチノイド元素はまったく発見されていない。

軌道と周期性

周期表の各部に入る元素の数は、原子内での電子の配置を反映している。先に見たように(185ページ)、最も内側のK殻には2個の電子しか入らない。水素はここに電子を1個持ち、ヘリウムは2個持っている。この殻はこれでもう満員なので、次の原子であるリチウムは、次の殻を使わねばならない。この内側から2番目の殻には、8個の電子が入ることができる。これら8個は、4つのペアを形成する。それぞれのペアは、それが入っている軌道の形を示す文字で表される。K殻では、一対の電子が「s」という記号で表される球形の軌道を占めている。したがって、水素の電子配置は$1s^1$で与えられ、ヘリウムでは$1s^2$である。次のL殻には、2個の電子を収容できるひとつの「s」軌道と、半球型もしくはダンベル型の「p」軌道が3つ存在する。「p」軌道はそれぞれ2個ずつの電子を収容できる。

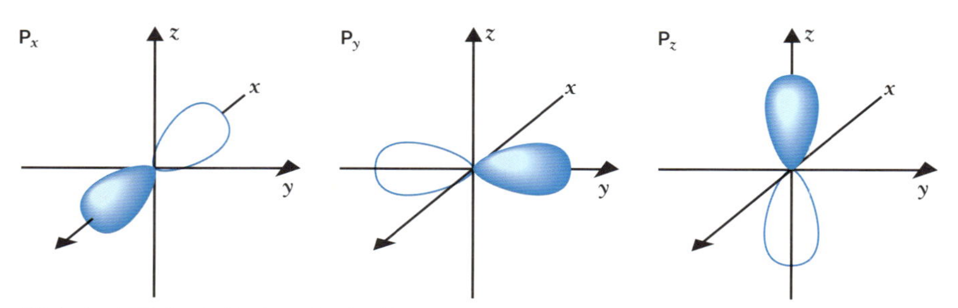

軌道にある電子どうしができるだけ遠く離れていられるように、3つのp軌道は互いに直交する向きに広がっている。各p軌道にはダンベル型の軌道が2本ずつ存在する。

3つのp軌道は、電子が互いにできるだけ遠く離れるように、異なる向きにある。3つのp軌道を区別するには、下付き文字を使い、p_x、p_y、p_zと表す。

電子は、原子核に近いエネルギーの低い軌道から入っていくが、エネルギーが同じ軌道が複数ある場合(たとえば、3つの2p軌道のように。ただし、磁場の下では3つのp軌道はエネルギーに違いが生じる)、個々の軌道に、まず電子が1個入る。エネルギーが同じすべての軌道に1個ずつ電子が入ったら、次は各軌道に2個目の電子が入っていく。こうして、徐々に原子核から離れた外側の軌道へと電子が入っていく。周期表の第2周期(2行目)を見ると、電子配置は次の表のようになっている。

2行目の右端のNeまでで、ふたつ目の殻、L殻が満員になる。次のM殻には18の軌道があり、さらにN殻には32、O殻には50の軌道がある。

Li 3	Be 4	B 5	C 6	N 7	O 8	F 9	Ne 10
$1s^2$ $2s^1$	$1s^2$ $2s^1$ $2p_x^1$	$1s^2$ $2s^1$ $2p_x^1$ $2p_y^1$	$1s^2$ $2s^1$ $2p_x^1$ $2p_y^1$ $2p_z^1$	$1s^2$ $2s^2$ $2p_x^1$ $2p_y^1$ $2p_z^1$	$1s^2$ $2s^2$ $2p_x^2$ $2p_y^1$ $2p_z^1$	$1s^2$ $2s^2$ $2p_x^2$ $2p_y^2$ $2p_z^1$	$1s^2$ $2s^2$ $2p_x^2$ $2p_y^2$ $2p_z^2$

元素のブロックとは、各元素が最も安定な状態において、最高エネルギー準位にある電子の軌道の種類によって元素をブロック分けしたものだ。したがってブロック名は、s軌道、p軌道、d軌道等に対応して、s、p、d等となる。たとえば、dブロック元素は、遷移元素のすべてであり、fブロック元素は、ランタノイドとアクチノイドの各系列のすべてである。シーボーグは、アクチノイド系列は周期性の例外ではなく、周期性が継続したものだと考えたが、このことは、電子配置を考えると明らかである。

電子殻	最大原子数	亜殻
1	2	s2
2	8	s2, p6
3	18	s2, p6, d10
4	32	s2, p6, d10, f14
5	50	s2, p6, d10, f14, g18

生命への発展

シーボーグらが新元素を作り出すのに使った方法は、フェルミウム(原子番号100)まではかなりうまくいったが、原

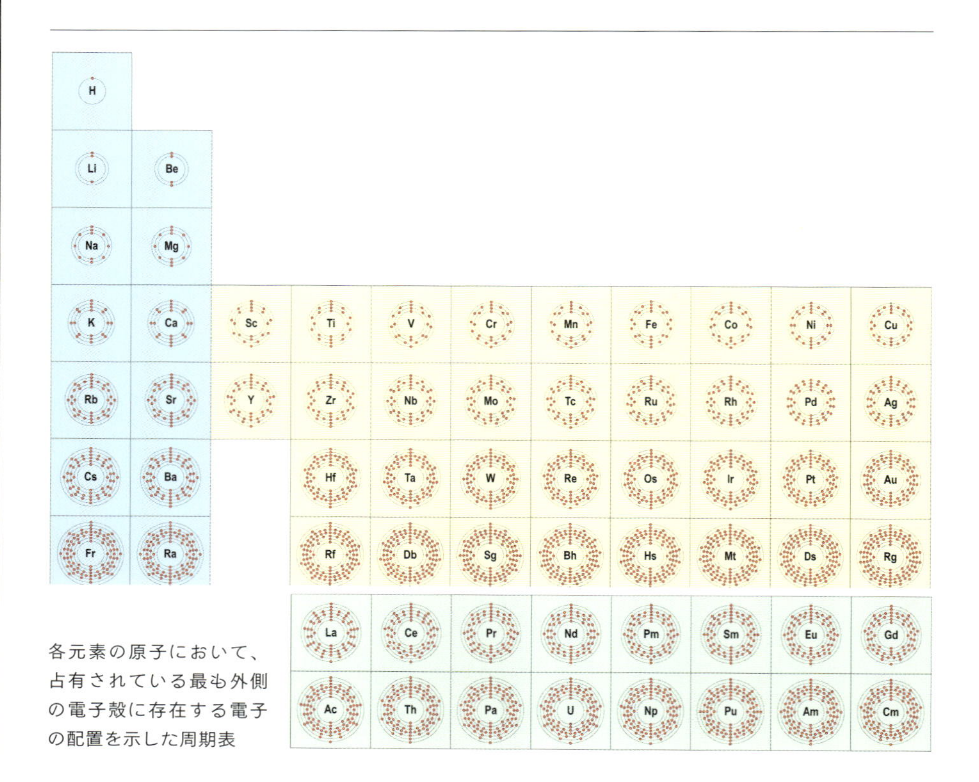

各元素の原子において、占有されている最も外側の電子殻に存在する電子の配置を示した周期表

子核の内部に極めて多くの陽子が含まれるようになると、陽子どうしが反発しあう力が非常に強くなり、それ以上の陽子をさらに加えて、持続的にその原子核に留まらせるのは困難になった。じつのところ、フェルミウムとアインスタイニウム（原子番号99）は、1952年、初めての水爆実験の副産物として思いがけず生まれたのである。

科学者たちは、中性子を1個ずつ原子核に挿入するのはやめて、まったく異なるふたつの原子核を融合することにした。これが初めて成功したのは1955年で、新発見のアインスタイニウムとヘリウムを融合させてメンデレビウム（原子番号101）が生成された。1960年以降、他の元素も合成されていった。

終わりが見えてきた

今のところ、周期表はオガネソン（元素118）で終わっている。興味深いことに、ニールス・ボーアは1922年に118番目の元素を予測していた。118番目の元素は、第18族（希ガス）の一番下に位置するので、すっきりした自然な終結だ。もしもこれが最後の元素なら、もう新たな元素が入るべき余地がない

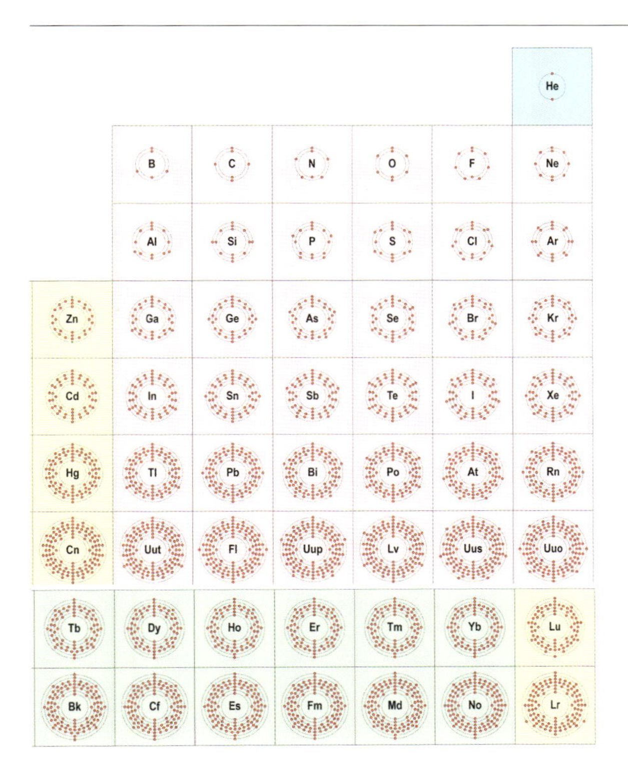

ことになる。

しかし、これ以上新しい元素は存在しないと誰もが確信しているわけではない。アメリカの物理学者リチャード・ファインマンは、137番元素まで合成することができると予測した。シーボーグは、超アクチノイドは153番元素まで存在しうるとし、フィンランドの化学者ペッカ・ピューッコは、拡張周期表を提唱し、元素は172番目まで存在するとしている。

原子を別の原子に変えられることを発見した化

103	ローレンシウム	1961	カリフォルニウムにホウ素を照射
102	ノーベリウム	1958	キュリウムに炭素を照射
104	ラザフォージウム	1969	カリフォルニウムに炭素を照射
105	ドブニウム	1970	アメリシウムにネオン、カリフォルニウムに窒素を照射
106	シーボーギウム	1974	カリフォルニウムに酸素を照射
107	ボーリウム	1981	ビスマスにクロムを衝突させる
109	マイトネリウム	1982	ビスマスに鉄を衝突させる
108	ハッシウム	1984	鉛に鉄を衝突させる
110	ダームスタチウム	1995	鉛にニッケルを衝突させる
111	レントゲニウム	1995	ビスマスにニッケルを衝突させる
112	コペルニシウム	1996	鉛に亜鉛を衝突させる
116	リバモニウム	2000	キュリウムにカルシウムを衝突させる
113	ニホニウム	2004	ビスマスに亜鉛を衝突させる
114	フレロビウム	2004	プルトニウムにカルシウムを衝突させる
118	オガネソン	2006	カリフォルニウムにカルシウムを衝突させる
117	テネシン	2010	バークリウムにカルシウムを衝突させる

学者たちは、どうしてより重い元素を果てしなく探し求めようとしないのだろう？　理由のひとつは、重い元素は半減期が非常に短くなってしまい、生成するのが極めて困難になる(しかも多額の費用がかかる)ことにある。有効な爆弾を作るのに十分な兵器級のプルトニウム(約6kg)を作るには3000万ドルレ

伝説的な「安定の島」

これまでに化学的実験が行われた最も重い元素は、114番元素のフレロビウムである。この元素が化学的に金属と希ガスのどちらに近いのかはまだはっきりしていない。揮発性が非常に高く、反応性は低い。これまでに観察されたのはわずか90原子で、おまけに半減期はたったの2.6秒なので、フレロビウム原子がなくなってしまう前に何かを調べる時間などほとんどない。半減期がより長い19秒である同位体、フレロビウム290が存在する可能性はあるが、まだ確認されていない[2016年に理化学研究所のチームが合成を報告している]。これほど重い元素にしては極めて半減期が長く、しばしば伝説的な「安定の島」の証拠だとされる。「安定の島」とは、原子番号が非常に大きいにもかかわらず、陽子と中性子の個数のバランスがよくて、例外的に極めて安定になる核種のグループが存在するという理論的予測のこと。横軸に中性子数、縦軸に陽子数を取ってグラフ化すると、既知の核種からは離れたところに、島のように孤立して存在するように見えるので、この名がある。

非常に重い元素のほとんどで半減期が極めて短いのは、これらの原子核では陽子が多くなりすぎ、陽子どうしが及ぼしあう反発力で遠ざかろうとする効果が優勢になるからだ。だが、一部の科学者たちは、陽子と中性子の個数に「魔法数」という特別な組み合わせがあり、陽子と中性子が安定性の高い配置を取る場合があると考えている(原子に属する電子が殻や軌道のなかに配置されているように、陽子や中性子も、原子核内部で配置されているのである)。この説はグレン・シーボーグによって提案され、110番から114番までの元素が魔法数の効果を考えない場合よりも安定であるという実験結果により支持されている。118番元素の1ミリ秒という半減期さえもが、この効果を考えない予測よりも安定である。中性子の魔法数として可能なひとつが184で、この条件を満たす原子核は安定だと期待される。このように、より大きな原子核が実際に安定ならば、未知の元素が自然界に存在する可能性も出てくるだろう(ただし、おそらく地球上ではないだろう)。

放射性物質は、環境条件にかかわらず、また、他の化学物質に依存することもなく、予測可能なペースでエネルギーを生成できるため、宇宙船の動力源として非常に優れている。NASAのニュー・ホライズンズは、冥王星を含む太陽系外縁天体の探査のために打ち上げられたが、測定機器の動力源には11kgの二酸化プルトニウムが使われており、このプルトニウムの放射性崩壊を利用している。

ベルの費用がかかる。カリホルニウム(元素98)は商業的量(利益のあがる量)で生産されたことのある最も重い元素だが、1g当たり6600万ドルする。最も重い元素オガネソンは、半減期が1ミリ秒にも満たず、これまでに生成されたのはたった5原子(もしかすると6原子)である。

専門家からなる研究チームが、1秒の1000分の1の時間で消えてしまう原子を数個作るのに何年もかかる。だが、これらの数個の原子を生成するのに、ボーアが初めて元素118の発見を予測した当時にはまったく思いもよらなかった技術が使われているのも確かだ。将来どんな技術が登場するか、誰にも予測できない。ポーランドの原子核物理学者ウィトールド・ナザレウィックは、可能な核種は約7000存在するという。それ以上になると、半減期があまりに短すぎてそもそも生成できないのかもしれない。現時点では、既知の118元素全体で約3000の核種が存在することが知られている。

原子に関しては、言葉は詩におけるのと同様にしか使えないのだと、はっきりさせておかねばならない。詩人もまた、事実を記述することなど、イメージを作り出し、精神的なつながりを確立することほどには気にかけていないのである——ニールス・ボーア、1920年

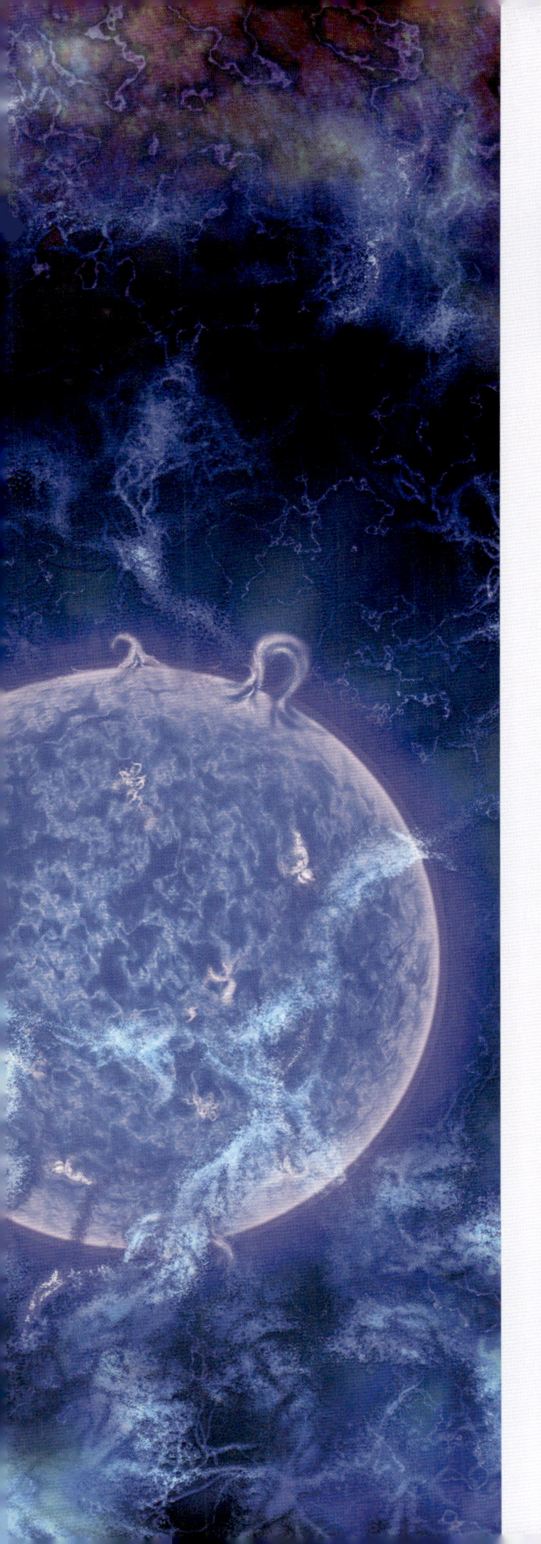

第9章

天上の元素工場

> 私たちのDNAに含まれる窒素も、歯のなかにあるカルシウムも、血に含まれる鉄分も、アップルパイの炭素も、崩壊する星々の内部で作られたものです。私たちは星の材料でできているのです。——
> カール・セーガン『コスモス』

20世紀の最も驚異的で、感動的で、ロマンチックな発見のひとつが、私たちの世界に自然に存在する元素のすべては、はるか昔に死んだ星のなかで形成されたということだ。

宇宙誕生後数億年ほどの初期宇宙では、ほとんど水素とヘリウムだけでできた青色の超巨星が、より重い元素の生成を初めて行っていた。

神々と恒星たち

古代ギリシアをはじめ、多くの古代文明にとって、すべての物質の起源は太古のカオスだった。そのカオスは、虚空もしくは形のない物質であった。西洋では、宇宙は神的な存在によって創造されたという考え方が、表向きはほとんど疑問視されずに、少なくとも18世紀まで続いた。だが、ついに、科学的探求が主導権を握り、元素の起源の究明へと進むことになる。この探求の道は、創造論と科学の初期の争点のひとつである、地球の年齢に関する疑問から始まった。

太陽はなぜ輝くのか?

20世紀の初頭、太陽を輝かせているエネルギーは、重力収縮(太陽の「収縮説」と呼ばれることもある。次ページ囲み記事参照)によって生み出されていると広く考えられていた。ドイツの物理学者ヘルマン・フォン・ヘルムホルツによって19世紀中ごろに提唱されたものだ。この説は、地球の年齢の推測値が実際よりも大幅に低かったあいだは支持されたが、19世紀末になると、地球はほぼ間違いなく、それまで考えら

19世紀、科学者たちが推定した地球の年齢は、太陽が輝けるはずの時間よりもはるかに長くなってしまい、彼らは困惑した。

収縮する太陽が熱を発生するしくみ

太陽が収縮しているという説では、太陽が熱と光を発生するプロセスは、次のようなサイクルとして説明される。

・最初は静力学的平衡にあり、太陽の内圧とその重力は釣り合っていた。

・太陽のエネルギーの一部は、光として散逸する(太陽光)。

・エネルギーが減少した分、太陽内部の熱と圧力が低下し、重力が内圧に優るようになる。

・重力により太陽が収縮し、その結果内圧が上昇し、やがて再び平衡状態になる。

・同じサイクルが再び始まる。

れていたよりもはるかに古いということが明らかになった。また、ケルビン卿がヘルムホルツの説を支持し(このため、収縮説は「ケルビン－ヘルムホルツ機構」と呼ばれることもある)、巨大な太陽が収縮する際に発生するエネルギーは、約3500万年間に必要な量しか賄えないことを計算で示した。だが、地球はそれよりはるかに古いと、今や地質学者たちが主張していた。19世紀が終わるころまでには、ほとんどの地質学者が地球の年齢は1億歳ぐらいだと考えていたが、一部の者たちは、約20億歳という説を提唱していた。現在の推定値約45億5千万年からするとかなり小さな数値だが、それでも恒星はたった3500万年しかもたないというケルビン卿の説には合わなかった。

この問題を巡り、地質学者たちはケルビン・ヘルムホルツ説と対立し続けた。この膠着状態は、地球の年齢を推測する新しい方法(岩石に含まれる放射性同位体の量から推定する)が利用できるようになり、ヘルムホルツとケルビン卿が計算によって得た年齢が間違っていることが示され、ようやく打開された。太陽が数十億年も輝き続けるエネルギーを供給している、重力以外のものが存在しているのは間違いなかった。

ヘリウムと水素

1919年に、アインシュタインの相対性理論が正しいという証拠になる観測を行ったイギリスの天文学者、アーサー・エディントンは、1920年、アインシュタインの方程式が恒星のエネルギーを説明しているのだという、洞察に満ちた提案をした。$E=mc^2$という方程式は、次に示すように、エネルギーと質量には互換性があることを示している。

「サー・アーネスト・ラザフォードは最近、酸素と窒素の原子を破壊し、ヘリウムの同位体を1種放出させている。そして、キャベンディッシュ研究所でできることは、太陽の内部でもそれほど難しくないだろう」――アーサー・エディントン、『恒星内部構造論 The Internal Constitution of the Stars』、1926年

エネルギー＝質量×(光速)^2

『恒星内部構造論 The Internal Constitution of the Stars』と題した著書のなかでエディントンは、太陽(および他の恒星)は、物質をエネルギーに変換することによって原動力を得ているという説を提唱した。イギリスの化学者、物理学者であるフランシス・アストンは、ヘリウムの質量が水素原子4個の質量よりも0.8パーセント小さいことをすでに示していた。このことは、4個の水素原子を融合してヘリウム原子を作ったなら、物質の一部(出発物質の0.8パーセント)がエネルギーに変換されるはずだと示唆している。

エディントンの説を支持するものが現れた。それは、イギリスの若手天文学者セシリア・ペインが書いた博士論文である。彼女は、1925年、自らの恒星分光学分野の研究を総括して、「恒星は主に水素とヘリウムでできている」という結論を発表したのだ。この発見と、アインシュタインの特殊相対性理論の方程式(1905年)、そして、1920年ごろには広まっていた陽子と水素原子核は同じものだという認識とで、太陽の輝きの背後にあるエネルギー源を明らかにするために必要なピースはすべてそろったのだった。

核融合炉の内部

これらのピースをついにつなぎ合わせたのが、ドイツの原子核物理学者ハンス・ベーテだ。多くの科学者と同じくベーテは、ナチスの台頭に伴い、1933年にドイツを去り、アメリカに向かった。アメリカでは、核分裂と核融合を研究し、嫌々ながら水素爆弾の研究に参加した(水爆を作ることは不可能だと証明する役割を果たすつもりだった)。彼はまた、恒星の内部で起こっているプロセスについて研究し、エネルギーの発生過程を調べ、さらにそのなかで明らかになった、恒星内での元素生成について詳しく研究した。彼は最終的に1938年、核融合が太陽やその他の恒星のエネルギー源であることを示した。4つの水素原子を融合してひとつのヘリウム原子を形成することにより、エネルギーを生み出しているというわけだ。この核融合を実現してい

ハンス・ベーテがついに、太陽はいかにして物質からエネルギーを作り出すのかという問題を解決した。

る、炭素を利用した連鎖反応のすべての段階を、彼は特定した。この連鎖反応はCNO(炭素－窒素－酸素)サイクルと呼ばれている。反応経路は次の通りだ。

第一段階　$^{12}C + ^{1}H \rightarrow ^{13}N + \gamma$
第二段階　$^{13}N \rightarrow ^{13}C + e^{+} + \nu_{e}$
第三段階　$^{13}C + ^{1}H \rightarrow ^{14}N + \gamma$
第四段階　$^{14}N + ^{1}H \rightarrow ^{15}O + \gamma$
第五段階　$^{15}O \rightarrow ^{15}N + e^{+} + \nu_{e}$
第六段階　$^{15}N + ^{1}H \rightarrow ^{12}C + ^{4}He$

この連鎖反応のあいだに、炭素12はまず窒素13に変換され、次に炭素13に、そして窒素14に、次に酸素15に、そして窒素15になり、最後に炭素12に戻る。このあいだに、最初の炭素12は水素からヘリウムを合成するに必要な素粒子を蓄積し、最後にそれらをヘリウム原子核として放つ。

もちろん、このサイクルが明らかになった今、炭素12については言うに及ばず、水素はどこから来たのかという問題が生じる。しかし、それはベーテの一番の関心事ではなかった。彼は恒星のエネルギー源を探していたのであり、それには成功したのである。太陽に含まれる水素の量(質量の35パーセント)から計算し、ベーテは、太陽には約350億年間エネルギーを生成し続けるに十分な燃料が存在すると結論付けた(実際には、太陽はこの先50億年程度しか存続しないとされている)。

大事なことを最初に

水素とヘリウムはどこから来たのかという問題には、このあとまもなく、ラルフ・アルファーとその博士課程の指導教官だったジョージ・ガモフが取り組んだ。彼らは1948年、『化学元素の起源 The Origin of Chemical Element』という論文を発表し、そのなかで、知られているすべての元素はビッグバンの直後に生まれたのだと論じた(ビッグバン理論は1927年、ベルギーの司祭でアマチュア天文学者のジョルジュ・ルメートルによって提唱されたのが最初である)。

アルファーとガモフは、初期宇宙は、極度に圧縮された中性子の「スープ」で満たされた状態だったという描像を出発点とした。宇宙が膨張するにつれ、中性子の一部が崩壊して陽子と電子を生成したのだと、彼らは提案した。そして軽元素合成の第一段階が始まり、そこでは、中性子と陽子が衝突して結合し、重水素原子核が形成された(重水素は水素の同位体であり、水素2とも表記される。原子核は通常の陽子に中性子が1個加わったもの)。アルファーとガモフは、さらに重い元素が生成されるには、中性子または陽子(核子と総称される)が1個、また1個と原子核に捕らえられていくだけでいいと主張した。核子がどんどん付け足されることで、ほかの元素や同位体がすべて生成されるわけだ。ワシントンポスト紙は、この理論の記事を、「世界は5分で始まった——新理論」というタイトルで掲載した。

ベルギーの司祭ジョルジュ・ルメートルは、宇宙は無限小の点から膨張したという理論を最初に提案した科学者である。

このメカニズムは、ヘリウムの生成まではうまく働くが、それより先には進まない。5個の核子を持つ安定な原子核は存在しないので、ヘリウムと原子番号がそれ以上の元素とをつなぐ足がかりがないのだ。さらに、原子量8の安定同位体が存在しないことも、すぐに示された。とはいえアルファーとガモフの理論が、宇宙の物質の99パーセントを占める水素とヘリウムの由来を説明することに成功したことに間違いない。

一方、1938年にベーテが明らかにしたCNOサイクルは、その過程を開始するために必要な炭素12が存在する環境でのみ起こるのは明らかだった。アルファーとガモフが提唱した過程に従って大部分のヘリウムが形成されつつあった初期宇宙では、炭素12は存在しなかったのだ。では、その間をつなぐ何が起こったのだろう?

恒星内元素合成

ビッグバンの約1億8000万年後、崩壊する原初物質の雲から恒星が形成され

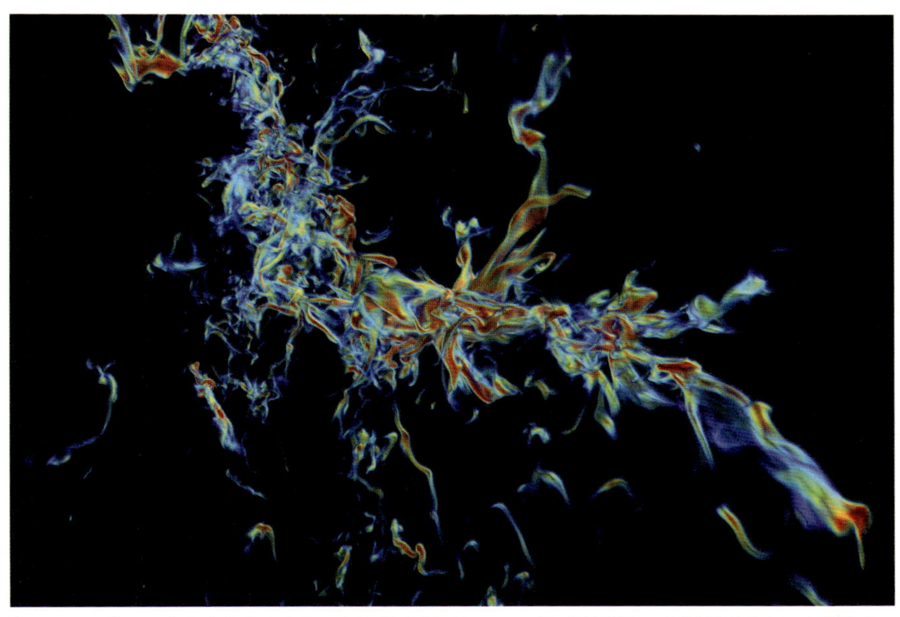

極限られた数の元素しか存在しなかった初期宇宙において、ガス雲が崩れて恒星が形成される過程のコンピュータ・モデル。

はじめた。宇宙には大量の水素とヘリウムが存在したほか、微量のリチウム、ベリリウム、ホウ素が存在した——それより重いものは存在しなかった。この点に関しても、エディントンは1920年に驚くほどの先見の明を示している。彼は次のように記したのだ。「私の立場をまとめると次のようになるだろう。すなわち、すべての原子は水素原子が複数個結び付けられてできており、おそらく、ある時点で水素から形成されたのだろう。この進化が起こった場所としては、恒星の内部である可能性が非常に高いようだ。それが起こるときには常に、大量のエネルギーが解放されるが、今のところそれは確認されていない。お望みなら皆さんで結論を導き出されてはいかがだ

アルファ・ベータ・ガンマ

アルファ・ベータ・ガンマ理論は、アルファとガモフによる元素形成理論だが、ガモフは、ギリシア文字の最初の3文字、アルファ、ベータ、ガンマをもじった。アルファ、ベーテ、ガモフという名前が著者リストに並ぶように、ベーテの名前を著者に加えることにした。

ろう」。

エディントンの提案は、まもなく本格的な理論へと拡張された。1946年、イギリスの天文学者フレッド・ホイルは、恒星の内部が元素合成の場所だろうという説を提唱した。ホイルは赤色巨星内部の条件を明らかにした3人の天文学者のひとりであることから、恒星で元素が合成されるという説は今や確固たる基盤を得たわけだ。1951年、オーストリア生まれのアメリカの宇宙物理学者エドウィン・サルピーターは、3個のヘリウム原子核(原子量4)が融合して1個の炭素原子核(原子量12)になる可能性があるが、これが起こる条件はビッグバンではなく、赤色巨星の内部においてであることを示した。

1952年、恒星内元素合成の動かぬ証拠が、恒星のスペクトルの分析から得られた。人工的に合成することによって得られた最初の元素、テクネチウムが、赤色巨星の大気中に存在することが示されたのだ。テクネチウムの最長の半減期は420万年なので、赤色巨星のテクネチウムはおそらく毎日の活動で生成されており、その恒星の誕生時から含まれていたのではないと考えられる。

ホイルとビッグバン

フレッド・ホイルはビッグバンという名称を作ったが、この理論を拒否した。この命名も、揶揄してのことだ。ホイルはこれに対抗する定常宇宙論を主張し、宇宙の膨張を説明するため、宇宙では絶えず新しい物質が生成されているとした。物質は宇宙の真空とエネルギーから生成されるのであり、いかなる起源も必要としない——それは、無からの自然発生的な生成だとした。虚空とカオスからの創造に再び戻ってきたかの感がある。

そこに何があるのか?

1957年、オーストリアの物理学者・化学者のハンズ・スースとアメリカの化学者ハロルド・ユーリーは、原子番号に対して、その元素の存在量を示したグラフを書き上げた(次ページ図参照)。存在量は元素によって大幅に異なるので、すべての数値をひとつのグラフに収めるために対数目盛を使わねばならなかった。一見しただけでは相対的な存在量はよくわからないが、はっきりわかることもある。存在量は、原子番号が増加するにつれ減少するという大まかな傾向がある。これは、原子番号が小さな元素ほど最も初期に、最も容易に作られることから予想がつく。しかし、グラフはジグザグに上下していることもわかる。これ

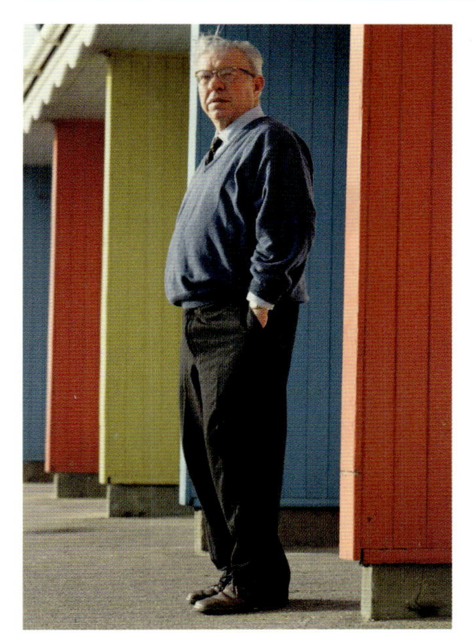

天文学者サー・フレッド・ホイル。晩年を過ごしたイギリスのボーンマスにて1994年に撮影。ホイルは晩年、生命の胚種が彗星や星間空間を漂う塵によって惑星へと運ばれて宇宙全体に広がるという説を提唱した。

は、元素の存在量は、その元素の原子番号が偶数か奇数かにも関わるためである。

スース・ユーリー図表を使い、さらに赤色巨星にテクネチウムが存在するという事実を考えあわせ、すべての元素の起源を説明する理論が構築された。それは1957年、『恒星内部での元素合成 Synthesis of the Elements in Stars』という有名な論文として発表された。この論文は、共著者の頭文字を取って、B2FH論文と通称されている（マーガレット・バービッジ、ジェフリー・バービッジ、ウィリアム・ファウラー、フレッド・ホイル）。これは、恒星内元素合成理論の基盤となった論文で、恒星および超新星（大質量の恒星が寿命を終えるときに起こす大規模な爆発現象）の内部で元素が合成される過程を3つ予測した。この論文はさらに、恒星の組成（分光学的に特定される）が恒星の年齢によりいかに変化するかも論じ、最も古い恒星が最も軽い元素を持っており、

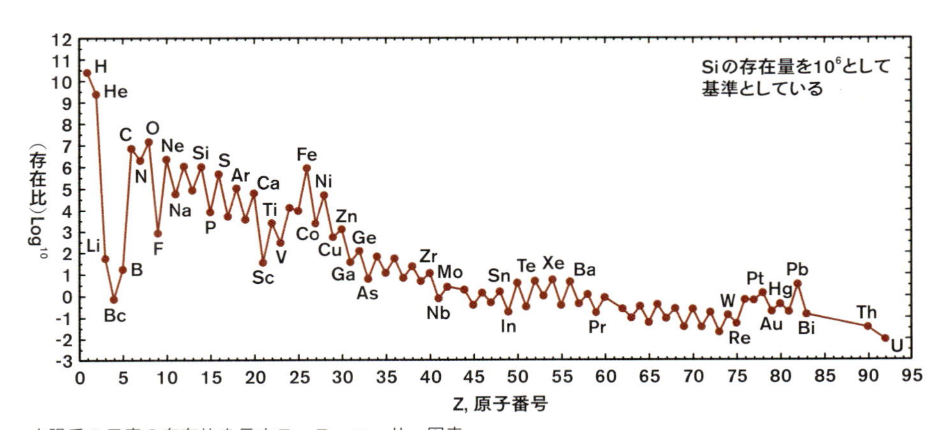

太陽系の元素の存在比を示すスース・ユーリー図表。

新しい恒星ほどより重い元素を含んでいることを示した。

死のなかの誕生

超新星の現象は、私たちの太陽よりもはるかに大きな質量を持った恒星が寿命を終えるときに起こる。そのような恒星は、核融合の原料である水素をほとんど消費しきっているため、質量を支えることができず、コアに向かってひたすら収縮していく。超新星は、これとは別に、白色矮星が近傍の物質を、自ら対処しきれないほど大量に引き込んだときにも発生する。白色矮星のコアの質量が増加すればするほど、その重力は大きくなり、さらに多くの質量を引き込む。この過程は指数関数的に進み、最後には大爆発を起こす。コアの密度は極度に高まり白色矮星は自らの重力によって崩壊し、最終的には大規模な核爆発を自ら起こし、ばらばらに砕け散る。この爆発は数週間にわたって続く。

爆発が続くこの短い期間に、太陽が約100億年のその生涯で生成する全エネルギーよりも大量のエネルギーが放出される可能性がある。この過程で、死にゆく白色矮星は、コアで合成するのは不可能だが、超新星の非常に激しい爆発のなかでは合成が可能な重元素を生成する。恒星の外部に投げ出された原子は、中性子の激しい流れにさらされるが、中性子が衝突して原子核に侵入し、やがて核内で陽子と電子に崩壊して、新たに重元素をもたらす。ついに錬金術師の念願が叶って、鉄が金になるのだ（そして、残念ながら、金は鉛になる）。これらの新たな重い原子は、宇宙空間に投げ出され、星間媒質のなかを漂い、数百万年あるいは数十億年後、形成されつつある恒星に引き込まれる。こうして重元素たちは惑星系の一部になり、そして最終的には生命体の一部になるのだろう。

> **恒星の中心部で鉄のコアが形成されると、核融合はもはや進まず、エネルギーの生成は停止する。恒星は、途方もないペースでエネルギーを放出し続けているが、それはまるでクレジットカードを手にした十代の少年のようなものだ。補充をはるかに上回るペースで資源を使い続け、恒星は危機に瀕している。**——ロバート・キルシュナー、ハーバード－スミソニアン天体物理学センター

私たちは、セーガンの言うとおり、星屑なのだ。

元素の起源に関する疑問は1957年までにあらかた解決し、その後の歳月でも、些細な微調整しか必要なかった。恒星の金属量（天体中の、水素やヘリウム以外の元素の存在比率）は年齢と共に

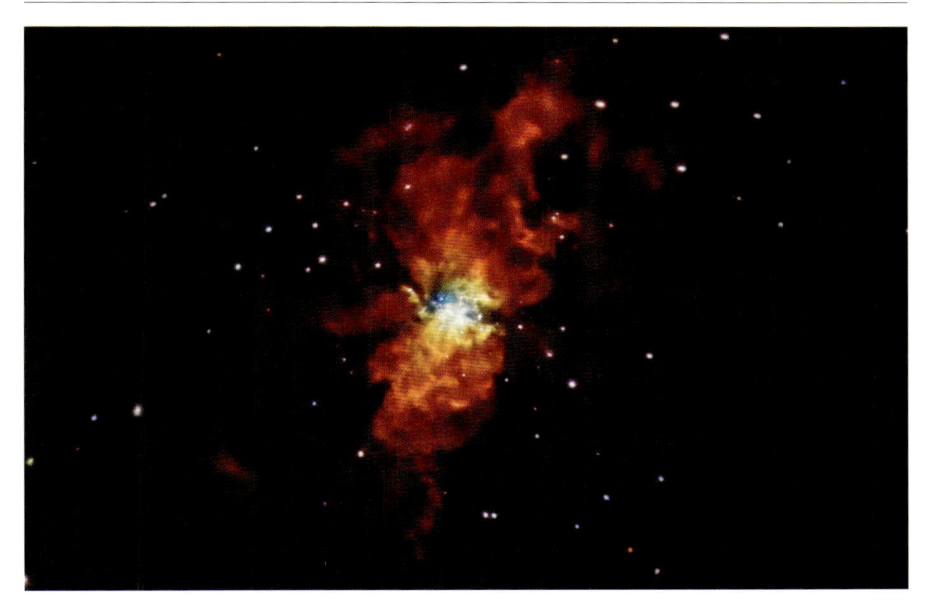

2014年に観察されたM82星雲の超新星SN2014J。地球から1,150万光年離れたこの超新星は、太陽質量の60パーセントに当たる質量をニッケル56(半減期6日)として放出した。ニッケル56は崩壊してコバルト56(半減期77日)に、そしてさらに、安定な鉄56へと崩壊する。

増加するが、それは、恒星の寿命が尽きるころ、その内部でより重い元素が合成されるからだ。最後には、その恒星が生成したすべての元素が星間媒質にまき散らされ、やがてその媒質から形成される新しい恒星に取り込まれる。超新星現象のみならず、その他の宇宙の極限状態のなかで生成される元素もある。

興味深いホウ素

ところが、このように総括した元素合成過程にまったく当てはまらない誕生の仕方をした元素がひとつ存在する。それがホウ素なのだが、ホウ素は、ほとんど存在するはずのない元素なのだ。その原子構造は、恒星内元素合成によっては合成できないかたちをしており、また、おそらくビッグバン(ビッグバン原子核合成)でも形成されなかったと推測される。恒星は、誕生時に持っていたホウ素を破壊してしまう傾向がある。ベリリウム、リチウムと共に、ホウ素は、これらの恒星関連の元素合成に比べはるかに稀に、かつランダムにしか起こらない、宇宙線核破砕という過程で生成される。宇宙は、高エネルギー中性子からなる宇宙線にあふれている。宇宙線は飛び回るうちに、星間ガスの炭素や酸素と衝突する。この衝突で炭素や酸素の原子は破砕、そのとき生じた破片には、ホウ素、ベリリウム、リチウムが含まれる。このように偶然の衝突によってのみ生成されるので、これらの元素の宇宙における存在量は比較的少ない。

自然界に存在する元素と、人間が合成した元素

さて、ここまで見てきたことから、地球上に存在する元素を2つのグループに分類することができる。自然界に存在する元素と、人間によって合成された元素だ。自然界に存在する元素は約94種類だが、そのうち84種類が地球誕生時から存在している。太陽系が始まったころ、地球が形成されつつあったときから存在していたということになる。残る10種類の元素は、放射性崩壊によって生じた。

地球の誕生時から存在する元素のうち、大幅に減少したものや、元々の存在量がすべて消えてしまったものは、これらの10種類の元素へと変化してしまった。

残る24元素が人工合成元素で、人間によって合成され、私たちが知る限り、地球上に自然に存在することはない(どこかほかの場所には存在しているかもしれないが)。

放射は続く

地球の誕生時から存在する元素には、放射性を持ち、半減期が極度に長い4元素が含まれている。ビスマス、トリウム、ウラン、プルトニウムだ。ビスマス209の放射能が確認されたのは、ようやく2003年になってのことだった。フランスのパリ天体物理学研究所のノエル・コロンが率いるチームは、5日間、93gのビスマスを監視し、128回のアルファ線事象を観測した。128個のビスマス原子がこの間に崩壊したということだ。計算により推測した半減期は1.9×10^{19}である。

地球上で自然に起こる放射性崩壊に

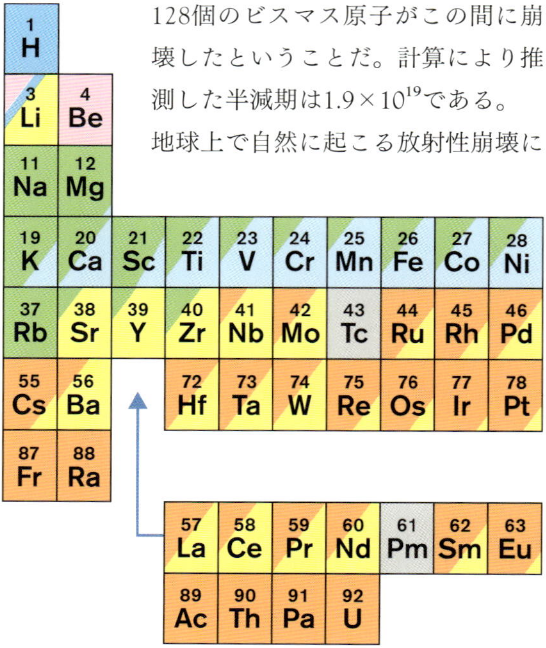

1 H									
3 Li	4 Be								
11 Na	12 Mg								
19 K	20 Ca	21 Sc	22 Ti	23 V	24 Cr	25 Mn	26 Fe	27 Co	28 Ni
37 Rb	38 Sr	39 Y	40 Zr	41 Nb	42 Mo	43 Tc	44 Ru	45 Rh	46 Pd
55 Cs	56 Ba		72 Hf	73 Ta	74 W	75 Re	76 Os	77 Ir	78 Pt
87 Fr	88 Ra								
			57 La	58 Ce	59 Pr	60 Nd	61 Pm	62 Sm	63 Eu
			89 Ac	90 Th	91 Pa	92 U			

元素の起源を示した周期表

は3系列がある。いずれの系列も、半減期が長い同位体(親核種という)から始まる。ひとつめは、トリウム232、ふたつめはウラン238、そして3つめはウラン235を親核種として始まる。これらの同位体はどれも半減期が極めて長い(それぞれ、140.5億年、44.68億年、そして比較的短い7.038億年)ので、これらの系列は現在も起こっている。ネプツニウム237から始まる第四の系列がかつては自然に起こっていたと考えられているが、この系列は人工的に復活された。ネプツニウムの半減期は214万年と短いため、太陽系の形成以来、ほとんどすべてのネプツニウムが崩壊してしまうだけの十分な時間が経過したと考えられる。ネプツニウム系列は、ビスマス209に到達するまでは、あまり半減期の長い核種を経過しない。その全過程を上の表に示す。

元々存在したネプツニウムの大部分は、現在ビスマス209の段階に足止めされていて、宇宙が終わる前にそこから抜け出ることはないだろう。

ネプツニウム237	214.4万年
プロトアクチニウム233	27日
ウラン233	159,200年
トリウム229	7,304年
ラジウム225	15日
アクチニウム225	10日
フランシウム221	5分
アスタチン217	32秒
ビスマス213 or ラドン217	46分
ポロニウム213 or タリウム209	4.2マイクロ秒 or 2.2分
鉛209	3.25時間
ビスマス209	1.09×10^{19}年
タリウム205	安定

							2 He
		5 B	6 C	7 N	8 O	9 F	10 Ne
		13 Al	14 Si	15 P	16 S	17 Cl	18 Ar
29 Cu	30 Zn	31 Ga	32 Ge	33 As	34 Se	35 Br	36 Kr
47 Ag	48 Cd	49 In	50 Sn	51 Sb	52 Te	53 I	54 Xe
79 Au	80 Hg	81 Tl	82 Pb	83 Bi	84 Po	85 At	86 Rn

64 Gd	65 Tb	66 Dy	67 Ho	68 Er	69 Tm	70 Yb	71 Lu

ビッグバン
宇宙線
中性子星の衝突・合体
超新星爆発
低質量星の死
白色矮星爆発
人工元素

おわりに

全と無

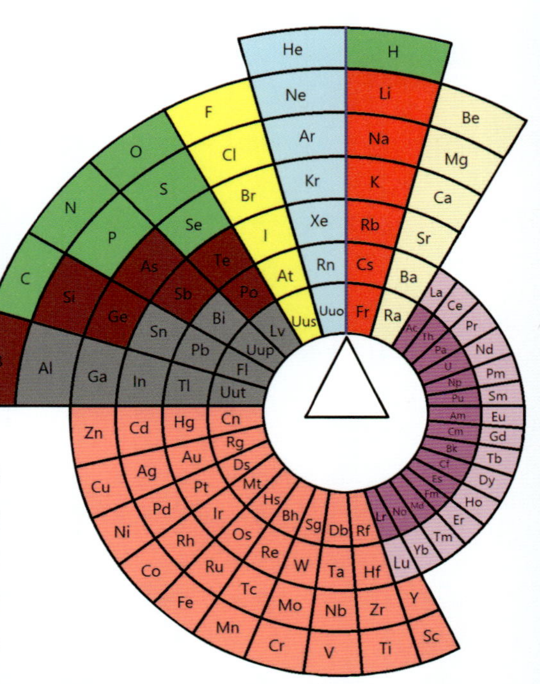

円形の周期表は、馴染み深い周期表と同じ情報を違う形で可視化してくれる。

2000年以上前、人々は、すべての物質は虚空、もしくはカオスから生じると考えていた。多くの文化で、その生成は、神による創造だと信じられていた。やがて物質は自らの構造を整えて——あるいは、何かに整えられて——、形のないものから、属性を持った万物の構成要素へと変貌した。今私たちは、ある意味、元のところに戻ってきたのだ。現代のモデルでは、すべての物質(時空も含めて)はビッグバンの瞬間に始まったことになっている。数十億年をかけて、その原初の物質は化学元素へと形作られていき、今や元素は、私たちの周囲にあるすべてのものを構成し、それらに性質を与えている。このモデルは、古代ギリシア人たちにも、それほど違和感なく理解できるのではないだろうか。

物質の構成要素を明らかにし、それらを周期表として配列する取り組みにおいて、化学者たちは離れ業的な偉業を成し遂げたが、それは発見の連続でもあった。私たちが生物を分類する際には、重要で注目に値すると思われる特徴を選び、それらの特徴に基づいて行う。それは数多ある可能な分類方法のひとつである。しかし、周期表の場合はそうではない。周期表は、原子内の素粒子の数という、物質の基本的な性質に基づいている。科学者たちが、周期表の順番がこの基本的な性質とどのように関連しているかを知る前に、その現れである効果を調べることによって、周期表の大部分を完成させたことは、じつに印象深い。

標準的な形式の周期表は、誰もが知っている象徴的な存在となっている。同じ内容を異なる形式で表示しようとする試みがこれまでに多数行われており、たとえば円形の周期表や三次元の周期表などがある。

宇宙に向かって話しかける

周期表はおそらく、私たちがほかの惑星上の知的生命体と共有できる唯一の知識であり、たとえその生命体がほかの銀河に存在したとしても、やはりそうだと考えられる。周期表は宇宙の隅々まで有効なのだ。1970年代前半、NASAは太陽系の外惑星[具体的には木星と土星]を探査するためにパイオニア10号と11号を打ち上げた。これら2機の宇宙船は現在、太陽系の外へと向かって飛行を続けており、永遠に私たちの太陽系から遠ざかっていく。パイオニア10号は、赤く輝く恒星アルデバランに向かっており、200万年ほどすれば到達するはずである。パイオニア11号はワシ座の方向へと飛行しており、400万年ほどでそこを通過するはずである。

両機は、どんな異星人に発見されても、どこからやってきた宇宙船なのかがわかるように、一連の記号や絵を刻印した金色の金属板を搭載している。板の左上(私たちなら最初に見る部分)には、宇宙で最も豊富な元素である水素の中性原子でスピンが反転する様子を表す図が描かれている。さまよう宇宙船を捕獲するほど文明が発達した異星人なら、必ずその意味がわかるはずだ。同じ図には、この金属板で使う時間と距離の単位が、水素原子のスピン反転現象[正確には超微細遷移と呼ばれる]に関連付けられていることが示されている。具体的には、このスピン反転で水素原子から放出される電磁波の振動数1420MHzの逆数、0.7ナノ秒を時間の単位として

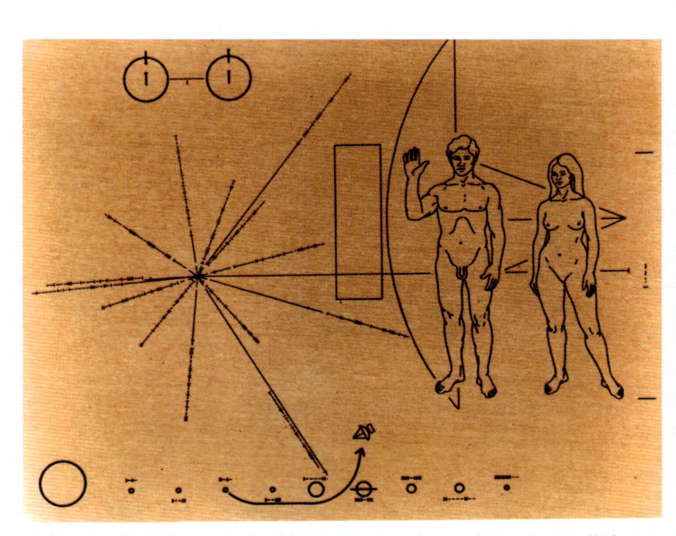
水素原子の軌道電子のスピンが上向きから下向きに変わるときに放出される電磁波の波長と振動数は、普遍的な物質の性質であり、この性質を把握しているあらゆる存在に認識できる。

使い、また、この電磁波の波長21cmを距離の単位として使うことが理解できるようになっている(描かれた女性の身長は21cmの8倍である)。

周期表は極めて普遍的な共通語なので、身体構造や、文化や思考回路が異なる他の生命体に話しかけるのに、周期表を使うのはいい選択だろう。その日が来るまでに彼らが元素について発見する事柄は、私たちがこれまでに発見したことと同じはずだ。彼らが辿る周期表の物語の道筋は違うだろうが、到達する結論は宇宙のどこでも同じに違いない。

図版クレジット

Alamy Stock Photo: 74, 88

Archivo Municipal de Sevilla: 101 (Pepe Morón)

Bridgeman Images: 195

Diomedia: 96 (Universal Images Group/Universal History Archive), 102 (SuperStock RM/Buyen), 116-7 (Wellcome Images), 119 (Fine Art Images), 122 (Science Source), 129 (Leemage)

Mary Evans Picture Library: 47

Nicolle R. Fuller/US National Science Foundation: 224-5

Getty Images: 32-3, 49 (Gamma-Rapho), 69, 73 (UIG), 109t (ullstein bild), 124 (SSPL/Science Museum), 127 (Print Collector), 134 (De Agostini), 136–7 (Print Collector), 139 (SSPL/Science Museum), 143 (UIG), 154 (UIG), 167, 171 (SSPL/ Science Museum), 186–7 (Corbis Historical), 190 (ullstein bild), 196 (AFP), 196 (SSPL), 206 (Corbis Historical), 208 (AFP), 211 (Corbis Historical), 213 (SSPL/Science Museum),214 (Corbis Historical),
229 (National Geographic), 230 (Bettmann Archive), 233t (David Levenson)

NASA: 103 (CXC/SAO/R. Margutti et al.), 150 (John Hopkins University Applied Physics Laboratory/Carnegie Institution of Washington), 156, 178, 209, 223, 235

Science & Society Picture Library: 104 (Science Museum)

Science Photo Library: 12–13 (Sheila Terry), 81 (James Holmes/Hays Chemicals), 85 (Sheila Terry), 92b (Edward Kinsman), 120 (Museum of the History of Science/Oxford University Images), 140 (Emilio Segre Visual Archives/ American Institute of Physics), 148, 149 (Carlos Clarivan), 151 (Science Source), 162, 174, 179, 200t (American Institute of Physics), 220-1

Shutterstock: 2, 7, 14, 20, 21, 34, 36, 43, 59, 65, 79, 90, 93, 95, 97, 100, 107, 108, 113, 114, 153, 157, 164-5, 172, 173, 177, 183b, 186-7, 191, 192, 198-9, 202, 203, 205 (CERN), 216, 226

Shutterstock Editorial: 10-11 (Granger/Rex), 26 (Universal History Archive/Universal Images Group/ Rex), 28t (Granger/Rex), 38–9 (Granger/Rex), 39 (Gianni Dagli Orti/Rex), 40 (Gianni Dagli Orti/Rex), 42(Stuart Forster/Rex), 62 (Granger/Rex)

Tate Britain: 48

Wellcome Library, London: 19, 24, 27, 29, 30, 31, 44, 45, 51, 54, 58, 61, 67, 72, 76, 86-87, 89, 92t, 93t, 123, 126, 130, 131, 159, 169t, 170b, 180

David Woodroffe: artworks on pages 16, 75, 80, 82, 106, 109b, 110, 145, 169b, 175, 182, 183t, 184, 201b, 207, 211t, 218

索引

K-X線 186
LCDスクリーン 169
USラジウム 195, 196
U線(ウラン線) 192
X線 053, 167, 175–178, 186, 191–194, 200, 208

あ

アーク放電 111, 151–152
アインシュタイン，アルベルト 174, 176, 187, 227–228
アインスタイニウム 220
アヴェラーニ，ジョゼッペ 053
アヴォガドロ，アメデオ 125–128, 134
亜鉛 047, 050, 053, 076, 090, 109–110, 152, 168, 177, 221
アクチニウム 227 147
アグリコラ，ゲオルギウス 093
アグリコラ，ゲオルク 104
亜酸化窒素(笑気ガス) 111
アスタチン 207, 237
アストン，フランシス 228
アナクシマンドロス 016, 018
アナクシメネス 016, 018, 066
アペイロン 016–017
アベルソン，フィリップ 213
アマルガム 045, 112
アメリシウム 215–216, 221
アリストテレス 015, 020, 022, 058, 060, 064, 066, 088, 160
アリソン，フレッド 147
アルカリ金属 105, 108, 112, 140–141, 146–147, 158, 184–185
アルカリ土類金属 108, 112
アルケー 016
アルゴン 154–159, 162, 197
アルファー，ラルフ 229
アルファ線 170–171, 191, 198, 236
アルミニウム 008, 091, 139, 146–147, 152, 210
アレニウス，スヴァンテ 129
アンチモン 047–049, 052, 055, 090–092, 094, 131, 132, 155
アントロポフ，アンドレアス・フォン 160
アンモニア 080, 113, 125, 131, 138, 155

い

硫黄 008, 026–028, 030, 052, 054–055, 082, 088, 091, 097–098, 124, 131–132
イオン結合 183, 185
イクオリン 095
イッテルビウム 106
イットリウム 105–106
イブン・スィーナー 030, 046
イリジウム 052, 100, 105, 107
イレーヌ，キュリー 194
陰イオン 110
陰極線 167, 169, 170
陰極線管(CRT) 169

う

ヴァン・デン・ブローク，アントニウス 175
ウォラストン，ウィリアム・ハイド 100
ウォルトン，アーネスト 205
ウォルフラマイト 106–107
ウジョーア，アントニオ・デ 099, 101
ウッド，チャールズ 100
ウラナイト 168
ウラン 105, 157–158, 167–168, 171, 191–194, 198–199, 203–204, 208–210, 212–216, 236–237
ウラン塩 167, 191–192
ヴルブレフスキー，ジグムント 158

え

エーテル 014, 020, 022–023, 065, 144, 160
エールリヒ，パウル 050
エカアルミニウム 146–147
エカシリコン 146
エカセシウム 147

エカボロン 146
液体窒素 079
エディントン，アーサー 227–228
エプソム塩 101–102, 113
エメラルド・タブレット 024–025
エルビウム 106, 139
エルヤル兄弟 106–107
塩化アンチモン 131
塩化水銀 046–047
塩酸 060, 076, 081, 091
塩素 008, 035, 070, 081, 091, 110–111, 125, 153, 183–184, 201
エントロピー 018
エンペドクレス 011, 016–017, 021, 121

お

王立協会 063, 098, 100, 123, 134
オオカミの泡 106–107
オガネソン 186, 220–221, 223
小川正孝 209
オスミウム 100, 105, 107, 132
オドリング，ウィリアム 140
オルシェフスキー，カロル 158

か

カールスルーエ会議 134, 144
ガイガー，ハンス 171
化学物質命名法 083, 131
核種 212–213, 215, 222–223, 237
苛性ソーダ 112
加速器 205–206, 208, 210–211
ガッサンディ，ピエール 058–061
カッシャローロ，ヴィンセンツォ 098
活版印刷 104
カドミウム 115, 139
ガドリニウム 106
カニッアーロ反応 134
カニッツァーロ，スタニズラオ 133–134
ガモフ，ジョージ 229
カリウム 008, 055, 071, 077–078, 108, 110, 112, 114, 134, 152, 168, 184, 191, 197
ガリウム 144, 146–147
ガリレイ，ガリレオ 061
ガルヴァーニ，ルイージ 109
カルシウム 008, 028, 074, 091, 095, 107–108, 112, 140, 152, 155, 177, 197, 221, 225
カロリック（熱素） 089–090, 115
貫通不可能性 120
ガンマ線 171, 191, 198

き

輝安鉱（硫化アンチモン） 048, 055
希ガス 143, 145, 147, 154, 158–159, 178, 184, 220, 222
キセノン 159
キャヴェンディッシュ，ヘンリー 075–076, 154
キュリー，ピエール 181, 192–194, 199, 210
キュリー，マリー 181, 189, 193–194, 199, 210, 215
キュリウム 215–216, 221
共有結合 182, 183
恐竜の絶滅 107
ギリシアの哲学者 008, 011, 019, 024, 059–060, 066, 121
キルヒホッフ，グスタフ 148, 150–153
ギルレイ，ジェームズ 111
金 034
銀 025–027, 030, 034, 040–041, 045, 051, 060, 090, 094, 099, 108
金属カリウム 114
金属元素 037, 055, 105, 112, 141

く

クセノパネス 016
クラフト，ヨハン・ダニエル 095, 098
クラプロート，マルティン 168
クリプトン 159, 204
クルーンステッド，アクセル 103
クルックス管 169
狂った帽子屋の病気 047
クロイソス王 040
クロム 105, 221
クンケル，ヨハン 095–096

け

蛍光物質 167, 191
ケイ素 008, 091, 129, 132, 139, 146
ゲイ－リュサック，ジョセフ 055, 114, 126–128
ゲーリケ，オットー・フォン 062, 064
ケクレ，アウグスト 133
結晶構造 094, 115
原子構造 115, 148, 184, 235
原子の概念 020, 120, 134
原子模型 124, 169–170, 172, 183
原子量 124–125, 129, 132–134, 138–143, 145–146, 160–163, 175–181, 187, 200, 201, 203, 230, 232
原子論 008, 018–020, 058, 060, 120–121, 123–125, 132
元素記号 037, 040–041, 044, 106, 117, 129–130, 132, 137, 143
元素の表記法 130

こ

輝コバルト鉱 103
鉱山業 103–105
鉱物学者 093, 103, 105
コーパスル 058
虚空 012, 014, 019–020, 023–024, 058–061, 065–066, 073, 117–120, 226, 232, 238
コシュワ，イヴェット 212
コスター，ディルク 200
コッククロフト，ジョン 205
コバルト 090, 102–104, 132, 152, 202, 235
コランダム 053
ゴルトシュタイン，オイゲン 169
コロニウム 179, 180

さ

サロモン・トリスモジン 030
酸化水銀 077
酸化スズ 121
酸化ヒ素 103
酸化マンガン 077, 081
三原質 066, 088, 091
酸素 008, 035–036, 053, 069–072, 076–079, 081, 084–085, 090, 094, 098–099, 111–112, 121, 124, 126, 128–129, 131–132, 138, 154, 157, 159–161, 179–181, 204, 221, 228–229, 235–236

し

シーボーギウム 214, 221
シーボーグ，グレン 214, 222
シェーレ，カール・ヴィルヘルム 077
始皇帝 043, 044, 048
ジスプロシウム 106
自然崩壊 201, 205
質量保存の法則 017, 083, 121
ジャービル・ブン・ハイヤーン 026, 091
ジャクソン，W 089
シャンクルトワ，アレキサンドル－エミール・べギエ・ド 139
ジャンサン，ピエール 153, 154
シュヴェッペ，ヨハン 074, 095
重晶石 098
臭素 008, 110, 139
シュタール，ゲオルク 076
蒸気機関 104, 105
硝酸カリウム 055, 071, 077
ジョフロア，クロード・フランソワ 094, 099
ジョリオ－キュリー夫妻 181, 210
ジルコニウム 105, 200
ジルコン 200
真空 060–067, 160–161, 167, 169, 206, 232
辰砂 034, 043, 044
真の虚空 019

す

水銀 023, 026–028, 030, 031, 034–035, 043–048, 052, 062–063, 065, 077, 082, 084–085, 088, 090, 108, 112, 121, 132, 155
水素 008, 050, 055, 070, 072, 075–077, 084–085, 090–091, 099, 112, 114, 124, 125–126, 128–129, 131–132, 138, 144, 153, 155, 158–161, 168, 170, 179, 181, 183, 185–186, 202, 204–206, 218, 225, 227–231, 234, 239

スース，ハンズ 232
スカリジュ，ジュール・セザール 099
スカンジウム 106, 146, 177
スクッテルド鉱 103
錫 053, 090, 121
スズ 034–035, 091, 093–094, 099, 107–108, 121, 124, 132
ストロンチウム 105, 112–114, 152
スペクトル 147–155, 157, 179, 190–191, 194, 209, 232

せ

青銅 034–035, 037, 042, 049, 053, 093
セーガン，カール 225
赤色巨星 209–210, 232–233
セクアニウム 212
セグレ，エミリオ 206
セシウム 146–147, 152
石灰 028, 079, 112
セリウム 105, 129
セレン 115
遷移元素 105–106, 108, 143, 219

そ

ソクラテス 015–016
ソディ，フレデリック 197, 201
素粒子 015, 017, 019–020, 061, 123, 166, 181, 229, 238

た

ダーウィン，エラズマス 074, 095
ダークエネルギー 017, 090
ダームスタチウム 221
ダイヤモンド 052–053, 114–115
ダリー，クラレンス 193
タルギオーニ，キプリアーノ 053
タルボット，ウィリアム・フォックス 149–150
ダルマキールティ 020
タレス 015, 016, 018, 066
タングステン 090, 099, 105–108
弾性流体 090
炭素 008, 033–036, 052–055, 069–070, 072–074, 078, 091, 105, 108, 110, 115, 121, 124, 129, 131–133, 151, 168, 178, 201–203, 221, 225, 229–230, 232, 235–236
タンタル 105, 146

ち

知恵の館 024
チタン 105
窒化ホウ素 115
窒素 008, 070, 072, 078–080, 090, 099, 111, 124, 131, 138, 145, 154–156, 158–159, 180–181, 204, 221, 225, 228, 229
チャドウィック，ジェームズ 181
チャンドラグプタ2世 042
超ウラン元素 208, 210, 212, 215
超新星爆発 234

つ

ツリウム 106

て

ディオクレティアヌス 026
ディオスコリス 048
定比例の法則 121, 129
デービー，ハンフリー 055, 081, 102, 105, 110–111, 117, 151
テーベの小箱 051
デカルト，ルネ 058, 059, 067
テクネチウム 146, 178, 207–210, 232–233
鉄 008, 033–034, 041, 042, 075, 084–085, 090, 099, 100, 102, 104, 107, 152, 153, 155, 168, 179, 221, 225, 234, 235
鉄隕石 041–042
テナール，ルイ－ジャック 055, 114
テナント，スミソン 053, 107
デモクリトス 019, 058
デュロン，ピエール 138
テルビウム 106

テルル 105, 139, 146, 202
電気的な放射線 167
電気分解 081, 102, 105, 108, 110, 112–113, 128
電磁エネルギー 166
電磁気 166
電磁スペクトル 191, 194
電子の配置 180, 182, 218, 220
電子ボルト 206–207

と

銅 033, 034–038, 040, 042, 049–051, 053, 090, 093, 098, 102–104, 108–109, 111, 121, 131–132, 152
同位体 097, 123, 125, 178, 187, 201, 202–203, 207, 209–213, 215, 222, 227–228, 230, 237
銅鉱石 037
動物電気 109
特殊相対論 176
ドブニウム 146, 221
ドブロセルドフ, D・K 147
トムソン, J・J 161, 170
トラバース, モリス 158
トリウム 008, 035, 081, 105–106, 108, 110, 112, 115, 129, 139, 149, 152, 154, 155, 183–184, 192, 199, 202, 203, 236, 237
トリチェリ, エヴァンジェリスタ 061–064
ドルース, ジェラルド 147
ドルトン, ジョン 115, 117, 120, 123, 131, 137
ドルン, フリードリヒ 198

な

ナザレウィック, ウィトールド 223
ナトリウム 008, 035, 081, 108, 110, 112, 149, 152, 154–155, 183–184, 202
鉛 034, 036–041, 044–048, 050, 052–053, 061, 076, 090–094, 099, 109–110, 113, 132, 152, 168, 177, 196, 198, 203, 221, 234, 237

に

ニーチェ, フリードリヒ 015
ニオブ 105
ニッケル 041, 090, 099, 103–104, 152, 221, 235
ニューコメン, トマス 104
ニュートロニウム 160
ニュートン, アイザック 026, 061, 097, 119, 148
ニューランド, ジョン 140

ね

ネブカドネザル二世 048
ネプツニウム 212, 215, 217, 237
ネブリウム 179–180

の

ノーベリウム 221
ノダック, ヴァルター 208
ノダック－タッケ, イーダ 208

は

ハークネス, ウィリアム 179
バークラ, チャールズ 175
ハーシェル, ウィリアム 168, 214
ハーシェル, ジョン 149
ハーバー, フリッツ 080
倍数比例の法則 124
ハイゼンベルク, ヴェルナー 017, 181
梅毒 046, 051, 195
パウリ, ヴォルフガング 184
ハギンズ, ウィリアム 006, 179
ハギンズ夫妻 155
白色矮星 234
パスカル, ブレーズ 064
白金 051, 052, 090, 099–102, 107–108, 112, 131
バナジウム 105, 129, 139
バビロニアの宇宙論 012
ハフニウム 179, 199, 200
パラケルスス 028, 046, 064, 066, 076, 088, 092
パラジウム 100, 105
バリウム 091, 098, 108, 112–113, 152, 202, 204
ハロゲン 115, 141, 146–147, 158, 185
半金属 034, 047, 049, 055, 090, 132

半金属元素 055
ハンマド・アル・ラーズィ 028

ひ

ヒ化水素 050
微小体 118
ビスマス 090–094, 099, 102, 155, 202–203, 221, 236–237
ヒ素 034–035, 037, 047, 049–052, 055, 090–091, 102–104
ビッグバン 229–230, 232, 235, 237–238
ピッチブレンド 168, 192
ヒットルフ，ヨハン・ヴィルヘルム 168
微粒子 058–059, 063–065, 067–069, 081, 088, 115, 117–119, 170, 173

ふ

ファラデー，マイケル 129, 151, 161
フィラメント 108
フーヴァー，ハーバート 104
フーコー，レオン 151–152
フェルミウム 219–220
フェルミ，エンリコ 211
不活性元素 144
不可分なもの 019
フッ化水素酸 091
フック，ロバート 063
物質観 012, 024, 091
プティ，アレクシ 138
プトレマイオス 022
普遍的物質 066–068, 088, 091, 115
プライス，ウィリアム 105
プラウト，ウィリアム 125, 181
フラウンフォーファー，ヨゼフ・フォン 149, 151, 153
ブラウンリッグ，ウィリアム 100
ブラウン，ロバート 173
ブラック，ジョゼフ 073–074, 078, 101, 113
プラトンの立体 020
「プラム・プディング」モデル 170
フランクリン，ベンジャミン 168
フランシウム 145–148, 199–200, 202, 237
ブラント，イェオリ 102
プリーストリー，ジョゼフ 074, 076–078, 081, 095, 119
プリニウス 033, 042, 045, 048
『プリニウスの博物誌』 033
プルースト，ジョゼフ 121, 124
フルバイ，ホリア 212
ブレイク，ウィリアム 048
フレロビウム 221–222
フロギストン 076–085, 089
プロタイル 125, 129, 181
プロトアクチニウム 146, 237
プロミネンス 154, 156
プロメチウム 178
分光法 147, 149–150, 152, 166, 175, 177–178, 184, 190
ブンゼン，ロベルト 144, 148

へ

兵馬俑坑 043, 048
ペイン，セシリア 228
ベータ線 170–171, 191, 198
ベータ崩壊 176, 203
ベーテ，ハンス 228–229
ベクレル，アンリ 167, 190–191, 194
ヘラクレイトス 016
ベリマン，トルビョルン 102, 104
ベリリウム 105, 143, 145, 231, 235–236
ベルク，オットー 208
ベルセリウス，イェンス 112, 125, 132
ベルティ，ガスパロ 061
ヘルムホルツ，ヘルマン・フォン 226
ヘルモント，ヤン・バプティスタ・ファン 066, 071, 073–074, 085
ベルロテ，マルセラン 048
ペレー，マルグリット 147, 199–200
ベンゼン環 133

ほ

ボアボードラン，ポール・エミール・ルコック・デ 146
ホイル，フレッド 232–233

ボイル，ロバート 057, 063–068, 076, 081, 087–088, 091, 098–099, 115, 118
ホウ酸 090–091, 114
ホウ酸塩 114
放射性元素 158, 192–193, 198–200, 203, 212
放射性炭素年代測定法 203
放射性崩壊 147, 158, 190, 197–201, 203, 215, 223, 236
放射物質 169
ボーア，ニールス 172, 220, 223
ホープ，トマス・チャールズ 113
ボスコヴィッチ，ルジェル 120
ボッシュ，カール 080
ホッブス，トマス 065
ボルタ，アレッサンドロ 109
ボルタ電堆 109–110
ホルミウム 106
ボルン，マックス 017

ま

マーシュ，ジェームズ 050
マースデン，アーネスト 171
マイヤー，ロータル 134, 146
マクスウェル，ジェームズ・クラーク 166
マグデブルクの半球 062
マグヌス，アルベルトゥス 051
マグネシウム 008, 091, 099, 101–102, 112–113, 145, 150, 152, 155–156
マクミラン，エドウィン 213
マスリウム 208–209
魔法数 222
マルクグラーフ，アンドレアス 047
マンガン 077, 081, 090, 099, 105, 107, 146, 209

む

結びつきと反発 118–119, 128
ムッソリーニ，ベニート 207

め

メーヨー，ジョン 071
メリル，ポール 209
メルヴィル，トマス 149
メンデレーエフ，ドミトリ 135, 137, 140–148, 158–160, 162, 178–179, 200, 209, 217

も

モーパッサン，ギ・ド 011
モーリー，エドワード 161
モリブデン 090, 099, 105, 206–207, 209

や

冶金業 104
ヤング，チャールズ・アウグストゥス 179

ゆ

ユーリー，ハロルド 232
ユウロピウム 216

よ

陽イオン 110, 146
四元素説 021

ら

ライト，ジョセフ 064–065, 096
ラヴォアジエ，アントワーヌ 017, 053, 055, 081–085, 088–091, 099, 101–102, 105, 111–112, 115, 118, 121, 131, 165
ラザフォージウム 221
ラザフォード，アーネスト 079, 125, 170–172, 175–176, 180–181, 187, 197–198, 204, 228
ラドン 198, 199, 237
ラムゼー，ウィリアム 142, 148, 154–159
ランタン 139, 217

り

リチウム 108, 115, 129, 139, 152–153, 176, 180, 184, 205–206, 218, 231, 235–236

硫化水銀 034, 044
硫酸 074–075, 095, 098, 101, 113–114, 153, 191
量子論 172, 184
燐 091

る

ルイス，ギルバート・ニュートン 182
ルー，ピーター 053
ルクレティウス 011, 024
ルシフェリン 095
ルテチウム 106
ルビジウム 152–153
ルメートル，ジョルジュ 230

れ

レイリー卿 155–156
レウキッポス 019, 058
瀝青ウラン鉱 168, 192–193
レニウム 146, 179, 208–209, 213, 217
レピドライト（リチア雲母） 152
レムリー，ニコラ 075, 095
錬金術 008, 023–031, 046, 048–049, 051, 055, 057, 063, 066–067, 070–071, 091–093, 096–098, 130–131, 189, 197, 234
レントゲン，ヴィルヘルム 167

ろ

ローリング，フレデリック 147
ローレンス，アーネスト 206
ロジウム 101, 105
ロッキャー，ジョゼフ・ノーマン 154
ロック，ジョン 118–119
ロモノーソフ，ミハイル 121

わ

ワイントロープ，エゼキエル 114
ワトソン，ウィリアム 100

著者

アン・ルーニー

Anne Rooney

ケンブリッジ大学トリニティ・カレッジで学位と博士号を取得。ヨーク大学、ケンブリッジ大学で教鞭をとったのち著述業に。子供向けの科学読み物や一般向けの解説書、科学史、テクノロジー、歴史、哲学の分野で多数の著作がある。主な著書に"Great Scientists: Discover the Pioneers Who Changed the Way We Think About Our World"(2007)、"The Story of Medicine"(2012)、"The Story of Philosophy"(2013)、"The Story of Physics"(2013)、"The Story of Chemistry"(2018)、"Think Like a Mathematician: Get to Grips with the Language of Numbers and Patterns"(2019)など。ケンブリッジ在住。

訳者

八木元央

Motoo Yagi

翻訳家。東京都在住。

［ビジュアル版］
元素から見た
化学と人類の歴史
——周期表の物語

2019年8月30日　初版第1刷発行

著者——アン・ルーニー
訳者——八木元央
発行者——成瀬雅人
〒160-0022 東京都新宿区新宿1-25-13
電話・代表03-3354-0685
http://www.harashobo.co.jp
振替・00150-6-151594
ブックデザイン——小沼宏之［Gibbon］
印刷——シナノ印刷株式会社
製本——東京美術紙工協業組合

ISBN978-4-562-05675-0
Printed in Japan